Feinschneiden mit Hartmetallstempeln

Fine Blanking with Cemented Carbide Punches

Von der Fakultät für Maschinenwesen
der Rheinisch-Westfälischen Technischen Hochschule Aachen
zur Erlangung des akademischen Grades eines
Doktors der Ingenieurwissenschaften
genehmigte Dissertation

vorgelegt von

Herman Otto Voigts

Berichter/in:

Univ.-Prof. Dr.-Ing. Thomas Bergs
Univ.-Prof. Dr.-Ing. Dr.-Ing. E. h. Dr. h. c. Dr. h. c. Fritz Klocke

Tag der mündlichen Prüfung: 18. August 2021

ERGEBNISSE AUS DER PRODUKTIONSTECHNIK

Herman Otto Voigts

Feinschneiden mit Hartmetallstempeln

Herausgeber:
Prof. Dr.-Ing. T. Bergs
Prof. Dr.-Ing. Dipl.-Wirt. Ing. G. Schuh
Prof. Dr.-Ing. C. Brecher
Prof. Dr.-Ing. R. H. Schmitt

Band 26/2021

Bibliografische Information der Deutschen Nationalbibliothek
Die Deutsche Nationalbibliothek verzeichnet diese Publikation in der Deutschen Nationalbibliografie; detaillierte bibliografische Daten sind im Internet über https://portal.dnb.de abrufbar.

Herman Otto Voigts:

Feinschneiden mit Hartmetallstempeln

1. Auflage, 2021

Gedruckt auf holz- und säurefreiem Papier, 100% chlorfrei gebleicht.

Apprimus Verlag, Aachen, 2021
Wissenschaftsverlag des Instituts für Industriekommunikation und Fachmedien an der RWTH Aachen
Steinbachstr. 25, 52074 Aachen
Internet: www.apprimus-verlag.de, E-Mail: info@apprimus-verlag.de

Druck: CPI Druckdienstleistungen GmbH, Ferdinand-Jühlke-Straße 7 I 99095 Erfurt

ISBN 978-3-98555-008-1

D 82 (Diss. RWTH Aachen University, 2021)

Kurzzusammenfassung

Die europäischen Emissionsziele für die Mobilität erfordern eine hohe Effizienz von Kraftfahrzeugen. Mittels Stahlleichtbau wird die Fahrzeugmasse immer weiter optimiert, um dieses Ziel zu erfüllen. Um die Masse von Funktionsbauteilen zu reduzieren werden daher hochfeste Stähle eingesetzt, sodass die selbe Festigkeit und Steifigkeit bei geringerer Masse erreicht wird. In der Produktion können zudem Wärmebehandlungen bei Einsatz- und Vergütungsstählen durch die Verwendung von mikrolegierten Feinkornbaustählen substituiert werden. Sicherheitsrelevante Funktionsbauteile mit engen Toleranzen und hohen Anforderungen an die Bauteilqualität wie beispielsweise Schlossfallen oder Sitzlehenverstellungen werden durch Feinschneiden hergestellt. Das Feinschneiden von Bandstahl ist ein wirtschaftliches Verfahren für die Großserienfertigung von Funktionsbauteilen.

Die Druckfestigkeit von herkömmlichen pulvermetallurgischen Schnellarbeitsstählen (PM-HSS) als Schneidstempelwerkstoff reicht jedoch nicht aus, um hochfesten Stahl prozesssicher feinzuschneiden. An den Schneidkanten tritt hoher Verschleiß auf, der häufige Werkzeuginstandsetzungen erfordert. Ein Werkstoff mit einer hohen Druckfestigkeit für das verschleißarme Feinschneiden von hochfestem Stahl ist Hartmetall. In bisherigen Anwendungen von Hartmetallstempeln treten jedoch Stempelbrüche in der Abstreifphase auf. Die Ursache liegt darin, dass der sprödharte Werkstoff Hartmetall beim Abstreifen des Stanzgitters nach dem Schneidvorgang eine Zug- und Biegebelastung erfährt, die zu großflächigem Chipping oder dem Abreißen der Stirnfläche führt. Die Wechselwirkungen zwischen der elastischen Rückfederung der Schnittfläche, den Schnittflächenmerkmalen, der Steifigkeit des Stanzgitters und der mechanischen Belastung des Schneidstempels sind hierbei noch größtenteils unerforscht.

Gegenstand dieser Arbeit ist die Erforschung der Wechselwirkungen zwischen dem Stanzgitter und dem Schneidstempel in der Abstreifphase, um daraus verständnisbasierte Maßnahmen für die Reduktion oder Kompensation des mechanischen Belastungskollektivs des Schneidstempels abzuleiten. In einem ersten Schritt wurde die Entstehung von Schnittflächenmerkmalen in der Schneidphase auf Basis des Spannungszustands in der Scherzone erforscht. Der Spannungszustand wurde dazu experimentell variiert und mittels der Finite-Elemente-Methode (FEM) analysiert. In einem zweiten Schritt wurden Wechselwirkungen zwischen Schnittflächenmerkmalen und der mechanischen Belastung des Schneidstempels in der Abstreifphase numerisch mit der FEM untersucht. Es wurde gezeigt, dass Kanteneinzug und eine Stempelneigung durch einen Verkantungseffekt hohe Spannungen im Schneidstempel hervorrufen. In einem dritten Schritt wurden die Wechselwirkungen in der Abstreifphase unter den Randbedingungen des verschachtelten Feinschneidens mit mehreren Kavitäten experimentell und numerisch untersucht. Anhand eines Stempelbruchs wurde der Belastungsfall rekonstruiert, der zu einer Überlastung geführt hat. In einem vierten Schritt wurde auf Basis der Erkenntnisse ein modifiziertes Feinschneidwerkzeug konstruiert und in einem Validierungsversuch von 10.000 Feinschneidhüben zum Feinschneiden von hochfestem Stahl angewendet. An einem Hartmetallstempel wurde nahezu kein Verschleiß beobachtet. Ein PM-HSS-Stempel als Referenz wies hingegen deutliche Verschleißmerkmale auf. Durch die Einsparung von Zeiten für die Werkzeuginstandsetzung ist es dadurch möglich, die Herstellkosten um über 50 % zu senken.

Abstract

The European emission targets for mobility require motor vehicles to be highly efficient. Lightweight steel construction is being used to further optimize vehicle mass in order to meet this target. To reduce the mass of functional components, high-strength steels are therefore used so that the same strength and stiffness can be achieved with less mass. In production, heat treatments for case-hardening and quenched and tempered steels can thus be substituted by the use of microalloyed fine-grained structural steels. Fine blanking produces safety-relevant functional components with tight tolerances and high demands on component quality, such as lock latches or seat adjusters. Fine blanking of strip steel is an economical process for large-scale production of functional components.

However, the compressive strength of conventional powder metallurgical high-speed steels (PM-HSS) used as blanking punch materials is not sufficient to fine blank high-strength steel in a process-safe manner. High wear occurs at the cutting edges, requiring frequent tool maintenance. A material with a high compressive strength for low-wear fine blanking of high-strength steel is cemented carbide. However, in previous applications of cemented carbide punches, punch fractures occured in the stripping phase. The reason is that the brittle-hard material cemented carbide undergoes tensile and bending stresses when the scrap web is stripped after the blanking process, which leads to large-area chipping or the face breaking off. The interactions between the elastic recovery of the sheared surface, the sheared surface quality features, the stiffness of the scrap web and the mechanical loading of the blanking punch are still largely unknown in this respect.

The object of this work is to investigate the interactions between the scrap web and the blanking punch in the stripping phase in order to derive understanding-based measures for the reduction or compensation of the mechanical load collective of the blanking punch. In a first step, the formation of sheared surface features in the blanking phase was explored based on the stress state in the shear zone. For this purpose, the stress state was varied experimentally and analyzed using the finite element method (FEM). In a second step, interactions between sheared surface quality features and the mechanical stress on the blanking punch in the stripping phase were investigated numerically using the FEM. It was shown that die roll and a punch inclination cause high stresses in the blanking punch due to a wedging effect. In a third step, the interactions in the stripping phase were investigated experimentally and numerically under the boundary conditions of nested fine blanking with multiple cavities. Based on a punch fracture, the loading case that led to an overload was reconstructed. In a fourth step, a modified fine blanking die was designed on the basis of the findings and applied in a validation test of 10,000 fine blanking strokes for fine blanking of high-strength steel. Almost no wear was observed on a cemented carbide punch. A PM-HSS punch used as a reference, on the other hand, showed clear wear characteristics. Finally, by saving tool maintenance time, it will be possible to reduce manufacturing costs by more than 50%.

Voor bompa
Für Jonte

Vorwort und Danksagung

Preamble and Acknowledgement

Die vorliegende Arbeit entstand neben meiner Tätigkeit als wissenschaftlicher Mitarbeiter am Werkzeugmaschinenlabor WZL der Rheinisch-Westfälischen Technischen Hochschule (RWTH) Aachen.

Herrn Prof. Dr.-Ing Thomas Bergs, Inhaber des Lehrstuhls für Technologie der Fertigungsverfahren, sowie Herrn Prof. Dr.-Ing. Dr.-Ing. E. h. Dr. h. c. Dr. h. c. Fritz Klocke, ehemaliger Inhaber des Lehrstuhls für Technologie der Fertigungsverfahren, danke ich herzlich für die fachliche und persönliche Förderung, die stetige Unterstützung meiner Tätigkeit sowie die motivierende und wohlwollende Führung. Darüber hinaus danke ich beiden für die eingehende Durchsicht des Manuskripts.

Herrn Prof. Dr.-Ing. Christoph Broeckmann, Inhaber des Lehrstuhls für Werkstoffanwendungen im Maschinenbau der RWTH, danke ich für die Übernahme des Prüfungsbeisitzes sowie Herrn Prof. Dr.-Ing Carlo Holly, Inhaber des Lehrstuhls für Technologie Optischer Systeme der RWTH, für die Übernahme des Prüfungsvorsitzes.

Ein Großteil der Ergebnisse entstand am Rande der Forschungstätigkeiten im Projekt *Feinschneiden von hochfestem Stahl mit Hartmetallstempeln* des Industriearbeitskreises Feinschneiden. Besonderen Dank möchte ich hierbei Franz Jurt aussprechen, für die stets motivierte Unterstützung und Förderung des Projekts innerhalb des Arbeitskreises und für das Ermöglichen von darüberhinausgehender Forschung als Grundlage für meine Dissertation. Den Mitgliedern des Arbeitskreises danke ich für die motivierte Unterstützung des Projekts, das Beisteuern von Sachmitteln und die zahlreichen anregenden Diskussionen.

Weiterhin gilt mein Dank den Kollegen Dr.-Ing. Rafael Hild, Dr.-Ing. Daniel Trauth, Dr.-Ing. Andreas Feuerhack, Alexander Beckers und Lukas Welschof für die fachliche Durchsicht meiner Dissertation und die hilfreichen Anmerkungen. Meinem Bruder Dieter Voigts danke ich für die gewissenhafte sprachliche Korrektur.

Meinen ehemaligen und aktiven Kollegen Rafael Hild, Anton Shirobokov, Oksana Baer, Robby Mannens, Frank Schweinshaupt, Matthias Nick, Felix Weiser, Martina Müller, Lars Uhlmann und Peter Herrmann danke ich für die kollegiale Zusammenarbeit, fachliche Diskussionen und gegenseitige Unterstützung während unserer gemeinsamen Zeit am WZL. Ganz besonders freue ich mich über die entstandenen Freundschaften mit den Kollegen aus der Gruppe Umformende Fertigungsverfahren. Meinen Abschlussarbeitern Sebastian Rosanski, Tao Wang, Iván Rodríguez Alegre, Hannes Glässner und Hiwis Simon Rolfes, Philipp Orfey, Jonas Switala und David Lerch danke ich für ihren fleißigen Einsatz bei der Durchführung, Analyse, Auswertung und Dokumentation von Arbeiten und Experimenten.

Zudem danke ich Marcel Botz und Thomas Kokott für die motivierte Unterstützung bei experimentellen Versuchen – auch mal nach 17:00 Uhr. Die mechanische Werkstatt unter der Leitung von Christian May und Timo Schönenberg stand häufig für kurzfristige und pragmatische Lösungen zur Fertigung von benötigten Bauteilen bereit. Vielen Dank ebenfalls an Brigitte Niederbach und Mario Kittel für metallografische Analysen, Thomas Fischer für messtechnische Untersuchungen von Proben und Sascha Kamps für die Hilfe bei der messtechnischen Prozessanalyse.

Meiner Familie, hier besonders meinen Eltern Sylvia und Eckhard Voigts, spreche ich meinen ganz persönlichen Dank dafür aus, dass sie mir meine Ausbildung und meinen beruflichen Werdegang ermöglicht und mir stets unterstützend zur Seite standen.

Bei meiner neuen kleinen Familie mit Lena und Jonte möchte ich mich ganz besonders für den motivierenden Zuspruch, die durchgehende Unterstützung und das entgegengebrachte Verständnis von ganzem Herzen bedanken.

Aachen im September 2021 Herman Voigts

Inhaltsverzeichnis

Table of Contents

Formelzeichen und Abkürzungen

Symbols and Abbreviations

Großbuchstaben

A	$N \cdot mm^{-2}$	Hensel-Spittel-Parameter (Faktor)
A_{FP}	m^2	Standfläche der Feinschneidanlage
A_{GH}	mm^2	Kontaktfläche des Gegenhalters
A_k	mm^2	Kontaktfläche zwischen Schneidstempel und Stanzgitter
A_{NH}	mm^2	Kontaktfläche des Niederhalters
B_1	-	Parameter des Swift-Materialmodells
D	µm	Mittlere Korngröße
D	mm	Durchmesser
D_{aA}	mm	Außendurchmesser der Nabe
D_F	mm	Fugendurchmesser
D_j	mm	Fügedurchmesser
D_p	mm	Kreisdurchmesser Visioplastizitätsmethode
E	GPa	Elastizitätsmodul
E_A	$N \cdot mm^{-2}$	Elastizitätsmodul der Nabe
E_I	$N \cdot mm^{-2}$	Elastizitätsmodul der Welle
E_{SG}	$N \cdot mm^{-2}$	Elastizitätsmodul des Stanzgitters
E_{St}	$N \cdot mm^{-2}$	Elastizitätsmodul des Stempels
E_V	EUR	Verkaufserlös der Feinschneidanlage
F_a	kN	Abstreifkraft
F_a^{max}	kN	Abstreifkraftmaximum
F_{ax}	kN	Axialkraft zur Lösung einer WNV
F_{GH}	kN	Gegenhalterkraft
F_k	kN	Klemmkraft
F_k^{total}	kN	Gesamte Klemmkraft
F_{NH}	kN	Niederhalterkraft
F_s	kN	Schneidkraftbedarf
F_{St}	kN	Stempelkraft
J_3		3. Spannungsinvariante
K	-	Hilfswert für WNV
K	$N \cdot mm^{-2}$	Festigkeitskoeffizient
K	-	Formfaktor der Schneidkantenverrundung

K^i	EUR	Herstellkosten je Bauteil i
K_1	N·mm^{-2}	Parameter des Swift-Materialmodells
K_{A}	EUR	Anschaffungswert der Feinschneidanlage
K_{Ab}	EUR	Abschreibungskosten
K_{Btr}	EUR	Betriebskosten
$K_{\mathrm{Btr,W}}$	EUR	Hersteller-Wartungskosten
K_{En}	EUR	Energiekosten
$K_{\mathrm{FP,A}}$	EUR	Anschaffungswert der Feinschneidanlage
K_{Geb}	EUR	Gebäudekosten
K_{Ic}	N·mm^{-2}	Bruchzähigkeit
$K_{\mathrm{M,Pausch}}$	EUR/h	Maschinenkostenpauschale
K_{Mt}	EUR	Werkstoffkosten
K_{Mt}^i	EUR	Werkstoffkosten je Bauteil i
K_{MZ}	EUR	Maschinenkosten
K_{MZ}^i	EUR	Maschinenkosten je Bauteil i
K_{O}^i	EUR	Opportunitätskosten je Bauteil i
K_{PN}	EUR/h	Personallohnsatz
K_{PN}^i	EUR	Personalkosten je Bauteil i
$K_{\mathrm{RZ,MZ}}$	EUR	Maschinenbezogene Rüstkosten
$K_{\mathrm{RZ,PN}}$	EUR	Personalbezogene Rüstkosten
K_{RZ}^i	EUR	Rüstkosten je Bauteil i
K_{S700MC}	EUR/t	Kosten für Bandstahl
K_{Schrott}	EUR/t	Restwert vom Stanzabfall
K_{Wkz}	EUR	Werkzeug-Investitionskosten
K_{Wz}	EUR	Werkzeugkosten
$K_{\mathrm{Wz,Ma}}$	EUR	Matrizeneinzelkosten
$K_{\mathrm{Wz,Ma}}^{\mathrm{ges}}$	EUR	Kosten für benötigte Matrizeneinsätze
$K_{\mathrm{Wz,St}}$	EUR	Stempeleinzelkosten
$K_{\mathrm{Wz,St}}^{\mathrm{ges}}$	EUR	Kosten für benötigte Schneidstempel
K_{Wz}^i	EUR	Werkzeugkosten je Bauteil i
K_{Zi}	EUR	Zinsen
MK	h/a	Maschinenkapazität
N	-	Anzahl Finite Elemente
N_{Sz}	-	Standmenge
$N_{\mathrm{Sz,Ma}}$	-	Standmenge der Matrize

$N_{\mathrm{Sz,St}}$	-	Standmenge des Stempels
P_{el}	kW	Elektrische Leistung
P_{WS}	EUR	Verkaufspreis je Werkstück
PP	-	Produktionsprogramm
Q_{A}	-	Durchmesserverhältnis
R^2	-	Bestimmtheitsmaß
R_{e}	$\mathrm{N \cdot mm^{-2}}$	Streckgrenze
R_{m}	$\mathrm{N \cdot mm^{-2}}$	Zugfestigkeit
$R_{\mathrm{m}}^{\mathrm{c}}$	$\mathrm{N \cdot mm^{-2}}$	Ersatzzugfestigkeit
$R_{\mathrm{p0.2}}$	$\mathrm{N \cdot mm^{-2}}$	Dehngrenze
R_{pk}	µm	Reduzierte Spitzenhöhe
R_{s}	$\mathrm{N \cdot mm^{-2}}$	Druckfestigkeit
R_{vk}	µm	Reduzierte Riefentiefe
Ra	µm	Arithmetischer Mittenrauwert
RB	-	Bedienverhältnis
RSm	µm	Mittlere Rillenbreite
Rz	µm	Rautiefe
S_{r}	-	Rutschwiderstand
Spc	µm	Spitzenkrümmung
T	°C	Temperatur
T	$\mathrm{N \cdot m}$	Drehmoment der Stempelschrauben
T_{c}	°C	Blitztemperatur in der Scherzone
TWL_{FP}	a	Wirtschaftliche Lebensdauer der Feinschneidanlage
U	$\mathrm{min^{-1}}$	Rotationsgeschwindigkeit
U_{Spindel}	$\mathrm{min^{-1}}$	Spindeldrehzahl
U_{w}	mm	Übermaß der Nabe
V_{V}	-	Volumenanteil der Karbidphase
Y	-	Geometriefaktor für den Einfluss der Rissgeometrie

Kleinbuchstaben

a	µm	Risslänge
a	mm	Stegbreite im Stanzgitter
a_1	$\mathrm{kN \cdot N^{-1}}$	Koeffizient 1 des Abstreifkraftmodells
a_2	kN	Koeffizient 2 des Abstreifkraftmodells
a_{AE}	V	Amplitude der Schallemission

a_{RZ}	mm	Ringzackenabstand von der Schnittlinie
b	mm	Messpfad
b_{E}	mm	Kanteneinzugbreite
b_{G}	mm	Gratbreite
b_i	-	Koeffizient i des Modells für die Ersatzzugfestigkeit
c_1	K^{-1}	Hensel-Spittel-Parameter (Temperaturterm)
c_2, c_3, c_4	-	Hensel-Spittel-Parameter (Dehnungsterme)
c_{p}	$\mathrm{J \cdot (kg \cdot K)^{-1}}$	Spezifische Wärmekapazität
d_{SG}	mm	Lochdurchmesser im Stanzgitter
$d_{\mathrm{SG,a}}$	mm	Außendurchmesser des Stanzgitters
d_{St}	mm	Stempeldurchmesser
d_{vb}	mm	Durchmesser Verriegelungsbolzen
f	mm	Vorschub
f_1	-	Empirischer Faktor für den Schneidwiderstand
f_3	-	Empirischer Faktor für die Abstreifkraft
f_{AE}	Hz	Körperschallfrequenz
f_{F}	$\mathrm{mm \cdot min^{-1}}$	Vorschub des Fasenschleifstifts
h_{Br}	mm	Höhe der Bruchfläche
h_{E}	mm	Kanteneinzughöhe
h_{F}	mm	Fasenhöhe
h_{G}	mm	Grathöhe
h_{k}	mm	Klemmhöhe des Stanzgitters
h_{RZ}	mm	Ringzackenhöhe
h_{S}	mm	Glattschnitthöhe
k	$\mathrm{\mu m \cdot mm^{-1}}$	Konizität der Schnittfläche
k_{f}	$\mathrm{N \cdot mm^{-2}}$	Fließspannung
k_{s}	$\mathrm{N \cdot mm^{-2}}$	Schneidwiderstand
l_{F}	mm	Fügelänge
l_{j}	mm	Fügelänge
l_{s}	mm	Länge der Schnittlinienkontur
m	-	Reibfaktor (Tresca)
n	-	Anzahl Messwerte
n	-	Verfestigungskoeffizient
n_1	-	Parameter des Swift-Materialmodells
n_{Hub}	$\mathrm{min^{-1}}$	Hubrate
n_{WR}	-	Bauteile, die aus einem Ring gefertigt werden

p	N·mm^{-2}	Fugenpressung
p	-	Zinssatz
p_{Bruch}	-	Bruchanteil der Schnittfläche
$p_{\mathrm{Btr,W}}$	-	Selbst-Wartungsanteil
p_{el}	EUR/kWh	Stromkosten
p_{GH}	N·mm^{-2}	Flächenpressung am Gegenhalter
p_{NH}	N·mm^{-2}	Flächenpressung am Niederhalter
r	mm	Spitzenradius eines Geometrieelements
r_{a}, r_{b}, r_{c}	mm	Radius der Schnittliniengeometrie
r_{a}', r_{b}', r_{c}'	mm	Angepasster Radius der Schnittliniengeometrie
r_i	mm	Spitzenradius des Geometrieelements i
r_{s}	µm	Schneidkantenverrundung
s	µm	Schartigkeit
s_0	mm	Blechdicke
s_{E}	mm	Elementgröße (Vernetzung)
s_{NH}	mm	Niederhalterweg
s_{pm}	mm	Kreisabstand Visioplastizitätsmethode
$s_{\mathrm{Stößel}}$	mm	Stößelweg
t	s	Prozesszeit
t	s	Simulationsdauer
t	min	Bürstdauer
t_{AZ}	h	Aufbauzeit des Feinschneidwerkzeugs
t_{B}^{i}	s	Bearbeitungsdauer je Bauteil
t_{h}	s	Hauptzeit
t_{n}	s	Nebenzeit
t_{NMa}	h	Nachsetzzeit des Matrizeneinsatzes
t_{NSt}	h	Nachsetzzeit der Schneidstempel
t_{PP}	h	Gesamte Produktionsdauer
t_{R}	s	Rüstzeit
t'	-	Normierte Prozesszeit
u	µm	Schneidspalt
v_{a}	mm·s^{-1}	Abstreifgeschwindigkeit
v_{FS}	m·s^{-1}	Schnittgeschwindigkeit Flachschleifen
v_{s}	mm·s^{-1}	Schneidgeschwindigkeit
w	mm	Scheibenbreite
z	mm	Abstreifweg

z	mm	Zustellung
z_r	-	Relativer Abstreifweg

Griechische Buchstaben

α	°	Eckenwinkel eines Geometrieelements
α	°	Kegelöffnungswinkel Fasenschleifstift
α	K^{-1}	Wärmeausdehnungskoeffizient
α_{Bruch}	°	Bruchwinkel
α_i	°	Eckenwinkel des Geometrieelements i
β	°	Fasenwinkel
β_1	-	Parameter des Swift-Materialmodells
γ	°	Neigungswinkel des Schneidstempels
Δd	mm	Übermaß des Stanzgitterlochs
ε	-	Wahre Dehnung
$\dot{\varepsilon}$	s^{-1}	Dehnrate
ε_T	-	Emissionsgrad
η	-	Spannungstriaxialität
η	$mm^2 \cdot s^{-1}$	Dynamische Viskosität
η	$N \cdot s \cdot mm^{-2}$	Parameter des Swift-Materialmodells
$\vec{\eta}$	$N \cdot mm^{-2}$	Hydrostatischer Spannungsanteil
η_{Mt}	-	Werkstoffausnutzung
θ	-	Lodewinkel (Bogenmaß)
ϑ	°C	Temperatur in der Scherzone
λ	$W \cdot (m \cdot K)^{-1}$	Thermische Konduktivität
μ	-	Reibwert (Coulomb)
μ_{ax}	-	Reibungskoeffizient einer WNV
μ_{rl}	-	Reibzahl der WNV
ν	-	Poissonzahl, Querkontraktionszahl
ν_A	-	Querkontraktionszahl der Nabe
ν_I	-	Querkontraktionszahl der Welle
ν_{SG}	-	Poissonzahl des Stanzgitters
ν_{St}	-	Poissonzahl des Schneidstempels
ξ	-	Lodewinkelparameter
$\vec{\xi}$	$N \cdot mm^{-2}$	Deviatorischer Spannungsanteil
ξ_w	$mm \cdot mm^{-1}$	Wirksames Übermaß einer WNV

π	-	Zahl Pi
π	-	Kaltverfestigungsvermögen
ρ	$g \cdot cm^{-3}$	Dichte
ρ_{SG}	$g \cdot cm^{-3}$	Dichte des Stanzgitters
ρ_{St}	$g \cdot cm^{-3}$	Dichte des Stempels
σ_c	$N \cdot mm^{-2}$	Kritische Rissspannung
σ_i	$N \cdot mm^{-2}$	Spannungskomponente *i*
σ_I	$N \cdot mm^{-2}$	1. Hauptspannung
σ_{II}	$N \cdot mm^{-2}$	2. Hauptspannung
σ_{III}	$N \cdot mm^{-2}$	3. Hauptspannung
σ_m	$N \cdot mm^{-2}$	Mittlere Spannung
σ_N	$N \cdot mm^{-2}$	Kontaktnormalspannung
$\sigma_{n,GH}$	$N \cdot mm^{-2}$	Flächenpressung des Gegenhalters
$\sigma_{n,NH}$	$N \cdot mm^{-2}$	Flächenpressung des Niederhalters
σ_r	$N \cdot mm^{-2}$	Radialspannung
σ_{TRS}	$N \cdot mm^{-2}$	Biegebruchfestigkeit
σ_V	$N \cdot mm^{-2}$	Von Mises-Vergleichsspannung
$\bar{\sigma}_z$	$N \cdot mm^{-2}$	Mittlere Spannung in Abstreifrichtung
σ_z	$N \cdot mm^{-2}$	Spannungskomponente in Abstreifrichtung
$\sigma_{z,max}$	$N \cdot mm^{-2}$	Maximale Spannung in Abstreifrichtung
φ	-	Umformgrad
$\dot{\varphi}$	s^{-1}	Umformgeschwindigkeit
ψ	°	Messwinkel Röntgendiffraktometrie

Abkürzungen

3D	Dreidimensional
AE	Körperschall (acoustic emission)
BP	Bürstpolieren
EBSD	Elektronenrückstreubeugung (electron backscatter diffraction)
CAD	Computer aided design
FEM	Finite-Elemente-Methode
FS	Flachschleifen
GH	Gegenhalter
GKZ	Glühen auf kugeligen Zementit
HM	Hartmetall
HS	Hauptschnitt

JTFA	Zeit-Frequenzanalyse (joint time frequency analysis)
KE	Kanteneinzug
NH	Niederhalter
NS*i*	Nachschnitt *i*
oRZ	Ohne Ringzacke
PM-HSS	pulvermetallurgischer Schnellarbeitsstahl
PVD	Physikalische Gasphasenabscheidung (physical vapour deposition)
REM	Rasterelektronenmikroskop
RZ	Ringzacke
STL	Stereolithografie (Datentyp)
WC-Co	Wolframkarbid-Kobalt
WEDM	Drahtfunkenerosion (wire-EDM)
WIA	Stanzgitter-Einflusszone (waste influencing area)
WNV	Welle-Nabe-Verbindung

1 Einleitung

Introduction

Ökologisch und ökonomisch motivierte Forderungen nach Ressourceneffizienz in der Mobilität befördern den Megatrend Leichtbau [HERT16]. Eine geringe Fahrzeugmasse bewirkt, dass der Energiebedarf und somit die CO_2-Emission bei der Nutzung von Fahrzeugen gesenkt wird [BUND19]. Im Automobilbau werden zunehmend hochfeste Werkstoffe mit einem hohen Umformvermögen wie mikrolegierte Feinkornbaustähle in gewichtsoptimierten, dünnwandigen Konstruktionen verwendet [KRAU09]. Leichtbaukonstruktionen führen durch eine hohe Funktionsintegration und Topologieoptimierung zu komplexen Geometrien mit hohem Detaillierungsgrad [ZIMM18], beispielsweise an sicherheitsrelevanten Feinschnittteilen aus der Fahrzeugtechnik, siehe Abbildung 1.1. Mittels Feinschneiden werden Bauteile mit hohen Anforderungen an die Maßhaltigkeit und Schnittflächenqualität hergestellt. In der Fertigungstechnologie Feinschneiden ist die Verarbeitung von hochfesten, mikrolegierten Feinkornbaustählen in komplexen Schnittliniengeometrien mit einer gestiegenen mechanischen Schneidkantenbelastung der Schneideinsätze verbunden.

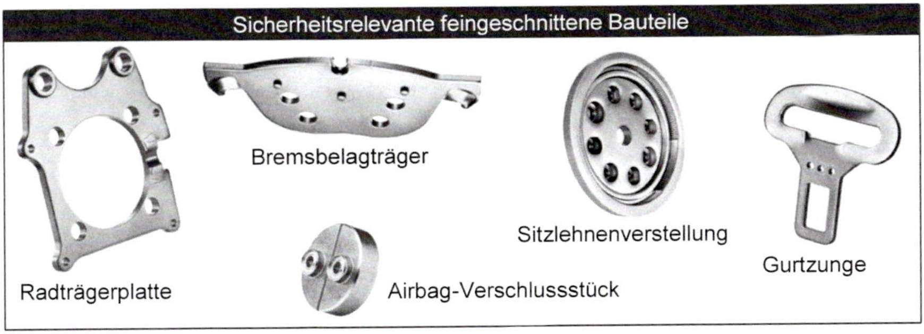

Abbildung 1.1: Beispiele für feingeschnittene sicherheitsrelevante Bauteile im Pkw [FEIN21]
Examples of fine blanked safety relevant parts in a vehicle [FEIN21]

Die Verarbeitung von hochfesten Stahlblechen führt konventionelle Schneidstempel aus pulvermetallurgischem (PM) Schnellarbeitsstahl in der Phase der Blechtrennung an die Grenze der Druckfestigkeit [FEUE16]. In der Folge der hohen mechanischen Belastung der Schneidkanten steigt der Schneidkantenverschleiß und sinkt die Lebensdauer von Schneidstempeln aus PM-Stählen, wodurch die Wirtschaftlichkeit des Feinschneidens von hochfesten Stahlblechen geschmälert wird. Für das Feinschneiden von hochfesten Stahlblechen müssen daher Stempelwerkstoffe in Betracht gezogen werden, die eine höhere Härte und Druckfestigkeit im Vergleich zu PM-Stählen aufweisen.

Hartmetalle haben gegenüber PM-Stählen eine höhere Druckfestigkeit und Verschleißbeständigkeit [SARI14]. Die hohe Druckfestigkeit qualifiziert Hartmetalle prinzipiell für das Feinschneiden von hochfestem Stahlblech. Anwendungen für Hartmetall in der Umformtechnik sind in Prozessen etabliert, in denen eine hohe Druckfestigkeit gefordert ist, wie beispielsweise in der Kaltmassivumformung [SARI14] oder in der Stanztechnik zur Verarbeitung von sprödhartem Elektroblech [FINU20]. Allerdings versagen Hartmetalle häufig beim Abstreifen des Stanzgitters vom Schneidstempel durch ein Belastungskollektiv aus Zug- und Biegespannungen [FEUE16]. Das Tribosystem wird durch die Klemmkraft infolge von elastischer Rückfederung der Schnittfläche gebildet [BAER19]. Die Rückfederung ist dabei eine Folge des Druckspannungszustands in der Scherzone [DIET18], der durch die hydraulischen Prozesskräfte Niederhalter- und Gegenhalterkraft hervorgerufen wird und ist damit typisch für das Feinschneiden [BIRZ14].

Bei duktilen PM-Stählen als Stempelwerkstoff hatte der Abstreifvorgang bisher keine übergeordnete forschungsseitige Relevanz, da Verschleißformen überwiegend durch die Druckbelastung in der Schneidphase auftreten [LIND10]. Brüche von Hartmetallstempeln während der Abstreifphase zeigen jedoch einen Forschungsbedarf in Bezug auf die Wechselwirkungen zwischen dem Schneidstempel und dem Stanzgitter auf, die zu einer mechanischen Überlastung während der Abstreifphase führen. Erkenntnisse zum Abstreifen können genutzt werden, um die mechanische Belastung wissensbasiert anzupassen, sodass Feinschneiden von hochfestem Stahlblech mit Hartmetallstempeln prozesssicher möglich wird.

Das Belastungskollektiv im Schneidstempel während des Abstreifens entsteht durch die Interaktion mit dem Stanzgitter. Die Kontaktfläche wird dabei von der Schnittfläche mit spezifischen Schnittflächenmerkmalen nach [VDI94] geformt, von denen das Schnittflächenmerkmal Kanteneinzug insbesondere die Kontakthöhe mit der Mantelfläche des Schneidstempels bestimmt. Für eine Untersuchung von Wechselwirkungen zwischen Schneidstempel und Stanzgitter ist daher ein Verständnis der Entstehung von Schnittflächenmerkmalen erforderlich, die die Wechselwirkungen beim Abstreifen beeinflussen. Die Wechselwirkungen zwischen den einzelnen Schnittflächenmerkmalen Rückfederung, Kanteneinzug, Bruchzone und Konizität mit dem Belastungskollektiv des Schneidstempels werden an einer einfachen Rundstempelgeometrie bewertet. Bei einer asymmetrischen Schnittliniengeometrie sind die Kontaktbedingungen hingegen veränderlich, was bei unausgeglichenen Klemmverhältnissen ein Biegemoment im Schneidstempel hervorrufen kann. Der Feinschneidprozess wird ganzheitlich analysiert und bewertet, um Maßnahmen abzuleiten, mit denen Biegemomente im Hartmetallstempel beim Abstreifen verhindert werden. Dabei werden die Prozessführung, die Werkzeugkonstruktion, das Streifenlayout und die Fertigung der Hartmetallstempel berücksichtigt. In einer industrienahen Versuchsreihe werden die Maßnahmen zur Reduzierung des mechanischen Belastungskollektivs in Hartmetallstempeln validiert. Die Frage nach der Wirtschaftlichkeit des Feinschneidens mit Hartmetallstempeln wird auf Basis der Validierung mit einer Kostenrechnung beantwortet.

Introduction

Ecologically and economically motivated demands for resource efficiency in mobility promote the lightweight design megatrend [HERT16]. A low vehicle mass has the effect of reducing energy requirements and thus CO_2 emissions [BUND19]. In automotive engineering, high-strength materials with a high forming capacity, such as micro-alloyed fine-grained steels, are increasingly being used in weight-optimized, thin-walled structures [KRAU09]. Lightweight designs lead to complex geometries with a high degree of detail due to high functional integration and topology optimization [ZIMM18], for example in safety-relevant fine blanked parts from automotive engineering, see Figure 1.1. Fine blanking is used to manufacture components with high requirements on dimensional accuracy and sheared surface quality. For the fine blanking technology, the processing of high-strength, micro-alloyed fine grain steels with complex cutting line geometries means an increased mechanical cutting edge load on the blanking punch.

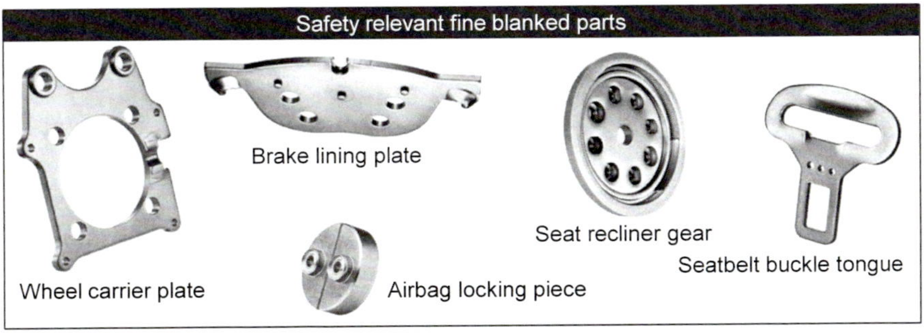

Abbildung 1.2: Examples of fine blanked safety relevant parts in a vehicle [FEIN21]
Beispiele für feingeschnittene sicherheitsrelevante Bauteile im Pkw

The processing of high-strength steel sheets leads conventional blanking punches made of powder metallurgical (PM) high-speed steel to the limit of compressive strength in the sheet separation phase [FEUE16]. As a result of the high mechanical stress on the cutting edges, edge wear increases and the service life of blanking punches made of PM steels decreases, reducing the economic efficiency of fine blanking of high-strength steel sheets. Therefore, punch materials that have higher hardness and compressive strength compared to PM steels must be considered for fine blanking of high-strength steel sheets.

Cemented carbides have higher compressive strength and wear resistance compared to PM steels [SARI14]. The high compressive strength qualifies carbides for fine blanking of high-strength steel sheet. Applications for cemented carbide in forming technology are established in processes where high compressive strength is required, such as in cold forging [SARI14] or in stamping technology for processing brittle-hard electrical sheet [FINU20]. However, carbides often fail due to a load collective of tensile and bending stresses when the scrap web is stripped from the punch [FEUE16]. The tribological system is formed by the clamping force due to elastic springback of the sheared surface [BAER19]. The springback is a consequence of the compressive stress state in the shear zone [DIET18], which is caused by the hydraulic process forces blankholder and counterholder force and is thus typical for fine blanking [BIRZ14].

In the case of ductile PM steels as punch materials, the stripping process has not had any superior research relevance, since wear forms occur predominantly due to the compressive load in the blanking phase [LIND10]. However, fractures of cemented carbide punches during the stripping phase indicate a need for research with regard to the interactions between the blanking punch and the scrap web, which lead to mechanical overload during the stripping phase. Findings on stripping can be used to adjust the mechanical loading based on knowledge, so that fine blanking of high-strength steel sheet with cemented carbide punches becomes process-reliable.

The load collective in the blanking punch during stripping is created by the interaction with the scrap web. The contact area is formed by the sheared surface with specific sheared surface features according to [VDI94], of which die roll in particular determines the contact height with the lateral surface of the blanking punch. Therefore, for an investigation of interactions between the blanking punch and the scrap web, it is necessary to understand the formation of sheared surface features that influence the interactions during stripping. The interactions between the individual sheared surface features of springback, die roll, fracture zone, and conicity with the blanking punch load collective are evaluated using a simple round punch geometry. In contrast, with an asymmetric cutting line geometry, the contact conditions are variable, which can cause a bending moment in the blanking punch if the clamping conditions are unbalanced. The fine blanking process is analyzed and evaluated holistically in order to derive measures to prevent bending moments in the cemented carbide punch during stripping. The process control, the tool design, the strip layout and the manufacture of the cemented carbide punches are taken into account. The measures for reducing the mechanical load collective in cemented carbide punches are validated in a series of industry-related tests. The question of the cost-effectiveness of fine blanking with cemented carbide punches is answered on the basis of the validation with a cost calculation.

2 Stand der Technik in Forschung und Industrie

State of the art in research and industry

Die Forderung nach erhöhter Ressourceneffizienz im Transportsektor begründet den Megatrend des Leichtbaus [TEKK14]. Damit verbunden werden zunehmend hochfeste Stähle im Fahrzeugbau verarbeitet [KRAU09]. Für die Fertigungstechnologie Feinschneiden ist die Festigkeit von hochfesten Stählen mit einem gegenüber herkömmlichen Stählen gestiegenen Schneidkraftbedarf verbunden. Mit dem Schneidkraftbedarf steigen auch die Schneidkantenbelastung in der Druckphase des Schneidvorgangs sowie die Zugkraft zur Überwindung der Klemmung beim Abstreifen des Stanzgitters vom Schneidstempel. Kapitel 2.1 befasst sich mit der Schneidstempelbelastung während der Schneid- und Abstreifphase. Mit der Schneidstempelbelastung sind die Wechselwirkungen des Schneidstempels mit der Schnittfläche am Stanzgitter verbunden, die innerhalb des Tribosystems auftreten. Die Druckfestigkeit herkömmlicher pulvermetallurgischer Schnellarbeitsstähle (PM-HSS) wird bei der Verarbeitung von hochfestem Stahl lokal im Bereich der Schneidkante überschritten, was in einem beschleunigten Schneidkantenverschleiß resultiert. Der Stempelwerkstoff Hartmetall bietet aufgrund der hohen Druckfestigkeit das Potenzial, hochfesten Stahl wirtschaftlich feinzuschneiden [KROB18]. Kapitel 2.2 befasst sich mit Hartmetallen für die Stanz- und Feinschneidtechnik. Dabei werden die Struktur und mechanischen Eigenschaften behandelt, mit denen das Bruchverhalten unter Belastung beeinflusst wird. Aus dem Stand der Technik wird in Kapitel 2.3 ein Zwischenfazit mit einer wissenschaftlichen Problemstellung abgeleitet.

2.1 Fertigungstechnologie Feinschneiden

Manufacturing technology fine blanking

Das Feinschneiden gehört nach DIN 8588 [DIN13] zur Gruppe Scherschneiden. Beim verwandten Normalschneiden (Abbildung 2.1a) wird ein Blech zwischen den Schneidkanten vom Schneidstempel und der Matrize getrennt. Die hohe Produktivität bei geringen Stückkosten und hoher Schnittteilqualität qualifiziert das Feinschneiden für die wirtschaftliche Massenfertigung von mechanisch beanspruchten und sicherheitsrelevanten Bauteilen. Durch eine nahezu grat- und abrissfreie Schnittfläche sind die Bauteile oftmals ohne weitere Nachbearbeitungsschritte nach dem Feinschneiden einbaufertig. Der überlagerte Druckspannungszustand in der Scherzone begünstigt die Schnittflächenqualität durch Plastifizierung während der Werkstofftrennung (Abbildung 2.1b). Der Druckspannungszustand wird mit einem hydraulischen Niederhalter und Gegenhalter bei einem kleineren Schneidspalt erzeugt, mit denen das Blech eingespannt wird. Der Spannungszustand in der Scherzone sowie die Methodik zur Spannungsanalyse mittels Triaxialität und Lodewinkelparameter werden in Kapitel 2.1.1 eingeführt. [KLOC17, S. 475]

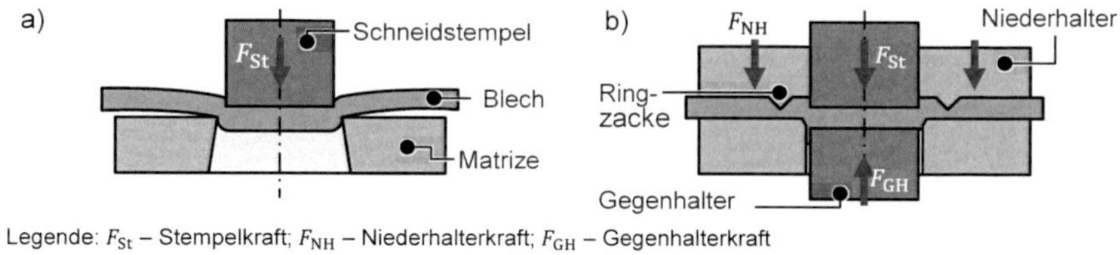

Abbildung 2.1: Normalschneiden (a) und Feinschneiden (b) im Vergleich [BIRZ14]
Stamping (a) and fine blanking (b) in comparison [BIRZ14]

Der Blechwerkstoff wird in Pressenautomaten von der Pressenperipherie gehandhabt, siehe Abbildung 2.2. Bandhersteller liefern Blech in Form von Coils, die auf einer Haspel eingespannt werden. Von der Haspel aus wird das Band von Richtwalzen in einer Richtanlage begradigt und Eigenspannungen werden reduziert. Der kontinuierliche Richtprozess wird vom diskreten Feinschneidprozess durch eine Bandschlaufe entkoppelt. Am Einlauf zur Presse befinden sich eine Vorschubeinheit und eine Bandbeölungsanlage für die Schmierstoffapplikation. Nach dem Schneidprozess wird das Stanzgitter von der Abfallschere zur Entsorgung zerteilt. [DEMM15, S. 254]

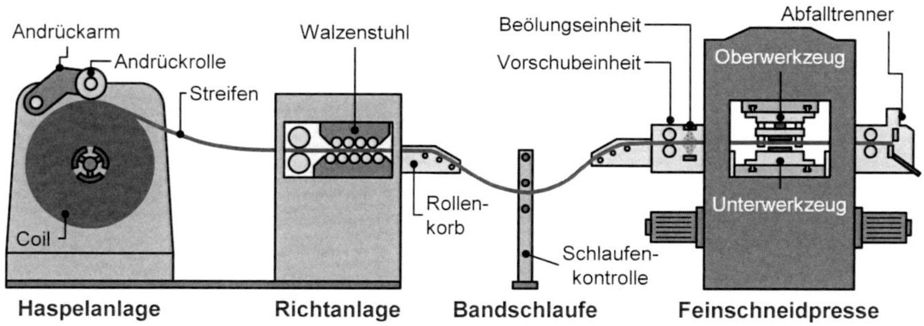

Abbildung 2.2: Schematische Pressenlinie für das Feinschneiden [DEMM15, S. 254]
Schematic press line for fine blanking [DEMM15, S. 254]

Der Feinschneidprozess wird grundsätzlich in die vier Phasen Positionieren des Blechstreifens, Zusammenfahren und Einpressen der Ringzacke, Trennvorgang und Abstreifen des Stanzgitters bzw. Ausstoßen des Schnittteils unterteilt, vgl. Abbildung 2.3 [KLOC17, S. 476]. Beim Feinschneiden werden gegenüber dem Normalstanzen die zusätzlichen Prozesskräfte durch die Aktivelemente Niederhalter und Gegenhalter aufgebracht, die einen hydrostatischen Spannungszustand in der Scherzone hervorrufen, Abbildung 2.3b. Während des Schneidvorgangs (Abbildung 2.3c) erfährt der Schneidstempel eine Druckbelastung durch den Schneidkraftbedarf. Die Stempelbelastung während des Trennvorgangs wird in Kapitel 2.1.2 beschrieben. Die Druckspannung in der Scherzone führt zu elastischer Rückfederung der Schnittfläche, die eine Klemmung des Stanzgitters gegen den Schneidstempel verursacht [NEUG04].

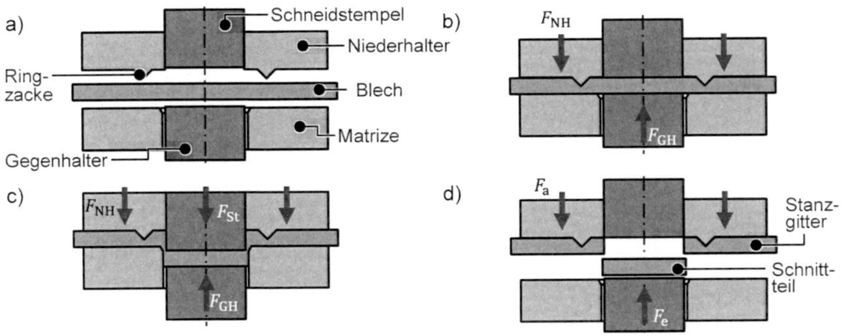

Legende: F_{St} – Stempelkraft; F_{NH} – Niederhalterkraft; F_{GH} – Gegenhalterkraft; F_a – Abstreifkraft; F_e – Auswerfkraft

Abbildung 2.3: Prinzip des Feinschneidens in vier Phasen Bandvorschub (a), Ringzacke einpressen (b), Schneidvorgang (c) und Abstreifen/Auswerfen (d) [KLOC17]

Principle of the fine blanking process in four phases material feed (a), V-ring pressing (b), blanking (c) and stripping/ejecting (d)

In der Abstreifphase (Abbildung 2.3d) wirkt ein Beanspruchungskollektiv aus Zug- und Biegespannungen als Folge der Überwindung der Klemmkraft, das in Kapitel 2.1.3 vertieft wird. Der Lastfall für einen Schneidstempel während eines Prozesszyklus ist also eine wechselnde Zug-Druck-Beanspruchung. In der Wirkfuge zwischen den Schneidkanten bzw. der Mantelfläche und der Schnittfläche des Stanzgitters liegt ein tribologisches System mit Schmierstoff als Zwischenstoff vor, dessen Ausgangsgröße Stempelverschleiß ist [CZIC20, S. 613–621] und in Kapitel 2.1.4 beschrieben wird. Dabei sind insbesondere Schnittflächenmerkmale am Stanzgitter für die Interaktion mit dem Schneidstempel relevant. Die Zusammenhänge, die zur Entstehung und Ausprägung von Schnittflächenmerkmalen führen, werden in Kapitel 2.1.5 eingeführt.

2.1.1 Spannungszustand in der Scherzone

Stress state in the shear band

Das Feinschneiden wird gegenüber dem Normalstanzen durch die zusätzliche Niederhalter- und Gegenhalterkraft ausgezeichnet, die einen hydrostatischen Spannungszustand in der Scherzone hervorrufen, Abbildung 2.4a. Zur Klemmung des Blechstreifens und um zusätzlich Druckspannungen in der Scherzone zu induzieren, wird häufig eine Ringzacke angewendet. Ein weiterer Unterschied zum Normalstanzen ist ein Schneidspalt, der mit 0,5 % der Blechdicke eine Größenordnung kleiner ist. [KLOC17, S. 474]

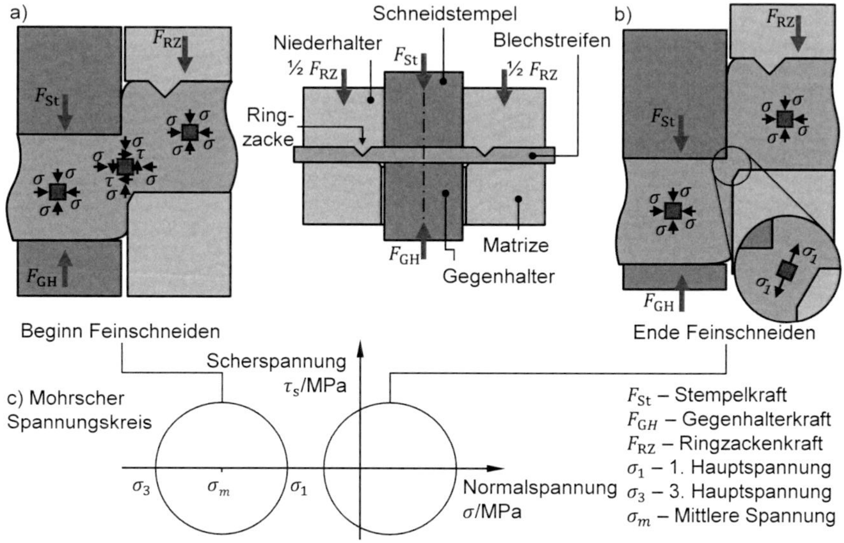

Abbildung 2.4: Spannungszustand in der Scherzone beim Feinschneiden [ROTT84, S. 44]
Stress state in the shearing zone during fine blanking [ROTT84, S. 44]

Das Umformvermögen wird durch die induzierten Druckspannungen begünstigt, da das umforminduzierte Risswachstum innerhalb des Gefüges so behindert wird [KLOC17, S. 34]. Auf diese Weise wird ein hoher Glattschnittanteil erreicht. ROTTER untersuchte den Spannungszustand in der Scherzone. Der Mohrsche Spannungskreis liegt beim Schneiden im Bereich von Druckspannungen, Abbildung 2.4a. Erst gegen Ende des Schneidvorgangs wird die in Zugrichtung liegende Diagonale gedehnt (Abbildung 2.4b) und der Spannungskreis verschiebt sich hin zu einem Zugspannungszustand (Abbildung 2.4c). Durch die Verschiebung des Spannungszustands wird das Formänderungsvermögen vermindert, während die Formänderung zunimmt und Bruchflächen bzw. Abriss auf der Schnittfläche am Ende des Schneidvorgangs auftreten. [ROTT84, S. 26–44]

Für die Spannungsanalyse mittels Finite-Elemente-Methode eignet sich die Auswertung des Spannungstensors nach Triaxialität und Lodewinkelparameter. Die Auswertung ermöglicht einen Rückschluss über das Vorliegen von Zug- und Druckspannungen in der Schnittebene und deren Visualisierung. Ein Spannungszustand im Hauptachsensystem kann in eine hydrostatische und eine deviatorische Spannungskomponente aufgeteilt werden [KLOC17, S. 19], Abbildung 2.5. Der hydrostatische Spannungsanteil $\vec{\eta}$ ist die mittlere Spannung und resultiert aus der Volumenänderung gegenüber einem entspannten Zustand. Der deviatorische Spannungsanteil $\vec{\xi}$ resultiert hingegen aus der Verzerrung der Volumenelemente. [MOHR15]

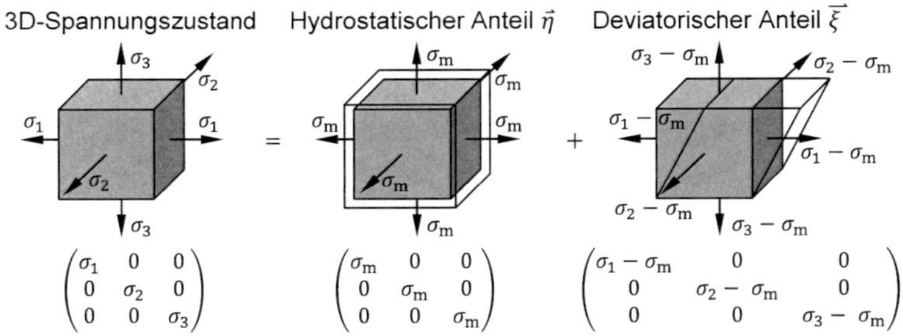

Abbildung 2.5: Aufteilung des Spannungstensors nach [KLOC17, S. 20]
Decomposition of the stress tensor

Ein dreidimensionaler Spannungszustand im Werkstoff ist vereinfacht durch den Hauptspannungszustand dargestellt, der auf ein kubisches Einheitszellenmodell wirkt. Das kubische Einheitszellenmodell ist in der Schädigungstheorie mit einem kugelförmigen zentralen Hohlraum aufgebaut, der eine Pore darstellt, die einen duktilen Bruch auslöst [DUNA14]. BAI UND WIERZBICKI nutzten die Schädigungstheorie zur Beschreibung der Plastizität [BAI08]. Der hydrostatische Teil steuert das Porenwachstum und ist durch den dimensionslosen Parameter Spannungstriaxialität η [-] gekennzeichnet. Sie ist definiert als das Verhältnis der hydrostatischen Spannung σ_m [N·mm^{-2}] und der von Mises-Vergleichsspannung σ_V [N·mm^{-2}] [BAI08]:

$$\eta = \frac{\sigma_m}{\sigma_V} \tag{2.1}$$

Der deviatorische Teil steuert die Formänderung eines Volumenelements und wird durch den Lodewinkelparameter ξ [-] beschrieben [OTTO05]:

$$\xi = \frac{27}{2} \cdot \frac{J_3}{\sigma_V^3} \tag{2.2}$$

J_3 [N^3·mm^{-6}] ist die dritte Spannungsinvariante. θ [-] wird als Lodewinkel bezeichnet und steht im Zusammenhang mit dem Lodewinkelparameter ξ [BAI08]:

$$\theta = 1 - \frac{2}{\pi} \cdot arccos(\xi) \tag{2.3}$$

Der Bereich von θ ist $0 \leq \theta \leq \pi/3$. Daher ist der Bereich des Lodewinkelparameters ξ $-1 \leq \xi \leq 1$ nach [MOHR15], Abbildung 2.6b. Anhand der Triaxialität und des Lodewinkelparameters kann damit der Spannungszustand interpretiert werden. Der Spannungstensor kann durch eine Darstellung im Hauptspannungsraum, den Haigh-Westergaard-Spannungsraum, interpretiert werden $[\sigma_1, \sigma_2, \sigma_3]$, Abbildung 2.6a. Im Haigh-Westergaard-Spannungsraum werden die Hauptspannungen als Karthesische Koordinaten verwendet. Der Spannungstensor wird zusätzlich im zylindrischen Koordinatensystem dargestellt $[z, r, \theta]$, in dem die z-Achse entlang der Richtung der mittleren Spannung σ_m verläuft und stellt damit den hydrostatischen Spannungsanteil η dar.

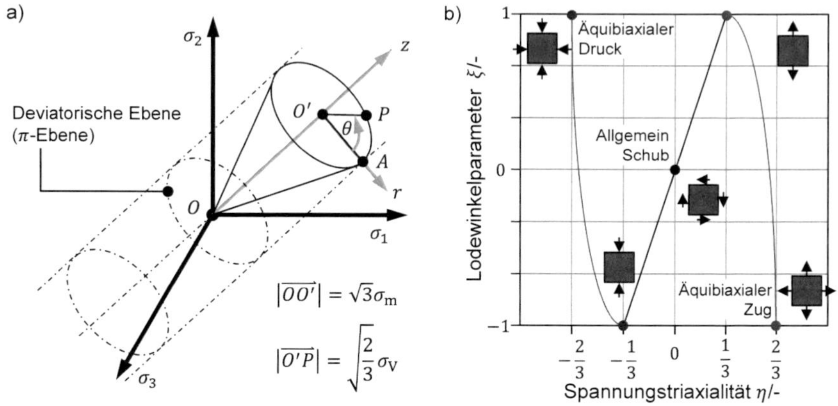

Abbildung 2.6: Darstellung in kartesischen und zylindrischen Koordinaten (a) und konzeptionelle Darstellung (b) des Spannungszustands [BAI08]

Representation in Cartesian and cylindrical coordinates (a) and conceptual representation (b) of the stress state

Die radiale r-Achse bildet den deviatorischen Spannungsanteil ξ ab. Für den Lodewinkel θ bestehen verschiedene Definitionen. Hier wird der Lodewinkel als positiver Winkel zur σ_1-Achse in der Projektion auf die π-Ebene. [BASA10]

Anhand einer konzeptionellen Darstellung des Spannungszustands in Abbildung 2.6b wird der nichtlineare Zusammenhang zwischen dem hydrostatischen η und deviatorischen Spannungsanteil ξ für ebene Spannungen visualisiert. Die Kurve zeigt den Zusammenhang für biaxialen Druck mit zwei negativen Hauptspannungen, allgemeine Schubspannung und biaxialen Zug mit zwei positiven Hauptspannungen. Die Sonderfälle sind äquibiaxiale bzw. uniaxiale Druck- und Zugspannung sowie allgemeine Schubspannung für ξ = 0. [MOHR15] Die Spannungsanalyse mittels Triaxialität und Lodewinkelparameter kann genutzt werden, um die Entstehung von Schnittflächenmerkmalen und insbesondere Kanteneinzug zu analysieren und zu erklären.

2.1.2 Stempelbelastung beim Schneidvorgang

Punch load during the separation phase

Die zunehmende Verarbeitung von Blechwerkstoffen mit hoher Festigkeit bewirkt eine gesteigerte Belastung der Schneidkanten während der Schneidphase, da eine höhere Fließspannung für den Trennvorgang erreicht werden muss. Die Feinschneidbarkeit von Stählen ist seitens der Aktivelemente durch den Schneidwiderstand limitiert, der eine Überlastung des Stempelwerkstoffs durch Überschreiten der Druckfestigkeit verursachen kann. Abbildung 2.7 gibt eine Übersicht über die wesentlichen werkstoffbezogenen Einflussfaktoren auf den Schneidwiderstand [KLOC17, S. 493]. Während Zugfestigkeit und Kohlenstoff den Schneidwiderstand erhöhen, wirken sich eine hohe Bruchdehnung und Blechdicke gegenläufig aus.

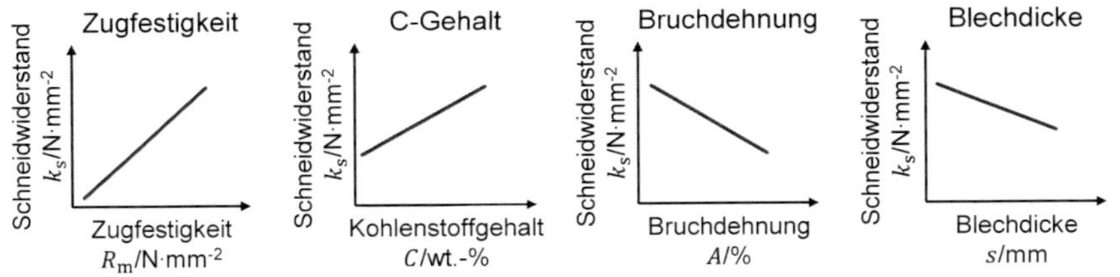

Abbildung 2.7: Einfluss von Einflussfaktoren auf den Schneidwiderstand [KLOC17, S. 493]
Influence of several factors on shearing resistance

Der Schneidwiderstand steigt während des Feinschneidens durch Kaltverfestigen infolge der Umformung zunächst weiter an, was die Beanspruchung der Schneidkanten insbesondere beim Feinschneiden von hochfesten Stählen steigert [GRAM11]. Zur Befähigung des Feinschneidens von hochfesten Stählen ist eine Kontrolle der kinematischen Verfestigung und Anpassung der Werkstoffeigenschaften für das Feinschneiden erforderlich.

Die Auslegung von Feinschneidwerkzeugen orientiert sich am Schneidkraftbedarf F_s [kN] zur Trennung des Werkstoffs [DEMM15, S. 232]:

$$F_s = l_s \cdot s_0 \cdot k_s \tag{2.4}$$

Der Schneidkraftbedarf wird aus der Länge der Schnittlinie l_s [mm], der Blechdicke s_0 [mm] und dem Schneidwiderstand k_s [N·mm^{-2}] berechnet. Der Schneidwiderstand k_s hängt mit der Zugfestigkeit R_m [N·mm^{-2}] zusammen [BIRZ14, S. 10]:

$$k_s = R_m \cdot f_1 \tag{2.5}$$

Der Faktor f_1 [-] wird von Einflussgrößen wie dem Verhältnis von Streckgrenze zu Zugfestigkeit, der Schnittliniengeometrie, dem tribologischen System, aber auch der Schneidkantengeometrie beeinflusst [DEMM15, S. 254]. In der Literatur werden für f_1 Werte im Bereich 0,5–0,9 verwendet, um das Werkstoffverhalten zu berücksichtigen. Für eine Abschätzung zur sicheren Seite wird häufig mit einem Wert von 0,9 gerechnet. Die maximal auftretende Stempelkraft F_{St} [kN] beim Schneidvorgang ergibt sich aus dem Schneidkraftbedarf F_s [kN] und der Gegenhalterkraft F_{GH} [kN] [BIRZ14, S. 10]:

$$F_{St} = F_s + F_{GH} \tag{2.6}$$

Die höchste Belastung am Schneidstempel in der Schneidphase liegt an der Schneidkante vor. Einflussgrößen wie scharfkantige Schneidkantengeometrie, Reibungseinflüsse und ein kleiner Schneidspalt rufen an der Schneidkante eine hohe lokalkonzentrierte Vergleichsspannung hervor. SUZUKI ET AL. zeigten mit FEM-Simulationen die Notwendigkeit von druckfesten Stempelwerkstoffen bei einer hohen Schneidkantenbelastung durch einen hohen Schneidwiderstand, um Schneidkantenverschleiß zu vermindern [SUZU20]. Besonders bei sprödharten und druckfesten Stempelwerkstoffen ist jedoch bei der Verarbeitung von hochfesten Blechwerkstoffen eine exakte Ausrichtung der Aktivelemente Schneidstempel und Matrize zueinander erforderlich. JAAFAR ET AL. wiesen nach, dass eine einseitige Schneidkantenbelastung und damit verbundene Stempelbrüche durch eine exakte Ausrichtung mit einer schwimmenden Matrize vermindert wird [JAAF16]. Aus Untersuchungen zum Scherschneiden mit druckfesten Stempelwerkstoffen aus pulvermetallurgischem PM-HSS [SUZU20] und Wolframkarbid-Kobalt (WC-Co) Hartmetall [KROB18] ist jedoch bekannt, dass Verschleiß und Überlastung wesentlich eine Folge der Zug- und Biegebeanspruchung während des Abstreifvorgangs sind.

2.1.3 Stempelbelastung beim Abstreifen

Punch load during stripping off

Die Notwendigkeit von druckfesten Stempelwerkstoffen zum Feinschneiden von hochfestem Stahlblech wurde in Kapitel 2.1.2 beschrieben. Mit dem Einsatz von druckfesten und damit sprödharten Werkstoffen wie Hartmetall als Stempelwerkstoff rückt jedoch der Abstreifvorgang zum Abstreifen des Stanzgitters vom Schneidstempel erstmals in den Fokus der Forschung. Dies zeigt sich beispielsweise in der Arbeit von KROBATH ET AL. daran, dass Hartmetallstempel vorwiegend in der Abstreifphase überlastet werden und großflächiges Chipping auftritt, während kontinuierlicher Stempelverschleiß durch die Druckbelastung in der Schneidphase nicht mehr als Problem auftritt [KROB18]. Das Belastungskollektiv aus Zug- und Biegespannungen ist eine Folge der Klemmkraft und der Reibung zwischen der Mantelfläche des Schneidstempels und der Schnittfläche des Stanzgitters. Der hydrostatische Druckspannungszustand in der Scherzone bewirkt eine elastische Rückfederung der Schnittfläche, sodass eine erhöhte Kontaktnormalspannung zwischen dem Schneidstempel und der Schnittfläche des Stanzgitters vorliegt [NEUG04]. STAHL erklärte die Rückfederung der Schnittflächen an schergeschnittenen und feingeschnittenen Schnittteilen und Stanzgittern mithilfe von Eigenspannungen [STAH21]. In Abbildung 2.8 sind die zwei Arten der globalen und lokalen Rückfederung der Schnittfläche schematisch dargestellt.

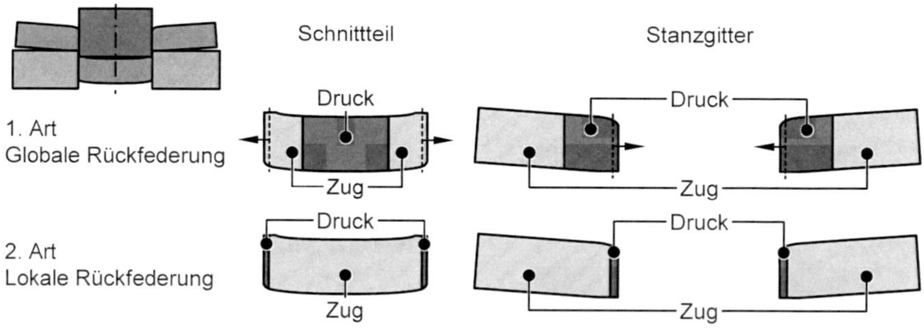

Abbildung 2.8: Mechanismen der globalen und lokalen Rückfederung der Schnittflächen an Schnittteil und Stanzgitter beim Scherschneiden nach Entlastung [STAH21]

Mechanisms of global and local springback of the sheared surfaces on the sheared part and scrap web during shear cutting after unloading

Die globale Rückfederung erklärt Stahl als Folge der Kompression des Schnittteils in der Matrize nach dem Schneidvorgang. Nach dem Auswerfen des Schnittteils kann es sich aufweiten und ein Gleichgewichtszustand aus Zug- und Druckeigenspannungen stellt sich ein. Analog verkleinert sich der Lochdurchmesser am Stanzgitter nach dem Abstreifen. Lokale Rückfederung entsteht hingegen durch hohe Formänderung in der Scherzone. [STAH19]

Die Abstreifkraft ist unter der Annahme von Coulombscher Reibung linear von der Kontaktnormalspannung abhängig, die wiederum mit zunehmender Zugfestigkeit und Streckgrenze des Blechwerkstoffs überproportional ansteigt [ESCH04]. Die Rückfederung eines Werkstoffs, die zu einer Klemmung führt, hängt dabei von der Streckgrenze des Werkstoffs ab, wie in der Biegetechnik ausführlich erforscht ist [DIET18].

In einer ersten Näherung wird die Abstreifkraft mit 10–20 % der Schneidkraft abgeschätzt [BIRZ14]. Allerdings ist die Abschätzung an Erfahrungswerte und nicht an die Wirkmechanismen gebunden. Die Abstreifkraft, bzw. die Rückfederung der Schnittfläche, die eine Klemmkraft bewirkt, kann mit der Theorie der Welle-Nabe-Verbindung (WNV) modelliert werden [NIEM05]. In dem Fall ist der Schneidstempel die Nabe und das Stanzgitter die Welle. Das wirksame Übermaß ξ_w [-] ist das Verhältnis zwischen dem Übermaß der Nabe U_w [mm] und dem Fugendurchmesser D_F [mm]:

$$\xi_\mathrm{w} = \frac{U_\mathrm{W}}{D_\mathrm{F}} \tag{2.7}$$

Aus dem wirksamen Übermaß und dem Elastizitätsmodul der Nabe E_A [N·mm^{-2}] wird mit einem Hilfswert K [-] die Fugenpressung p [N·mm^{-2}], also der Kontaktnormalspannung berechnet:

$$p = \frac{\xi_\mathrm{w} \cdot E_\mathrm{A}}{K} \tag{2.8}$$

Der Hilfswert K [-] wird mit folgendem Zusammenhang angenähert:

$$K = \frac{E_\mathrm{A}}{E_\mathrm{I}} \cdot (1 - \nu_\mathrm{I}) + \frac{1 + Q_\mathrm{A}^2}{1 - Q_\mathrm{A}^2} + \nu_\mathrm{A} \tag{2.9}$$

mit den Querkontraktionszahlen der Welle und der Nabe $\nu_{\mathrm{A/I}}$ [-] und dem Elastizitätsmodul der Welle und der Nabe $E_{\mathrm{A/I}}$ [N·mm^{-2}]. Das Durchmesserverhältnis Q_A [mm] der entspannten Nabe bei einer kreisförmigen Geometrie ergibt sich aus dem Fugendurchmesser D_F [mm] und dem Außendurchmesser der Nabe D_aA [mm]:

$$Q_\mathrm{A} = \frac{D_\mathrm{F}}{D_\mathrm{aA}} \tag{2.10}$$

Aus der Kontaktnormalspannung p und der Reibzahl μ_rl [-] wird die Axialkraft F_ax [kN] zur Lösung der WNV berechnet:

$$F_\mathrm{ax} = \pi \cdot D_\mathrm{F} \cdot l_\mathrm{F} \cdot \mu_\mathrm{rl} \cdot p \tag{2.11}$$

wobei l_F [mm] die Länge der Passung darstellt.

Aus der Klemmkraft entsteht im Zuge der Abstreifbewegung mit beschichteten WC-Co-Hartmetallen eine zyklische mechanische Belastung, die von KROBATH ET AL. analysiert wurde [KROB18]. Bei einem industriellen Feinschneidprozess mit rotationssymmetrischer Geometrie wurde eine Abhängigkeit des Beanspruchungskollektivs beim

Abstreifen von der Oberflächentopografie gezeigt. Die Oberflächenrauheit der Beschichtung bewirkt Adhäsion von Blechwerkstoff in den Rauheitstälern und erhöht folglich den Reibwert μ. Anhand von Bruchbildern und Oberflächenzerrüttung wurde übereinstimmend mit einer Finite-Elemente-Simulation nachvollzogen, dass die maximalen Zugspannungen infolge der Reibung knapp unterhalb der Schneidkante auftreten, wo experimentell Rissbildung beobachtet wurde. Diesbezüglich haben KLÜNSNER ET AL. eine Oberflächen-Feinbearbeitung durch Polieren oder Nassstrahlen angewendet, um die rissempfindliche Randzone weitestgehend abzutragen [KLÜN16b].

FEUERHACK ET AL. haben das Abstreifen mit Hartmetallstempeln mit einem Analogieprüfstand für rotationssymmetrische Hartmetallstempel untersucht. Die Versuche haben gezeigt, dass die aus der Abstreifkraft resultierende Zugbeanspruchung keinen Stempelbruch hervorruft. Daraus wurde gefolgert, dass die reine Zugbelastung beim Abstreifvorgang nicht hinreichend ist, um die Häufigkeit von Stempelbrüchen zu erklären. Erst durch die gezielte Überlagerung der Zugbelastung mit einer Biegebelastung traten Chipping oder ein Stempelbruch auf. [FEUE16]

2.1.4 Tribologie des Feinschneidens mit Hartmetallstempeln

Tribology of fine blanking with cemented carbide punches

Das mechanische Belastungskollektiv des Schneidstempels beim Schneiden und Abstreifen ist eine Folge des tribologischen Systems zwischen der Schnittfläche des Stanzgitters und der Mantelfläche des Schneidstempels [KLÜN16a]. Dabei wird das tribologische System aus dem beschichteten Substratwerkstoff als Grundkörper, dem Blechwerkstoff als Gegenkörper, Schmierstoff als Zwischenstoff und Luft als Umgebungsmedium gebildet [CZIC20, S. 591].

Die hohe Druckfestigkeit und einstellbare mechanische Eigenschaften von Hartmetall qualifizieren den Werkstoff bereits seit einigen Jahren zum Stanzen von sprödhartem Elektroblech [KLAA06]. In einigen Anwendungen wird Hartmetall auch schon zum Feinschneiden von einfachen Geometrien angewendet [KROB18]. Das Belastungskollektiv unterscheidet sich beim Feinschneiden durch eine hohe Zugbeanspruchung beim Abstreifen des Stanzgitters, sodass insgesamt eine zyklische wechselnde Beanspruchung vorliegt [KROB18], während beim Stanzen eine größtenteils schwellende Beanspruchung wirkt [KLAA06]. Das Beanspruchungskollektiv beim Schneiden ist eine Folge der Druckbeanspruchung zum Trennen des Werkstoffs und einer tribologischen Beanspruchung an den Schneidkanten und den Mantelflächen durch die Klemmkraft, Reibung und Adhäsion des Werkstoffs [KLAA06]. Beim Abstreifen wirken hingegen eine Zugbeanspruchung und eine zum Schneiden entgegengesetzte tribologische Beanspruchung durch Reibung, verstärkt durch Adhäsion [KROB18].

Die Verschleißmechanismen unter abrasiver [KÜBA07] sowie adhäsiver Einwirkung [KLAA10] wurden von KLAASEN, KÜBARSEPP ET AL. untersucht. Dazu wurden Verschleißversuche mit einem Stift-Scheibe-Tribometer durchgeführt, bei dem Schleifpapier für Abrasivverschleiß bzw. Baustahl für Adhäsivverschleiß als Reibfläche eingesetzt wurde. Ein Hartmetallstift wurde auf der Reibfläche einer zyklischen Beanspruchung unterzogen. Es zeigte sich, dass die Verschleißmechanismen im Bereich der zyklischen Dauerbeanspruchung in beiden Fällen ähnlich sind und ein Risswachstum entsteht. Ein Riss bildete sich durch Plastifizieren und eingebrachte Dehnung in der Binderphase (Phase 1 der Rissentwicklung, siehe Kapitel 2.2.2). Durch das Plastifizieren der Binderphase werden Risse im Cluster der umliegenden Karbide generiert (Phase 2), wodurch wiederum Risswachstum in der Binderphase fortgesetzt wird (Phase 3), bis eine kritische Risslänge erreicht ist. RESHETNYAK UND KÜBARSEPP kommen zum Schluss, dass die Rissenergie durch die Fähigkeit des Gefüges, sich plastisch zu dehnen, absorbiert wird [RESH98]. Plastifizierung behindert also Risswachstum und erhöht die Standmenge von Hartmetallstempeln. ESPINOSA-FERNÁNDEZ ET AL. untersuchten in Tribometerversuchen den Einfluss von Dichte und Homogenität von Hartmetallgefüge auf die Rissausbreitung [ESPI13]. Dabei war ein feinkörniges Gefüge mit hoher Dichte und Homogenität widerstandsfähiger als grobkörniges Hartmetall. Die Widerstandsfähigkeit von feinkörnigem Gefüge wird damit erklärt, dass die initiale Risslänge bei feinbearbeiteten Oberflächen dem mittleren Kornabstand entspricht, der bei feinkörnigem Gefüge gering ist.

Zur Vermeidung von direktem tribologischen Kontakt zwischen dem Stempel- und dem Blechwerkstoff beim Feinschneiden werden Verschleißschutzschichten appliziert, siehe Abbildung 2.9a [KLÜN16a]. Dadurch tritt das Blech mit der Beschichtung in Interaktion. Der keramische Charakter von AlCrN-Beschichtungen für das Feinschneiden hat aufgrund der unterschiedlichen Gefügestruktur eine geringe Adhäsionsneigung zu Stahlwerkstoffen [KLOC17]. Die Adhäsion von Blechwerkstoff auf AlCrN-beschichtetem WC-Co-Hartmetall wurde in Feinschneidversuchen von KLÜNSNER ET AL. durch eine raue Oberflächentopografie begünstigt [KLÜN16a].

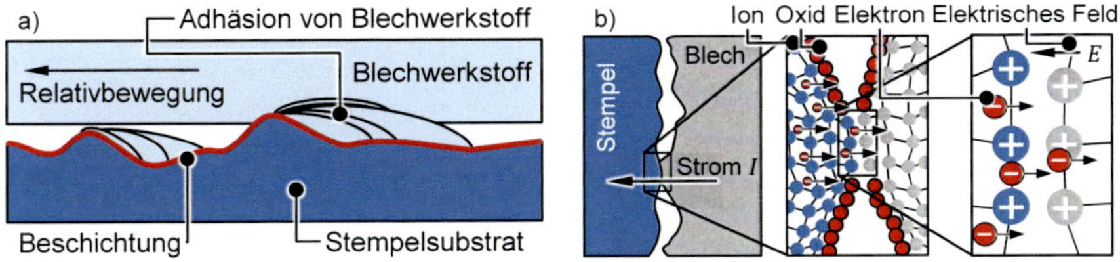

Abbildung 2.9: Werkstoffablagerung auf beschichteter Werkzeugoberfläche [KLÜN16a] (a) und Adhäsionsmechanismus der Thermoelektrizität bei freigelegtem Substrat [TRÖB17b] (b)

Material accumulation on the coated tool surface (a) and principle of thermoelectricity leading to adhesion on exposed substrate (b)

Der Werkstoff lagert sich bevorzugt in Rauheitstälern an. Als maßgeblicher Kennwert für die Adhäsionsneigung wurde das Verhältnis von Spitzenhöhe zu Riefentiefe R_{pk}/R_{vk} identifiziert. Da PVD-Dünnschichten die Topografie des Substrats abbilden [KLÜN16a], haben KLÜNSNER ET AL. in weitergehenden Untersuchungen Nassstrahlen für das Oberflächenfinishing vor dem Beschichtungsprozess angewendet [KLÜN16b]. Eine Nachbehandlung der Schichtoberfläche durch Aeroläppen oder Nassstrahlen glättet die Oberfläche der Schicht weiter ein und vermindert dadurch die Anlagerung von Blechwerkstoff in Rauheitstälern [KLÜN16a].

TRÖBER ET AL. erklärten den Adhäsionsmechanismus beim Stanzen von Aluminium mithilfe der Thermoelektrizität, siehe Abbildung 2.9b [TRÖB17b]. Für die Versuche wurde ein Kaltarbeitsstahl als Stempelwerkstoff verwendet und der Strom zwischen Stempel und Blech wurde gemessen. Da Schneidstempel für das Feinschneiden überwiegend beschichtet sind, repräsentiert der Versuchsaufbau Verschleiß infolge von Delamination der Schicht und die lokale Freilegung des Substratwerkstoffs. Beim Schneiden und Abstreifen wurden thermoelektrische Entladungen durch dissipierte Energie während der Werkstoffscherung gemessen. Die Adhäsion wurde damit erklärt, dass eine Entladung zu lokaler Aufwärmung und letztlich zu Mikroverschweißung führt. Die Adhäsion zwischen den tribologischen Partnern ist somit abhängig vom Seebeck-Koeffizienten [TRÖB17a]. In weitergehenden Untersuchungen von WELM ET AL. wurde im Zusammenhang mit Adhäsion beim Scherschneiden ein Stick-Slip-Effekt durch Adhäsion anhand der Stempelkraft nachgewiesen [WELM19].

Zur Verschleißminderung werden beim Feinschneiden Schmierstoffe verwendet. MAẞMANN untersuchte die Wirkmechanismen von additivierten Schmierstoffen beim Feinschneiden. Das tribologische System wird durch den verwendeten Schmierstoff beeinflusst, der durch oberflächenaktive Additive einen Zugang zur Wirkfuge erhält. Bei den Additiven wird unterschieden nach überwiegend physikalischer und überwiegend chemischer Wirkung. Physikalisch wirkende Additive passivieren die beschichtete Werkzeugoberfläche durch einen Adsorptionsfilm. Chemisch wirkende Additive bilden einen scherweichen Belag auf der Schnittfläche aus, der unter tribologischer Beanspruchung abgeschert wird und sich auf der Beschichtung ablagert. Eine Kombination aus physikalisch und chemisch wirksamen Additiven führt zu einer Reibungs- und Verschleißminderung an der Werkzeugoberfläche. [MAßM07]

Zusammenfassend kann das Tribosystem zum Feinschneiden von hochfestem Blechwerkstoff mit Hartmetallstempeln durch eine beanspruchungsgerechte Fertigungshistorie und Auslegung des Schicht-Schmierstoff-Systems für eine minimale tribologische Belastung ausgelegt werden.

2.1.5 Qualitätsmerkmale von Feinschnittteilen

Quality characteristics of fine blanked parts

Die Mantelfläche eines Schneidstempels und das Stanzgitter interagieren miteinander über die Schnittfläche des Stanzgitters. BAER ET AL. modellierten die Klemmkraft des Stanzgitters nach dem Schneiden aufgrund von elastischer Rückfederung infolge des Druckspannungszustands in der Scherzone. Die Klemmkraft führt zu Wechselwirkungen der Schnittfläche des Stanzgitters mit dem Schneidstempel. Dabei ist die Ausprägung von Schnittflächenmerkmalen relevant, die am Schnittteil und am Stanzgitter analog zueinander sind. Die Qualitätsmerkmale von Schnittflächen sind in der VDI-Richtlinie 2906 definiert und in Abbildung 2.10 dargestellt [VDI94]. [BAER19]

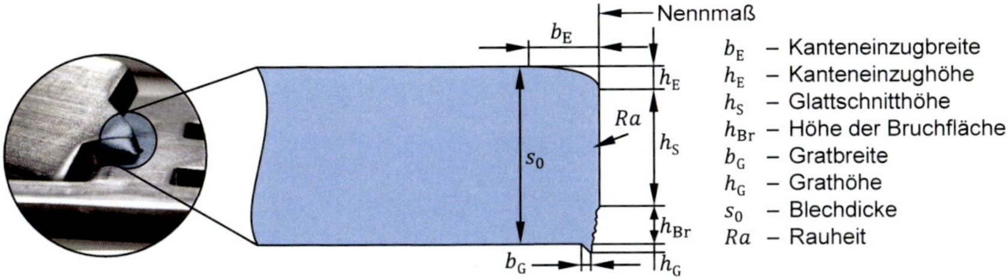

Abbildung 2.10: Schnittflächenqualität beim Feinschneiden nach VDI 2906 [SCHM07]
Quality characteristics of sheared surface according to VDI 2906

Die Schnittfläche beim Feinschneiden weist im Vergleich zum Normalschneiden eine hohe Maßhaltigkeit zum Nennmaß auf. Für die Konizität k [µm·mm^{-1}] wird ein Richtwert von 2,6 µm·mm^{-1} genannt, der aber von der Schnittliniengeometrie sowie den Prozesskräften abhängt [SCHU98, S. 349]. Der Kanteneinzug reduziert die Planfläche auf der Schnittteiloberfläche um die Kanteneinzugbreite b_E sowie auf der Schnittfläche um die Kanteneinzughöhe h_E. Unterhalb des Kanteneinzugs befindet sich eine Glattschnittfläche, die bis zu 100 % der Schnittfläche ausmacht. Einrisse und Abriss bilden eine Bruchfläche und reduzieren den Glattschnittanteil. Gegenüber vom Kanteneinzug bildet sich ein Schnittgrat, dessen Form laut TEKINER ET AL. abhängig vom Schneidspalt ist, da der Blechwerkstoff am Ende des Trennvorgangs in den Schneidspalt nachfließt [TEKI06]. Außerdem wirken sich die Schneidkantengeometrie des Schneidstempels und der Schneidkantenverschleiß laut MAKICH ET AL. auf die Geometrie des Grats aus, da die Schneidkante eine Prägung im Gratbereich des Schnittteils hinterlässt [MAKI08]. Der Glattschnittanteil und Kanteneinzug stellen relevante Merkmale für die Wechselwirkungen mit dem Schneidstempel dar [BAER19].

HATANAKA ET AL. zeigten in Experimenten und mithilfe der FEM, dass Kanteneinzug als Folge der Durchbiegung des Blechs in der Scherzone über den Schneidspalt durch Zugspannungen an der Blechoberfläche entsteht [HATA03]. Dabei fließt Werkstoff in den Schneidspalt nach. Der Blechwerkstoff wird zum Schneidbeginn zwischen der Schneidkante der Matrize und dem Stempel gebogen. STAHL erklärte die Durchbiegung des Schnittteils mit dem sich einstellenden Eigenspannungszustand aus Druckspannungen auf der Gratseite und Zugspannungen auf der Kanteneinzugseite, die bei der Formfüllung der Matrize entstehen [STAH21]. Laut HUSSON ET AL. wird die Scherzone erst nach der Ausbildung des Kanteneinzugs mit ansteigender Schnitttiefe ausgebildet, wie FEM-Simulationen gezeigt haben [HUSS08]. Der Kanteneinzug wird während des ersten Drittels des Schneidwegs ausgebildet und steigt im weiteren Verlauf nur noch geringfügig an [HATA03]. Eine Erklärung für die Entstehung von Kanteneinzug von LIU ET AL. berücksichtigt die Schnittliniengeometrie bei filigranen Geometrieelementen mit kleinen Radien und spitzen Ecken [LIU14]. Bei der Formfüllung von Ecken in der Matrize überspannen oberflächennahe Zugspannungen von gegenüberliegenden Schneidkanten das Geometrieelement und es bildet sich verstärkter Kanteneinzug aus. AOKI UND TAKAHASHI beschreiben die Ausbildung von Kanteneinzug anhand des Werkstoffflusses ohne Ringzacke (Abbildung 2.11a) und mit verschiedenen Ringzackenpositionen (b und c) [AOKI03]. Zu Beginn des Schneidvorgangs tritt ein rotatorischer Werkstofffluss auf.

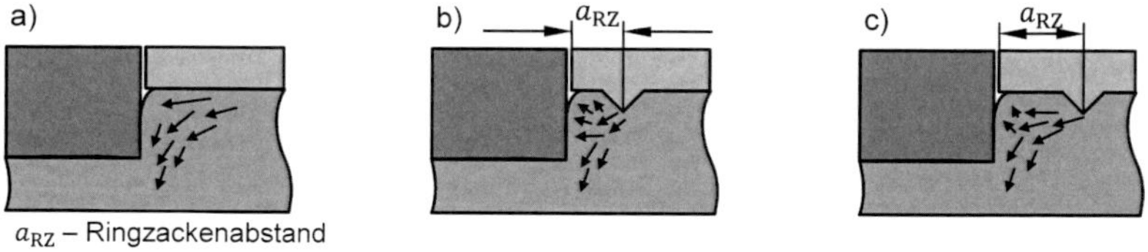

Abbildung 2.11: Werkstofffluss mit flachem Niederhalter (a), naher (b) und entfernter (c) Ringzackenposition [AOKI03]

Material flow with flat blank holder (a), close (b) and far (c) V-ring-position

Der Einsatz einer Ringzacke verursacht eine entgegengesetzte Werkstoffrotation durch induzierte Druckspannungen, Abbildung 2.11b [AOKI03]. Die Position und Geometrie der Ringzacke sowie die Prozesskräfte beeinflussen den Werkstofffluss, Abbildung 2.11c. In weitergehenden Arbeiten analysierte THIPPRAKMAS den Werkstofffluss mittels FEM [THIP09]. Die Analysen haben gezeigt, dass hohe Prozesskräfte die Werkstoffrotation in die Scherzone und damit die Entstehung von Kanteneinzug behindern. Der Werkstofffluss in die Scherzone sowohl durch die Prozesskräfte als auch durch die zusätzliche Unterstützung der Ringzacke erhöht den hydrostatischen Spannungszustand in der Scherzone mit dem Ergebnis einer erhöhten Umformbarkeit und folglich einem erhöhten Glattschnittanteil.

In der Literatur sind vielfältige Untersuchungen zu den Wechselwirkungen zwischen verschiedenen Einflussgrößen auf die Schnittflächenqualität verzeichnet. Der Spannungszustand in der Scherzone wird von den Faktoren Prozesseigenschaften, Werkzeugeigenschaften, dem Streifenlayout, der Schnittliniengeometrie und dem Blechwerkstoff beeinflusst.

Prozesseigenschaften

In einem Versuchsaufbau zur Ermittlung von Werkstofffluss beim Feinschneiden haben TAKAHASHI UND AOKI eine Beeinflussung des Flusses in der Scherzone durch die Prozesskräfte und die Schneidgeschwindigkeit beobachtet [TAKA96]. ROTTER stellte bereits fest, dass hohe Nieder- und Gegenhalterkräfte die Kanteneinzugbreite bei dicken Blechen mit Blechdicken im Bereich s_0 = 6–12 mm signifikant vermindern [ROTT84]. Bei einer dünneren Blechdicke s_0 = 3 mm in einer Untersuchung von HATANAKA ET AL. wurde hingegen ein geringer Einfluss der Niederhalterkraft auf den Kanteneinzug und den Glattschnittanteil am Schnittteil beobachtet [HATA03]. Dabei wird angemerkt, dass die Schnittteilqualität über den Niederhalter nur indirekt beeinflusst wird, während über den Gegenhalter eine direkte Einflussnahme auf das Schnittteil möglich ist. Ein starker hydrostatischer Spannungszustand in der Scherzone verbessert die Umformbarkeit und wirkt oberflächennahen Zugspannungen im Kanteneinzugbereich entgegen, sodass der Glattschnitt erhöht und die Durchbiegung vermindert wird. Beim Feinschneiden von hochfestem Stahl stellten TANAKA ET AL. fest, dass eine hohe Schneidgeschwindigkeit mit einem reduzierten Kanteneinzug korreliert [TANA11]. Der Zusammenhang mit der Schneidgeschwindigkeit lässt sich aufgrund von dehnratenabhängigem Fließverhalten von Feinschneidwerkstoffen erklären [DEMM15]. Berichte von Anwendern weisen außerdem darauf hin, dass das Feinschneidergebnis bei komplexen Werkzeugen pressenseitig durch die Steifigkeit des Pressenkörpers und prozessseitig durch die Prozessfolge in Folgeverbundprozessen bestimmt wird [XIAN09].

Werkzeugeigenschaften

Der Werkzeugaufbau beeinflusst laut Schneidversuchen mit unterschiedlichen Varianten von Werkzeugkomponenten von FEISTLE ET AL. die Schnittflächenqualität beim Stanzen. Sie stellten fest, dass eine hohe Führungsgenauigkeit einen gleichmäßigen Schneidspalt und somit hohen Glattschnittanteil sichert. Zur Vermeidung von Kippmomenten im Werkzeug ist eine exakte Abstimmung aller kraftübertragenden Werkzeugkomponenten notwendig. [FEIS17]

Im Design der Aktivelemente werden die Ringzacke, der Schneidspalt und die Schneidkantenpräparation festgelegt. Die Ringzacke wird beschrieben durch den Ringzackenwinkel, die Ringzackenhöhe und den Abstand von der Schnittlinie. Eine Ringzacke erhöht den hydrostatischen Spannungszustand in der Scherzone und erhöht damit die Umformbarkeit [HÖRM09]. BIRZER gibt aus der Praxis Empfehlungen für die Auslegung der Ringzacke, vgl. Abbildung 2.12. Eine hohe Ringzacke verringert den Kanteneinzug und erhöht den Glattschnitt, wie sowohl KWAK ET AL. für Kohlenstoffstahl [KWAK03] als auch TANAKA ET AL. für hochfesten Stahl [TANA11] in Studien herausfanden. Außerdem stellten KWAK ET AL. fest, dass ein geringer Abstand von der Schnittlinie zu einer hohen Schnittflächenqualität führt [KWAK03]. Jedoch können laut KRÄMER bei einem zu kleinen Abstand keine ausreichenden Druckspannungen mehr in die Scherzone eingebracht werden [KRÄM69]. ELYASI führte eine Studie zum Einfluss des Ringzackenwinkels durch und fand heraus, dass ein großer Ringzackenwinkel von 90° den Materialfluss unterstützt und eine Reduktion des Kanteneinzugs bewirkt [ELYA13]. Die Unterstützung des Materialflusses wird damit erklärt, dass eine größere Ringzacke ein größeres Volumen verdrängt und somit ein höherer hydrostatischer Druck aufgebaut wird. Allerdings wird dadurch die erforderliche Kraft zum Einpressen der Ringzacke erhöht. SU ET AL. analysierten den Einfluss der Ringzacke bei dickem Blech mit einer Dicke von s_0 = 8 mm [SU14]. Bei dicken Blechen reicht die von der Ringzacke induzierte Druckspannung nicht mehr aus, um die komplette Scherzone zu beeinflussen. Eine beidseitige Ausführung der Ringzacke konnte den Spannungszustand in der Scherzone erhöhen.

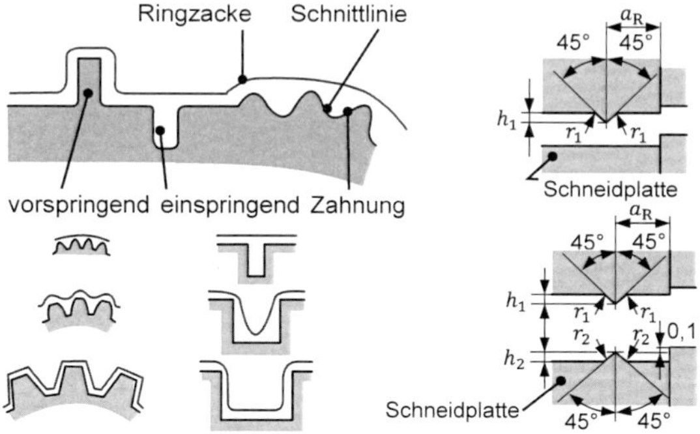

Blechdicke	a_R	h_1	r_1
1..1,6	1	0,3	0,2
1,6..2,5	1,4	0,4	0,2
2,5..3,2	2,1	0,6	0,3
3,2..4	2,5	0,7	0,3
4..5	2,8	0,8	0,3

Blechdicke	a_R	h_2	r_2	h_1	r_1
4..5	2,5	0,8	0,8	0,5	0,2
5..6,3	3	1	1	0,7	0,2
6,3..8	3,5	1,2	1,2	0,8	0,2
8..10	4,5	1,5	1,5	1	0,5
10..12,5	5,5	1,8	2	1,2	0,5
12,5..16	7	2,2	3	1,6	0,5

Abbildung 2.12: Empfehlungen für die Auslegung der Ringzacke nach [BIRZ14]
Recommendations for the V-ring design

In einer experimentellen Studie zum Einfluss des Schneidspalts auf den Kanteneinzug zeigten TANAKA ET AL., dass ein kleiner Schneidspalt eine schmale Scherzone erzeugt und eine geringe Durchbiegung entsteht [TANA11]. Dadurch werden Kanteneinzug und Bruchanteil der Schnittfläche gegenüber einem großen Schneidspalt verkleinert. Beim Schneidvorgang ohne Ringzacke wurde durch Beobachtung am offenen Schnitt von SASADA UND TOGASHI ein Werkstofffluss in den Schneidspalt sowie in den Niederhalterbereich beobachtet [SASA14]. Der Werkstofffluss beeinflusst sowohl den Spannungszustand in der Scherzone als auch die Ausbildung von Kanteneinzug. Mit einem kleineren Schneidspalt wird daher der Werkstofffluss und somit Kanteneinzug vermindert. Ein vergleichbarer Zusammenhang für den Kanteneinzug und den Schneidspalt wurde auch von KWAK ET AL. mit Ringzacke beobachtet [KWAK02]. Der Zusammenhang zwischen Kanteneinzughöhe und Schneidspalt war sowohl in einer experimentellen Untersuchung von KERSCHNER ET AL. [KERS03] als auch in einer simulativen Untersuchung mittels FEM von MANOPULO [MANO11] linear. SUZUKI ET AL. untersuchten das Feinschneiden mit negativem Schneidspalt mittels FEM am Beispiel von dünnem Edelstahlblech mit einer Dicke von s_0 = 0,1 mm [SUZU20]. Bei negativem Schneidspalt werden Kanteneinzug und Bruchflächen weiter reduziert, allerdings bei einer zusätzlichen Beanspruchung der Aktivelemente. Dies wurde damit erklärt, dass bei kleinem oder negativem Schneidspalt ein hoher hydrostatischer Druck in der Scherzone aufgebaut wird, der das Umformvermögen erhöht und Kanteneinzug entgegenwirkt.

Schneidkanten werden mit einer Fase oder Verrundung präpariert, um Druckspannungen in der Scherzone zu induzieren und die Kantenstabilität zu erhöhen. Durch die Präparation wird ein Kraftanteil transversal zur Schneidrichtung in die Scherzone eingebracht, indem die präparierte Schneidkante Werkstoff in die Scherzone verdrängt [YIEM10b]. In einer Arbeit von HUSSON ET AL. wurden beim Feinschneiden mit fortschreitendem Schneidkantenverschleiß ähnliche Effekte wie mit größerer Verrundung beobachtet [HUSS08]. Dies wurde damit erklärt, dass zunehmender Materialverlust an der Schneidkante Druckspannungen in die Scherzone einbringt, die sich positiv auf den Glattschnitt auswirken, allerdings zulasten eines ansteigenden Kanteneinzugs.

Streifenlayout

Werkstoffkosten verursachen einen wesentlichen Anteil der Stückkosten beim Feinschneiden. Für eine optimierte Werkstoffausnutzung des Blechstreifens bei einer hohen Produktivität werden Kavitäten in mehrfach fallenden Prozessen nach geometrischen Kriterien rotiert und verschoben angeordnet [NYE00], Abbildung 2.13a. NYE entwarf einen exakten Algorithmus, mit dem die Werkstoffausnutzung optimiert wird [NYE01]. LICA UND VALVO entwickelten eine Methode für die Streifenauslegung für optimale Werkstoffausnutzung, mit der Randbedingungen für Stegbreiten und den Faserverlauf des Blechstreifens berücksichtigt werden [LICA11]. AL-HAZMI berücksichtigte in einem Algorithmus zusätzlich Randbedingungen für gewalzte Blechstreifen aus nachfolgenden Fertigungsschritten in Folgeverbundwerkzeugen [AL-H15]. Für die Ringzacke muss bei der Streifenauslegung eine ausreichende Stegbreite vorgesehen werden. Der Abstand der Ringzacke von der Schnittlinie beträgt nach MAEDA UND NAKAGAWA etwa das 1,5-fache der Blechdicke [MAED68]. Jedoch bewirkt eine Vergrößerung des Ringzackenabstands zur Schnittlinie einen höheren Werkstoffbedarf. Aus diesem Grund wird in der betrieblichen Praxis ein Wert zwischen dem 0,6- und 0,75-fachen der Blechdicke s_0 gewählt [DEMM15].

In einer Arbeit von VOIGTS ET AL. wurden die Wechselwirkungen von Stegbreite und Geometrie beim verschachtelten Feinschneiden mit dem Kanteneinzug bei einem industriellen, vierfach fallenden Feinschneidprozess ohne Ringzacke analysiert (Abbildung 2.13a) [VOIG18]. Der Kanteneinzug wurde an drei verschiedenen Radien der Schnittliniengeometrie gemessen, siehe Abbildung 2.13b.

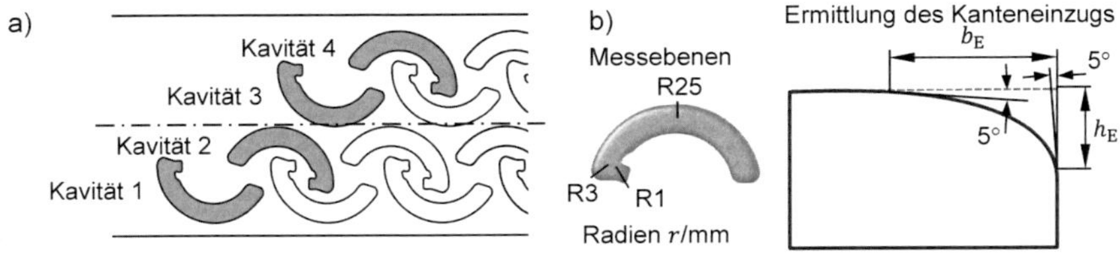

Abbildung 2.13: Analyse von Wechselwirkungen des Kanteneinzugs mit Parametern des Streifenlayouts (a) und Kriterium für das Ermitteln des Kanteneinzugs (b) in einem industriellen Feinschneidprozess [VOIG18]

Analysis of interactions of the die roll with strip layout parameters (a) and criterion for the evaluation of die roll (b) in an industrial fine blanking process

Die Kavitäten waren so angeordnet, dass die Schnittteile in Kavität 1 und 3 im vollen Material geschnitten wurden, während die Kavitäten 2 und 4 im Stanzgitter lagen, umgeben von Schnittlinien vom vorangehenden Schnitt. An Stichproben von 20 Schnittteilen je Kavität wurde die Kanteneinzughöhe ausgewertet. Als Kriterium für beginnenden Kanteneinzug wurde ein Winkel zwischen Oberflächentangente und Planfläche von 5° definiert. Die Wechselwirkungen des Kanteneinzugs wurden in Bezug auf die

Kavitätenlage ausgewertet. In Abbildung 2.14 ist die Kanteneinzughöhe in einer Multivari-Analyse für die Parameter Kavitätenlage und Radius dargestellt.

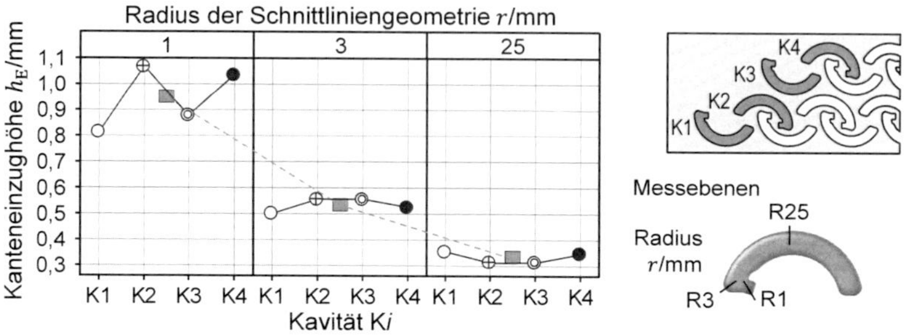

Abbildung 2.14: Multivari-Analyse von Wechselwirkungen der Kanteneinzughöhe mit der Kavitätenlage und dem Radius der Schnittliniengeometrie [VOIG18]

Multi-vari analysis of die roll height interactions with cavity position and radius

Den größten Einfluss auf die Kanteneinzughöhe hat der konvexe Radius der Schnittliniengeometrie. In Übereinstimmung mit der Arbeit von LIU ET AL. [LIU14] wird ein hoher Kanteneinzug bei kleinen Radien damit erklärt, dass hohe oberflächennahe Zugspannungen die Konturfüllung der Matrize behindern. Bei den Kavitäten 1 und 3 wird der Radius R1 in volles Material geschnitten (hohe Steifigkeit des Blechs), während der bei den Kavitäten 2 und 4 eine kleine Stegbreite zum vorangehenden Schnitt vorliegt. Der Kanteneinzug ist beim Schnitt in steifes Blech geringer als beim geschwächten Stanzgitter. Ein ähnlicher Effekt wird am Radius R25 beobachtet. Die Kavitäten 1 und 4 liegen am Blechrand und weisen einen größeren Kanteneinzug auf als die Kavitäten 2 und 3, wo die Messstelle zueinander ausgerichtet ist. Ein kleiner Steg führt also zu größerem Kanteneinzug. Die Kavitäten 2 und 3 beeinflussen sich aufgrund der Nähe gegenseitig. Der gleichzeitige Schnitt führt zu hohen oberflächennahen Zugspannungen zwischen den Kavitäten. Der Steg kann sich dabei nicht von den Stempeln abheben, was Druckspannungen in der Scherzone fördert. [VOIG18]

Der Einfluss von Stegbreiten auf die Schnittflächenmerkmale wurde isoliert von YIEMCHAIAPHUM ET AL. [YIEM10a] beim Lochen von Blechronden mit variablem Außendurchmesser untersucht. Als Stegbreite ist der Abstand zwischen einer Schnittlinie und einem Blechaußenrand oder einer zuvor geschnittenen Kontur im Stanzgitter zu verstehen. Eine schmale Stegbreite in Verbindung mit einer Ringzacke ist geeignet, bei gleicher Niederhalterkraft höhere Druckspannungen in die Scherzone einzubringen. Geringe Kontaktnormalspannungen bei einer großen Stegbreite fördern hingegen ein Fließen des Werkstoffs in den Steg und somit kanteneinzugbildende oberflächennahe Zugspannungen. Mit einem um die Blechronde gelegten Stützring konnte das Ausweichen des Werkstoffs behindert werden und eine bessere Schnittflächenqualität wurde erreicht. In einem anderen Verfahren von DENG ET AL. wird eine Blechplatine in das

Feinschneidwerkzeug eingelegt und am Rand radial angestaucht. Das Anstauchen erzeugt einen Werkstofffluss in die Scherzone und erhöht so hydrostatische Spannungen in der Scherzone [DENG14].

Schnittliniengeometrie

Geometrieelemente an der Schnittteilgeometrie sind durch konvexe oder konkave Radien und Eckenwinkel definiert, wodurch das Flächenverhältnis zwischen Schnittteil und Stanzgitter lokal bestimmt wird. LUO ET AL. untersuchten den Zusammenhang zwischen dem lokalen Flächenverhältnis des innerhalb und außerhalb der Schnittlinie liegenden Werkstoffs mit dem Kanteneinzug an einer Verzahnung [LUO17]. Sie zeigten, dass ein großer Flächenanteil im Stanzgitter wie bei kleinen konvexen Radien und spitzen Winkeln einen hohen Kanteneinzug hervorrufen. Dies wurde damit erklärt, dass bei einem großen Flächenanteil im Stanzgitter ein Großteil der kinetischen Energie vom Schneidvorgang im Bereich des Stanzgitters umgesetzt wird, sodass dem Bereich des Schnittteils Energie entzogen wird und sich Kanteneinzug ausbildet. WESNER UND HORA bestätigen mithilfe der Darstellung mit Triaxialität und Lodewinkelparameter, dass an kleinen, konvexen Radien ausgeprägter Kanteneinzug und ein erhöhter Bruchanteil auf der Schnittfläche vorliegen [WESN14]. LIU ET AL. untersuchten mittels der FEM den Einfluss der Geometrieparameter Radius und Winkel auf den Kanteneinzug [LIU14], vgl. Abbildung 2.15.

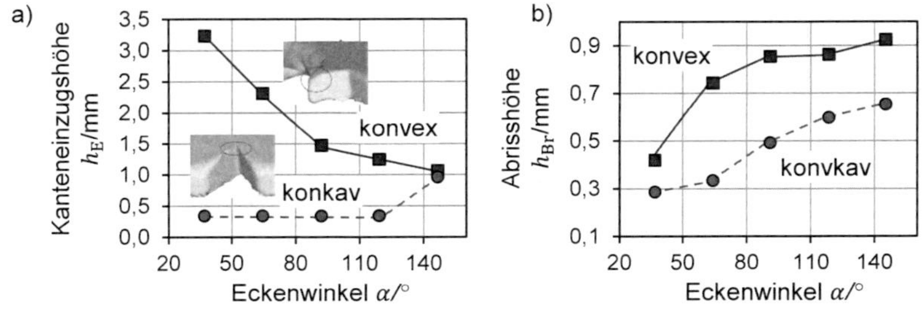

Abbildung 2.15: Effekt des Eckenwinkels auf Kanteneinzug (a) und Abrisshöhe (b) [LIU14]
Effect of angle on die roll height (a), and crack surface height (b)

Filigrane, konvexe Geometrien erzeugen einen vergleichsweise hohen Kanteneinzug und Bruchanteil. Demgegenüber begünstigen laut LIU ET AL. konkave Geometrieelemente einen vollständigen Glattschnitt ohne Kanteneinzug. Konkave Geometrien werden in der Matrize aufgrund von Zugspannungen über die gegenüberliegenden Schneidkanten schwieriger ausgefüllt, was sich in einem erhöhten hydrostatischen Druck in der Scherzone darstellt. Durch die Druckspannung wird im Schnittteil Kanteneinzug behindert. Die Zugspannungen auf der Stanzgitterseite verursachen hingegen Kanteneinzug und Bruchflächen. Die Wirkweise bei konvexen Geometrieelementen der Schnittliniengeometrie ist analog umgekehrt.

Höherfeste Stahlwerkstoffe

Höherfeste Stähle werden zunehmend verwendet, wenn die hohe Streckgrenze und Zugfestigkeit für eine Verringerung der Blechdicke bei gleicher oder erhöhter Festigkeit verwendet und somit das Bauteilgewicht vermindert werden kann [LI03]. Kohlenstoff- und Legierungsanteile in Einsatz- und Vergütungsstählen steigern zwar die Festigkeit, haben jedoch eine geringere Umformbarkeit durch spröden, lamellaren Zementit oder Karbide im Gefüge, sodass der Bruchanteil auf der Schnittfläche zunimmt [XIAN09]. Zur Verbesserung des Umformvermögens werden Stähle weichgeglüht, sodass sich im Gefüge kugeliger Zementit einstellt. Im Gegensatz zu höherfesten Vergütungs- und Kohlenstoffstählen sind mikrolegierte Feinkornbaustähle eine gut feinschneidbare Alternative als Leichtbauwerkstoff. [KLOC17, S. 529–531]

Für die Automobilindustrie wurden höherfeste Stähle mit Zugfestigkeiten von bis zu 1.500 MPa entwickelt [OVER08]. Dies führt beim Schneidvorgang zu deutlich erhöhten Schneidkraftbedarfen [ESCH04]. CHEN ET AL. zeigten in Streifenziehversuchen, dass auch die Rückfederung mit höheren Zugfestigkeiten steigt [CHEN08]. ESCHER UND HENKE haben festgestellt, dass die Abstreifkraft beim Schneiden bei einem TRIP 700-Stahl mit 850 MPa Zugfestigkeit im Vergleich zu einem ZStE 180-Stahl mit 332 MPa Zugfestigkeit um den Faktor 10 steigt [ESCH04]. Bei Versuchen zum Lochstanzen mit Keramikstempeln von NEUGEBAUER ET AL. traten Werkzeugbrüche bei Blechwerkstoffen mit Zugfestigkeiten über 600 MPa auf, was mit erhöhten Abstreifkräften erklärt wurde [NEUG04]. Zusammenhänge zwischen der Rückfederung und Werkstoffkennwerten wurden grundlegend im Zusammenhang mit der Blechumformung erforscht:

- Die **Streckgrenze R_e** ist die verbleibende Spannung nach der Umformung, die eine elastische Deformation hervorruft [MÜNS04]. Hochfeste Stähle haben daher eine höhere Rückfederung als weiche Güten [HENK08].
- Der **E-Modul E** bestimmt die Maßänderung bei der Rückfederung. Ein geringer E-Modul sorgt somit für eine höhere Rückfederung. [HÜTT01]
- Die **Vordehnung** eines Werkstoffs senkt den E-Modul und steigert damit die Rückfederung. [SCHM02]
- Hohes **Kaltverfestigungsvermögen n** eines Werkstoffs setzt die Umformbarkeit herab und mindert Kanteneinzug und Glattschnittanteil [FUCH17]. Nach ROHLEDER steigt der elastische Anteil der Formänderung bei der Verfestigung, sodass die Rückfederung steigt [ROHL01].

Hartmetalle eignen sich zum Feinschneiden von hochfesten Feinkornbaustählen, wo herkömmliche Schneidstempel aus PM-HSS an die Grenze der Druckfestigkeit gelangen. Hier ergibt sich jedoch eine neue Herausforderung durch höhere elastische Rückfederung von hochfesten Stählen, sodass die Abstreifkraft steigt [ESCH04].

2.1.6 Zwischenfazit

Intermediate conclusion

Die zunehmende Verarbeitung von hochfesten Stählen beim Feinschneiden stellt die Fertigungstechnologie Feinschneiden vor Herausforderungen bei der richtigen Anwendung von Werkzeugwerkstoffen. Der Schneidwiderstand von hochfesten Stählen führt zu einer hohen Druckbeanspruchung bis hin zu einer Überschreitung der Druckfestigkeit von Schneidstempeln aus PM-HSS. Hartmetall bietet aufgrund seiner hohen Druckfestigkeit das Potenzial zur Substitution von PM-HSS. In einigen Anwendungen mit einfachen Randbedingungen sind bereits Erfahrungsberichte zum erfolgreichen Feinschneiden mit Hartmetallstempeln bekannt. Bei einer runden Lochgeometrie wurden bereits hohe Standmengen erreicht [KROB18]. Auch beim Schneiden von geringen Blechstärken < 2 mm wurde Hartmetall bereits prozesssicher eingesetzt [KOLB18]. Allerdings steigt die Klemmkraft durch die elastische Rückfederung von hochfesten Stählen, was bei Hartmetallstempeln kritische Zug- und Biegebeanspruchungen hervorruft, die häufig zu Stempelbrüchen führen [NEUG04]. Die Wechselwirkungen zwischen dem Stanzgitter und dem Schneidstempel wirken an der Schnittfläche. Die Schnittflächenqualität nimmt also eine wesentliche Funktion in Bezug auf die Schneidstempelbeanspruchung beim Abstreifen ein. Die Schnittflächenmerkmale hängen in komplexer Weise mit der Schnittliniengeometrie, werkzeugseitigen und prozessseitigen Parametern, dem Streifenlayout sowie den Blechwerkstoffeigenschaften zusammen. Es besteht daher ein Forschungsdefizit zu den Wechselwirkungen zwischen Schneidstempel und Stanzgitter beim Feinschneiden.

2.2 Hartmetall als Stempelwerkstoff

Cemented carbide as blanking punch material

Hartmetalle gehören zu den pulvermetallurgischen Werkstoffen, bestehend aus Hartstoffpartikeln, die in einer duktilen Binderphase eingebettet sind. Als Hartstoff wird überwiegend Wolframkarbid verwendet, während für die Binderphase Kobalt und Legierungselemente eingesetzt werden. WC-Co-Hartmetall wurde 1923 zum Patent angemeldet und wird seither u. a. für die Zerspanung von metallischen und nicht-metallischen Werkstoffen, Drahtziehen, Schmieden, Stanzen, im Bergbau und als Verschleißteile eingesetzt. In der Umformtechnik kommen Hartmetalle zum Einsatz, wo die Druckfestigkeit und Verschleißfestigkeit von herkömmlichen Kaltarbeits- oder Schnellarbeitsstählen an die Grenze gelangen, Abbildung 2.16a. [SARI14, S. 29]

Gegenüber PM-HSS zeichnen sich Hartmetalle durch eine hohe Härte sowie Druckfestigkeit und damit Verschleißwiderstand aus, was allerdings zulasten der Biegefestigkeit und Zähigkeit geht, Abbildung 2.16b. Die Herausforderung besteht bei Hartmetallen in der Prozessführung, um die geringere Zähigkeit zu handhaben. Durch die Zusammensetzung und die Gefügestruktur erhalten Hartmetalle maßgeschneiderte mechanische Eigenschaften für den jeweiligen Anwendungsfall [SARI14, S. 267–344].

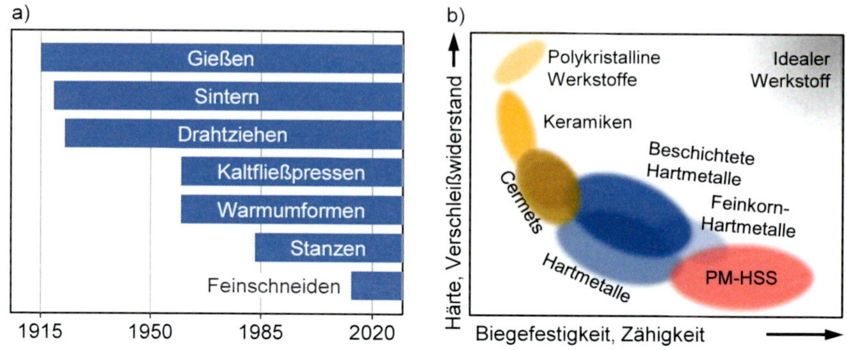

Abbildung 2.16: Anwendungen von Hartmetallen in der Umformtechnik [SARI14, S. 3–27] (a) und harte Werkstoffe für die Umformtechnik und Zerspanung [DIET16] (b)

Use of cemented carbides in forming industries (a) and hard materials for forming and machining (b)

Kapitel 2.2.1 handelt von den Zusammenhängen zwischen der Mikrostruktur und den mechanischen Eigenschaften von Hartmetallen. Dennoch gelangen Hartmetallstempel beim Feinschneiden aufgrund der Rückzugskräfte beim Abstreifen von hochfestem Stahlblech an die Belastungsgrenze [KROB18]. In Kapitel 2.2.2 wird die Bruchmechanik von Hartmetallen erläutert. Die Wahrscheinlichkeit eines Bruchs wird durch die Oberflächenintegrität infolge der Fertigungshistorie von Hartmetallwerkzeugen gezielt beeinflusst. Die Fertigung von Hartmetallstempeln wird in Kapitel 2.2.3 beschrieben.

2.2.1 Mikrostruktur und mechanische Eigenschaften von Hartmetallen

Microstructure and mechanical properties of cemented carbides

Die mechanischen Eigenschaften lassen sich durch die Gefügestruktur für den jeweiligen Anwendungsfall gezielt einstellen. Hartmetalle sind Verbundwerkstoffe, bestehend aus Hartstoffen, wie WC, mit hexagonaler Struktur, die von einer kubisch flächenzentrierten Binderphase bestehend aus Kobalt (Co), Nickel (Ni) oder Eisen (Fe) umschlossen sind, siehe Abbildung 2.17. [GARC19]

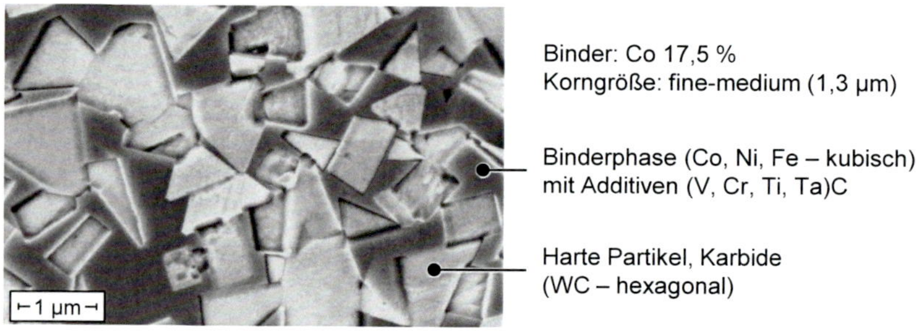

Abbildung 2.17: REM-Aufnahme einer Hartmetall-Gefügestruktur

SEM image of a cemented carbide grain structure

Die Binderphase bildet den Zusammenhalt zwischen den Karbiden und beeinflusst über den Volumenanteil die Zähigkeit des Kompositwerkstoffs [ALMO82]. WC-Co-Hartmetalle haben sich aufgrund von guten Eigenschaften in Bezug auf Duktilität, Druckfestigkeit, Verschleißfestigkeit, Härte und Korrosionsbeständigkeit gegen andere Karbid-Binder-Komposite durchgesetzt. Die Gefügestruktur ist kubisch flächenzentriert (kfz) mit hexagonalen (hex)-Inseln, die aus der Umwandlung beim Abkühlen übrigbleiben. ÅKESON ET AL. analysierten die Phasenstruktur von WC-Co-Hartmetallen beim Anlassen bei 1470–1700 K und stellten fest, dass Co nicht in WC löslich ist, während umgekehrt W und C bei hohen Temperaturen in Co gelöst werden [ÅKES83]. Beim Abkühlen nahm die Lösung ab und hex WC-Karbide wurden ausgeschieden. Die Wirkungsweise von zugesetzten Karbiden als Inhibitoren für das Kornwachstum wurde in Arbeiten von SUZUKI ET AL. zu VC-Karbiden [SUZU72] und HAYASHI ET AL. zu (Cr, Ti, Ta)C-Karbiden [HAYA72] untersucht. JOHANSSON ET AL. kamen zu der Erkenntnis, dass Wachstumsinhibitoren bei Sintertemperatur einen Film aus wenigen Atomlagen an den Karbidoberflächen ausbilden und Diffusionsprozesse behindern, die für das Kornwachstum verantwortlich sind [JOHA11]. Sie beobachteten, dass sich die Additive bei der Abkühlung als kfz-Layer auf der Grenzfläche zum Binder abscheiden.

Die Korngröße und der Bindergehalt bestimmen maßgeblich die mechanischen Eigenschaften von Hartmetallen [BONN09b]. Kleinere Korngrößen sind mit einer höheren Härte und höheren Biegebruchfestigkeit verbunden, Abbildung 2.18. Der Kobaltbinder wirkt sich jedoch konträr aus und bedingt einerseits eine höhere Biegebruchfestigkeit, andererseits aber eine geringere Härte. [RICH99]

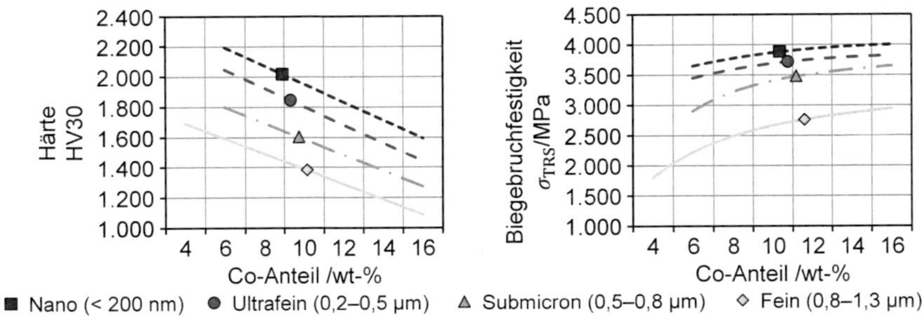

Abbildung 2.18: Einfluss von Korngröße und Bindergehalt auf die Werkstoffeigenschaften von Hartmetall [RICH99]

Influence of grain size and binder content on the material properties of cemented carbide grades

Höchste Zähigkeit und Härte werden mit Feinst- und Ultrafeinstkornsorten mit einer mittleren Korngröße von D = 0,2–0,8 µm erzielt, Abbildung 2.18. In den letzten Jahrzehnten wurden sogar Nanokomposite mit D < 200 nm für höchste Härten entwickelt [DREY01]. Für Kaltumformwerkzeuge eignen sich höhere Co-Anteile von 9–13 %, um eine höhere Zähigkeit bei den auftretenden Schubspannungen zu gewährleisten, die beispielsweise durch die hohe Reibung entstehen [SARI14, S. 74]. Um die Korrosionsbeständigkeit bei der Formgebung durch Draht- und Senk-Funkenerosion (EDM) im Wasserbad zu steigern, wird Chrom zulegiert [SARI14, S. 76].

Nach EXNER werden die mechanischen Eigenschaften des Werkstücks nach dem Sintern und der Oberflächenbearbeitung von Wärmespannungen zwischen den Phasen und oberflächennahen Eigenspannungen beeinflusst [EXNE79]. Demnach werden Druckeigenspannungen durch den Schleifprozess oberflächennah induziert und durch Zugeigenspannungen in der tieferen Randzone kompensiert. ROEBUCK UND ALMOND zeigten, dass Druckeigenspannungen durch Polieren der Oberfläche oder durch Anlassen oberhalb von 800 °C in der Randzone abgebaut werden [ROEB88a]. Thermische Eigenspannungen nach dem Sintern bilden sich laut MARI ET AL. während des Abkühlens aufgrund der unterschiedlichen Wärmeausdehung im Komposit aus [MARI09]. Sie führen weiter aus, dass in den Karbiden ein triaxialer Druckspannungszustand vorliegt, der von triaxialen Zugspannungen nahe der Fließspannung in der Binderphase ausgeglichen wird. Außerdem fanden ROEBUCK UND ALMOND heraus, dass bei der Abkühlung Inhomogenitäten im Werkstoffgefüge entstehen, die sich meist negativ auf die Festigkeit und Bruchzähigkeit auswirken [ROEB88a]. Zu den Defekten werden Poren, Kohlenstoff und η-Phasen, Grobkornbildung in der Randzone und lokale Verarmung an Karbiden gezählt.

Der statische Elastizitätsmodul E sinkt monoton mit der Abnahme des Volumenanteils der Karbidphase V_V [-] vom Elastizitätsmodul der polykristallinen WC von 722 GPa [GOLO10] zum Elastizitätsmodul von Co von 207 GPa in WC-Co-Legierungen [DOI70]. Defekte durch η-Phasen und Graphitinseln sowie Porosität senken den Elastizitätsmodul [GOLO10]. Die Querkontraktionszahl ν von WC-Co hat eine ähnliche Abhängigkeit vom Volumenanteil der Karbidphase und sinkt von 0,31 für reines Co auf etwa 0,197 für WC [GOLO10] mit üblichen Werten zwischen 0,20 und 0,25 bei den herkömmlichen WC-Co-Hartmetallen [DOI70]. Im Zugversuch von DUSZA ET AL. wiesen Hartmetalle mit einem Bindergehalt bis zu 25 wt-% ein linear-elastisches Verhalten bis zum Bruch auf [DUSZ83]. Anders als bei duktilen Werkstoffen wurde kein Fließen beobachtet, sondern es trat sofort ein Sprödbruch nach dem elastischen Bereich ein.

In Zug-Druck-Versuchen von OTSUKA ET AL. wirkten sich Gefügedefekte verkürzend auf die Ermüdungslebensdauer von Hartmetallen aus [OTSU87]. Dabei liegt nach KLÜNSNER ET AL. eine Korrelation zwischen der Ermüdungslebensdauer und der Größe von Defekten vor [KLÜN10]. Es wurden jedoch bislang keine allgemeingültigen Aussagen zu den Zusammenhängen in Bezug auf die Ermüdungsfestigkeit getroffen [SARI14, S. 359]. Dies erklären SCHLEINKOFER ET AL. mit subkritischem Risswachstum, das die Festigkeit herabsetzt [SCHL96]. Im Dauerfestigkeitsbereich unter Wechselbeanspruchung wird eine Abnahme der Biegefestigkeit um 30–40 % [FUJI80] sowie der Druckfestigkeit um 15–30 % angegeben [JOHA70]. Nach Untersuchungen von SAILER ET AL. ist ein höherer Binderanteil grundsätzlich mit einer stärkeren Ermüdung verbunden [SAIL01]. Als Ursache haben sie einen Duktilitätsverlust durch Gefügeumwandlung von kfz nach hex infolge der Beanspruchung identifiziert. Bei CoNi und CoNiFe-

Legierungen wurden diese Gefügeumwandlungen hingegen nicht beobachtet. Um treffende Vorhersagen zur Lebensdauer zu treffen, ist die Ermüdung von Hartmetallen jedoch noch nicht ausreichend verstanden [SARI14, S. 349]. In der industriellen Anwendung von Hartmetall haben außerdem Wärmeeinfluss und Umgebungseinflüsse eine Bedeutung für die Ermüdungsfestigkeit [SARI14, S. 349]. Im für das Feinschneiden relevanten niedrigen Temperaturbereich bis 300 °C sind die zyklischen Schädigungsmechanismen ähnlich wie bei Raumtemperatur [ROEB08].

Die Analyse des Stands der Technik hat gezeigt, dass eine an den Belastungsfall angepasste Mikrostruktur mit entsprechenden mechanischen Eigenschaften unterschiedliche Anwendungen von Hartmetallen erlaubt. Kritisches Risswachstum kann als Folge von Überlastung oder Ermüdung auftreten.

2.2.2 Bruchmechanik von Hartmetallen

Fracture mechanics of cemented carbides

Die Belastbarkeit und die Ermüdungslebensdauer von Hartmetall hängt insbesondere mit der Oberflächenintegrität infolge der Fertigungshistorie zur Formgebung zusammen. Damit haben die Fertigungsschritte bei der Herstellung von Feinschneidstempeln wie die Schleifbearbeitung und funkenerosive Abtragung einen Einfluss auf die Einsatzeigenschaften. [SARI14, S. 359]

Eine Rissinitiierung in Hartmetallen entsteht meist an der Oberfläche durch eine Biegebelastung. Auf Makroebene lässt sich eine Überlastung mit einem Sprödbruchverhalten beschreiben, während der Rissfortschritt auf Mikroebene innerhalb der Karbide einem Sprödbruch und in der Binderphase einem duktilen Bruch gleicht. Prinzipiell werden vier Bruchmodi unterschieden, vgl. Abbildung 2.19 [SIGL87]:

- Transgranular durch das Karbid (C)
- Intergranular zwischen zwei Karbiden (C/C)
- Intergranular an der Grenze zwischen Karbid und Binderphase (B/C)
- Transgranular durch die Binderphase (B)

Das Risswachstum in Abbildung 2.19 wird in die drei Phasen Rissinitiierung, subkritisches Risswachstum und katastrophaler Rissfortschritt unterteilt. In der Phase 1 tritt der Bruchmodus C oder C/C auf, der durch das entstehende Spannungsfeld auch in umliegenden Karbiden diesen Bruchmodus bewirkt. Wenn die Binderphase das Gefüge nicht mehr zusammenhält, finden in Phase 2 die Bruchmodi B oder B/C statt. Die Phase 3 ist eine Rekursion zu Phase 1, sodass weitere Karbide reißen. [SIGL87]

Sigl und Exner untersuchten das Risswachstum im REM [SIGL87]. Sie stellten fest, dass die Aufteilung des Risswegs zwischen Binder und Karbid nicht den Volumenanteilen entspricht, sondern in hohem Maße durch den duktilen Binder verläuft, obwohl die gesamte Bruchenergie auf diese Weise nicht minimiert, sondern übermäßig erhöht wird. Dennoch liegt makroskopisch ein Sprödbruchcharakter vor. Für die Erhöhung der Rissenergie besteht bis heute keine schlüssige Erklärung [SARI14, S. 310].

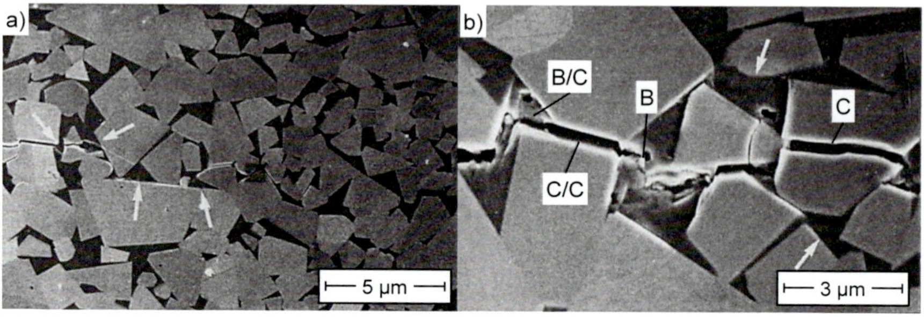

Abbildung 2.19: Risswachstum in WC-Co 10C (16,5 % Binder, 2,2 µm mittlere Korngröße) mit angezeigten Binderbrüchen zwischen Karbidrissen (a) und Unterscheidung der Bruchmodi (b) nach [SIGL87]

Crack propagation in WC-Co alloy 10C (16.5 % binder, 2.2 µm averaged grain size) with indicated binder ligaments separating carbide cracks (a) and close-up of different crack modi (b)

Das Risswachstum wurde von KOTOUL anhand des mäandernden Risspfads beschrieben [KOTO97]. Dabei wird in einem geometrischen Ansatz davon ausgegangen, dass Karbidcluster mit Anrissen (Schritt 1) entstehen, die gestreut an einem Rissgrund oder einer Kerbe angeordnet sind. Das Risswachstum ist durch die gerissenen Karbide nach den Schemata C und C/C vorgegeben und hängt nicht vom Spannungsfeld des Risses, der Orientierung der Binderphase und der hohen Rissenergie der Binderphase ab [SARI14, S. 312]. Das Bruchverhalten wird mit der Bruchzähigkeit und Biegebruchfestigkeit angegeben.

Für den Spannungszustand an einer Rissspitze werden drei Rissöffnungsarten unterschieden, Abbildung 2.20. Im Modus I (Abbildung 2.20a) liegt ein ebener Zugspannungszustand vor, der den Riss durch Schälen beansprucht. Eine antisymmetrische Beanspruchung liegt im Modus II (Abbildung 2.20b) vor, bei der die Spannung normal zur Rissfront in einer Schubbeanspruchung wirkt. Modus III (Abbildung 2.20c) beschreibt eine Separation infolge von Spannungen tangential zur Rissfront in Schubbeanspruchung. Die Moden II und III öffnen den Rissspalt nicht. [GROS16, S. 69]

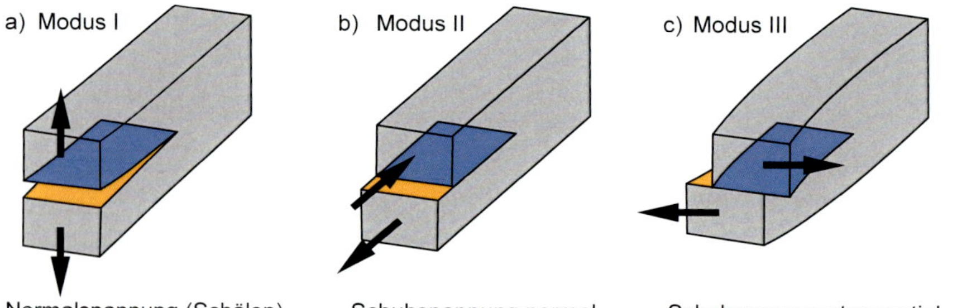

Abbildung 2.20: Rissöffnungsarten in der linearen Bruchmechanik [GROS16]

Fracture modes of linear fracture mechanics

Das größte Schadenspotenzial hat der Modus I, da keine Energie in Reibung umgesetzt wird. Sofern der Werkstoff und das Spannungsfeld homogen sind, richtet sich der fortschreitende Riss nach der ersten Hauptspannung σ_{I}, also in den Modus I aus. Somit verändern sich die Moden II und III häufig zu einem Risswachstum im Modus I. [RÖSL16, S. 130]

Die Festigkeit eines Werkstoffs ist die Spannung an der Oberfläche, wenn der Spannungszustand an der kritischen Rissspitze im Volumen oder an der Oberfläche der Probe die unkontrollierte katastrophale Ausbreitung des Risses und das Versagen der Probe verursacht. Die Biegebruchfestigkeit σ_{TRS} ist empfindlich und abnehmend für Defekte, wie Poren [ROEB88b], Einschlüsse [ROEB88b], freie C- und η-Phase, Karbidcluster [ROEB88b], Binderseen und Grobkornbildung an der Oberfläche [FISC83]. Weiterhin kommt der Oberflächenintegrität durch die Fertigungshistorie eine hohe Bedeutung für die Biegebruchfestigkeit zu. Durch eine mechanisch-thermische Bearbeitung durch Schleifen oder Funkenerosion werden Mikrorisse in der Randzone erzeugt, die Ausgangspunkte für eine Rissbildung darstellen. [EXNE68]

Die Bruchzähigkeit ist der Widerstand gegen Rissfortschritt im kritischen Modus I und wird in der Bruchmechanik von Hartmetallen mit der Bruchzähigkeit K_{Ic} angegeben [SARI14, S. 312]. Damit ist die Bruchzähigkeit der Spannungszustand, bei dem ein Riss kritisch wird (Phase 3) und sich unkontrolliert ausbreitet. Zur Ermittlung der Bruchzähigkeit wird ein Drei-Punkt-Biegetest einer gekerbten Probe durchgeführt. Eine weitere Methode zur Beurteilung der Rissausbreitung ist der Palmqvist-Zähigkeitstest (ISO 28079). In der linear-elastischen Bruchmechanik ist die Bruchzähigkeit als Werkstoffkennwert definiert [RÖSL16, S. 134]:

$$K_{\mathrm{Ic}} = \sigma_{\mathrm{c}} \cdot \sqrt{\pi \cdot a} \cdot Y \tag{2.12}$$

wobei σ_{c} [N·mm^{-2}] die kritische Spannung ist, bei der ein Riss der Länge a [µm] wächst. Y [-] ist ein Faktor für den Einfluss der Rissgeometrie.

Die Bruchzähigkeit K_{Ic}, Biegebruchfestigkeit σ_{TRS} und Härte stehen im Wettbewerb zueinander, Abbildung 2.21. Der Co-Anteil und die mittlere Korngröße haben zum Teil gegensätzliche Effekte auf das Einsatzverhalten von Hartmetallwerkzeugen. [CERA18]

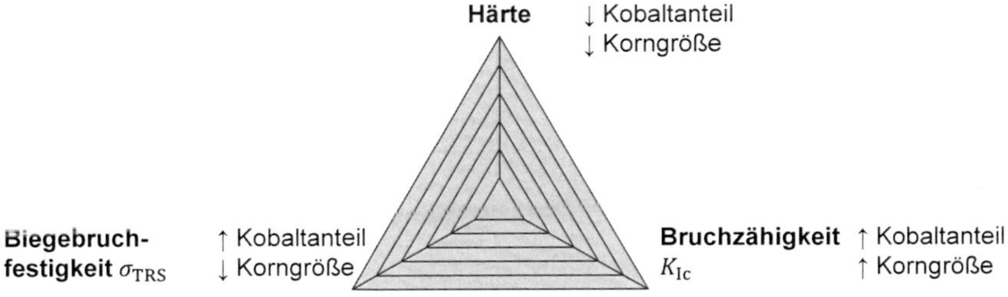

Abbildung 2.21: Konflikt aus Härte, Festigkeit und Zähigkeit bei Hartmetallen [CERA18]
Conflict of hardness, strength, and toughness for cemented carbides

Bei einer Überlastung von Schneidstempeln aus Hartmetall beim Abstreifvorgang liegt bei einer Biegebelastung ein Schadensfall vor, der mit der Biegebruchfestigkeit erklärt werden kann. Die Oberflächenintegrität infolge der Fertigungshistorie von Feinschneidstempeln durch Drahtfunkenerosion und Schleifen und ggfs. weitere Prozesse beeinflusst die Biegebruchfestigkeit maßgeblich [EXNE68].

2.2.3 Herstellung von Schneidstempeln aus Hartmetall

Manufacturing of cemented carbide fine blanking tools

Das Einsatzverhalten von Hartmetallstempeln für das Feinschneiden ist durch die Prozesssignatur, die Oberflächenintegrität infolge der Beanspruchung während der Bearbeitung, gekennzeichnet. Die Formgebung von Hartmetallstempeln für das Feinschneiden und die Einstellung der Oberflächenintegrität erfolgen mittels Drahtfunkenerosion und Schleifen mit anschließenden Nachbearbeitungsschritten wie Abrasivstrahlen, Polieren und Beschichten [KLÜN16b]. Nach dem Sintern wird die Schnittlinienkontur üblicherweise durch Drahtfunkenerosion erzeugt. Die Verschleißfestigkeit wird durch die thermische Randzone herabgesetzt [BONN09a]. Mit mehreren Nachschnitten und jeweils verringerter Entladeenergie wird die thermische Randzone sukzessive minimiert. Bei PM-HSS wird so die weiße Randschicht mit jedem Nachschnitt abgetragen und die Rauheit verringert [CAO16]. Bei feinkörnigen Werkzeugwerkstoffen wie PM-HSS und besonders bei Feinkornhartmetallen liegt eine gleichmäßige Verteilung der Karbide vor, was ein stetiges Abtragverhalten ermöglicht. Bei der Hartmetallbearbeitung werden vergleichsweise feine Oberflächen erzielt, da Entladekrater infolge der hohen Schmelz- und Verdampfungsenthalpie klein sind gegenüber verfügbaren PM-HSS-Sorten. Während einer Funkenentladung wird im Plasmakanal eine hohe Energiedichte induziert, die den Werkstoff im Kanalfußpunkt aufschmilzt und verdampft, sodass der Werkstoff aus der Oberfläche herausgeschleudert wird und ein Krater zurückbleibt. Bei Hartmetallen ist zudem ein Werkstoffabtrag durch Thermoschock oder durch Abplatzen von wiedererstarrtem Werkstoff möglich. Beim Abtragen der Binderphase werden außerdem Gefügekörner abgetragen. Dabei kann es besonders bei Hartmetall zu Rissbildung im Gefüge kommen. [KLOC07, S. 61–68]

Rissbildung durch die thermische Belastung stellt bei Hartmetall aufgrund der Sensitivität der Biegebruchfestigkeit für Mikrorisse in der Oberfläche eine Herausforderung dar, wie BONNY ET AL. mit Stift-Scheibe-Tribometerversuchen belegten [BONN09a]. Mit modernen Ölbad-Drahtfunkenerodiermaschinen stehen inzwischen Technologien zur Verfügung, um mittels Kurzpulsentladungen < 500 ns mit geringem Entladestrom die Randzonenschädigung zu minimieren und damit die Biegefestigkeit zu steigern [JUHR04]. Im Feinstschlicht-Nachschnitt werden so laut BOCCARDO UND KLÜNSNER Randzonen mit einer Dicke im Bereich der Korngröße der Karbide im Gefüge erzeugt [BOCC16]. KLÜNSNER ET AL. führten Ermüdungsversuche mit gefinishten WC-Co-Proben durch und stellten fest, dass durch anschließendes Nassstrahlen verbleibende negative Einflüsse durch die Erodierbearbeitung auf die Ermüdungsfestigkeit neutralisiert werden [KLÜN16b]. Druckeigenspannungen durch das Nassstrahlen reichten dabei über die Dicke der erodierten Randzone hinaus. Die Steigerung der Ermüdungsfestigkeit wurde damit erklärt, dass Druckspannungen sowohl in den Karbiden als auch in der Binderphase vorliegen.

Stirnflächen werden üblicherweise durch Flachschleifen erzeugt und bilden am Übergang zur erodierten Mantelfläche die Schneidkante. In einer Arbeit von KLOCKE ET AL. wurde die Randzone von WC-Co in Einkornritzversuchen analysiert [KLOC16]. Demnach wird der Binder durch die Schleifbearbeitung thermisch aufgeweicht und Karbide werden aus der Oberfläche herausgerissen. Außerdem wurden Mikrorisse beobachtet, die vornehmlich durch den Binder verlaufen. JIANG ET AL. untersuchten die Eigenspannungen durch Schleifbearbeitung mittels Röntgendiffraktometrie und stellten fest, dass die mechanische Einwirkung der Schleifkörnung Druckeigenspannungen in den Karbiden hinterlässt [JIAN05]. Schneidstempel versagen beim Feinschneiden durch eine Rissbildung, die von der Mantelfläche ausgeht [KROB18].

Nach der Fein- und Nachbearbeitung von Hartmetall werden Schneidstempel für Stanz- und Feinschneidanwendungen gewöhnlich mit einer Verschleißschutzschicht wie Al(Cr,N) mittels PVD-Verfahren beschichtet [KROB18]. Durch eine keramische Verschleißschutzschicht wird die Adhäsionsneigung zu den verarbeiteten Stahlwerkstoffen vermindert.

2.2.4 Zwischenfazit

Intermediate conclusion

Die mechanischen Eigenschaften erhalten WC-Co-Hartmetallstempel über die an den Belastungsfall angepasste Mikrostruktur. Die Mikrostruktur wird vor allem durch die mittlere Korngröße und den Binderanteil bestimmt. Eine hohe Härte wird durch eine feine Körnung und geringen Binderanteil erzielt, während Biegefestigkeit und Bruchzähigkeit mehr Binder erfordern. Bei einer zyklischen Belastung finden zunehmend Rissinitiierung und Risswachstum statt. Nach Erreichen einer kritischen Risslänge kommt es zu einem katastrophalen Bruch. Risse entstehen meist an Stellen, wo Kerbwirkung vorliegt oder wo in der Randzone initiale Schädigungen durch Inhomogenitäten wie Karbidverarmung, Karbidcluster, Grobkornbildung, thermische Mikrorisse o.ä. vorliegen. Inhomogenitäten in der Randzone werden werkstoffseitig durch einen kontrollierten Herstellungsprozess vermieden. Letztlich findet eine Beanspruchung der Randzone mit Rissbildungspotenzial durch die tribologische Wechselwirkung mit dem Blechwerkstoff statt. Durch Drahtfunkenerosion mit Feinstschlicht-Nachschnitten und anschließender Nachbearbeitung wird die Randzone nahezu gänzlich entfernt. Eine glatte Beschichtung ist zudem in der Lage, Adhäsion bestmöglich zu vermindern.

2.3 Zusammenfassung des Stands der Technik

Conclusion of the state of the art

Beim Normalstanzen gibt es für Schneidstempel aus Hartmetall breite Anwendungsfelder. Auch im Bereich des Feinschneidens gab es dokumentierte Anwendungsfälle mit Rundstempeln aus Hartmetall, mit denen hohe Standmengen erreicht wurden. Der

Vorteil von Hartmetall als Stempelwerkstoff ist die hohe Verschleißfestigkeit im Vergleich zu PM-HSS aufgrund der Härte und Druckfestigkeit. Insbesondere durch die zunehmende Verarbeitung von hochfesten Stahlgüten ist eine hohe Druckfestigkeit des Stempelwerkstoffs ein notwendiges Kriterium. Während der Verschleiß von Hartmetallstempeln beim Schneidvorgang gering im Vergleich zu PM-HSS ist, liegt beim Abstreifen eine Belastung vor, die zu großflächigem Chipping führen kann. Das Belastungskollektiv, das beim Abstreifen Stempelbrüche bewirkt, ist eine Folge der Interaktion zwischen dem Schneidstempel und der Schnittfläche des Stanzgitters. Die elastische Rückfederung von Blechen aus hochfesten Stahlgüten ist dabei nochmal wesentlich höher gegenüber Einsatz- oder Vergütungsstählen. Die Abstreifkraft zur Überwindung der Klemmkraft infolge der elastischen Rückfederung kann ein kritisches Belastungskollektiv im Schneidstempel verursachen.

Die Analyse des Stands der Technik hat gezeigt, dass die Verschleißmechanismen von Hartmetallen beim Feinschneiden und beim Normalstanzen ausgiebig erforscht sind. Ebenso liegen umfangreiche Untersuchungen zur Bruchmechanik von Hartmetall und zur fertigungstechnischen Bearbeitung von Werkzeugelementen vor. Für die Erklärung von Stempelbrüchen bei Schnittliniengeometrien mit diversen Geometriefeatures fehlt jedoch einerseits ein Verständnis für die Entstehung und Ausprägung von Schnittflächenmerkmalen unter den Randbedingungen beim verschachtelten Streifenlayout. Andererseits fehlt ein grundlegendes Verständnis der Zusammenhänge zwischen den Schnittflächenmerkmalen am Stanzgitter und dem Belastungskollektiv des Schneidstempels. Untersuchungen zum Abstreifen mit Hartmetallstempeln einer rotationssymmetrischen Geometrie haben gezeigt, dass Stempelbrüche nicht mit einer reinen Zugbeanspruchung erklärt werden können. Schnittflächenmerkmale sind abhängig von einer Vielzahl von Parametern wie Prozesskräften, Geometriefeatures der Schnittlinie, Schneidspalt, Schneidkantengeometrie etc. Daher liegen unterschiedliche Kontaktbedingungen zwischen Schneidstempel und Stanzgitter entlang der Schnittlinie vor, siehe Abbildung 2.22.

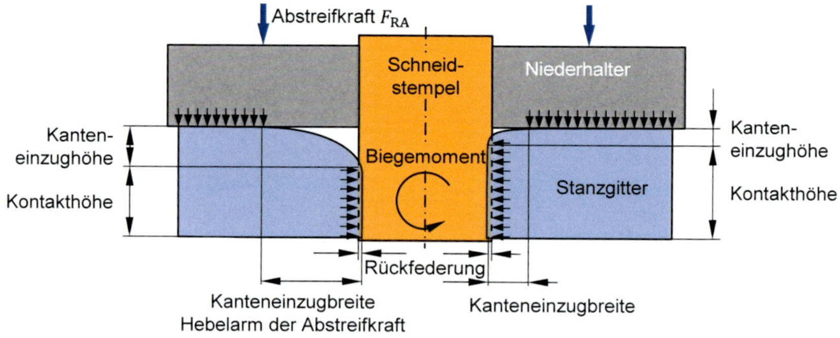

Abbildung 2.22: Hypothese über die Entstehung von Zug- und Biegespannungen beim Abstreifen durch variable Kontaktbedingungen entlang der Schnittlinie

Hypothesis on the development of tensile and bending stresses during stripping due to variable contact conditions along the cutting line

Daraus wird die Hypothese abgeleitet, dass variable Schnittflächenmerkmale entlang der Schnittlinie zu variablen Kontaktbedingungen zwischen Schneidstempel und Stanzgitter führen. Eine Disbalance führt nach der Hypothese beim Abstreifen zu überlagerten Zug- und Biegespannungen im Schneidstempel. Die variablen Schnittflächenmerkmale führen dazu, dass der vom Niederhalter nicht unterstützte Kanteneinzug als Hebelarm für die Abstreifkraft wirkt, da die Abstreifkraft an der Kontaktfläche zwischen Niederhalter und Stanzgitter angreift und an der Mantelfläche des Schneidstempels als Reibkraft auf den Schneidstempel übertragen wird. Dadurch wird der Kanteneinzugbereich elastisch deformiert, sodass die Klemmkraft an der Kontaktfläche zum Stempel erhöht wird. Variable und asymmetrische Kontaktbedingungen verursachen beim Abstreifen ein Verkanten und damit ein Biegemoment im Schneidstempel. Aus der Kenntnis der Wechselwirkungen zwischen Schneidstempel und Stanzgitter beim Abstreifen können Maßnahmen abgeleitet werden, um das Belastungskollektiv im Schneidstempel zu reduzieren.

3 Zielsetzung und Forschungsmethodik

Objective and Research Methodology

Von der im vorangehenden Kapitel beschriebenen Ausgangssituation im Stand der Technik in Forschung und Industrie wird die **wirtschaftliche Problemstellung** abgeleitet: *Beim Feinschneiden von hochfesten Blechgüten reicht die Druckfestigkeit von pulvermetallurgischem Schnellarbeitsstahl als Stempelwerkstoff nicht aus, um wirtschaftliche Standmengen zu erreichen.*

Hartmetall wurde aufgrund seiner hohen Druck- und Verschleißfestigkeit als Werkstoff identifiziert, der den erhöhten Anforderungen beim Feinschneiden von hochfesten Blechwerkstoffen genügt. Damit kann der Schneidstempelverschleiß reduziert werden bzw. sind hochfeste Blechwerkstoffe überhaupt erst feinschneidbar. Hartmetallstempel versagen jedoch während des Abstreifvorgangs durch kombinierte Zug- und Biegespannungen. Daraus ergibt sich die **wissenschaftliche Problemstellung**: *Die Ursache-Wirkung-Zusammenhänge zwischen dem Stanzgitter und dem Schneidstempel beim Abstreifen, die zu einem Lastkollektiv aus Zug- und Biegespannungen im Schneidstempel führen, sind unbekannt.* Aus diesem Grund ist es notwendig, die Mechanismen der Entstehung und Ausprägung von Schnittflächenmerkmalen am Stanzgitter zu verstehen und daraus Maßnahmen für reduzierte Biegemomente im Schneidstempel abzuleiten.

Um die wirtschaftliche und wissenschaftliche Problemstellung zu überwinden, wird das folgende **Forschungsziel** aufgestellt:

Das prozesssichere Feinschneiden mit Hartmetallstempeln durch Reduzierung des Belastungskollektivs auf den Schneidstempel beim Abstreifvorgang mit einem modifizierten Feinschneidprozess in Bezug auf die Werkzeugauslegung, die Prozesskräfte und das Streifenlayout.

Um das Forschungsziel zu erfüllen, werden Untersuchungen basierend auf der folgenden **Forschungshypothese** durchgeführt:

Durch eine wissensbasierte Gestaltung eines Feinschneidwerkzeugs kann das Belastungskollektiv aus Zug- und Biegespannungen im Schneidstempel beim Abstreifvorgang von hochfestem Stahlblech soweit reduziert werden, dass prozesssicheres Feinschneiden mit Hartmetallstempeln möglich ist.

Zur Untersuchung der Forschungshypothese müssen die vier **Forschungsfragen** beantwortet werden:

1. Wie kann die Entstehung der Schnittflächengeometrie in Form des Kanteneinzugs am Stanzgitter anhand von oberflächennahen Zugspannungen und Druckspannungen in der Scherzone erklärt werden?
2. Welche Wechselwirkungen zwischen dem Schneidstempel und der Schnittfläche des Stanzgitters rufen ein Belastungskollektiv im Schneidstempel aus Zug- und Biegespannungen in der Abstreifphase hervor?

3. Wie kann das Belastungskollektiv, das in der Abstreifphase bei einer asymmetrischen Schnittliniengeometrie zum Stempelbruch führt, anhand der Wechselwirkungen zwischen Stanzgitter und Schneidstempel erklärt werden?
4. Wie können Belastungen des Schneidstempels während des Abstreifens des Stanzgitters vom Schneidstempel durch eine wissensbasierte Werkzeug- und Prozessauslegung reduziert werden?

Zur Erreichung des Forschungsziels wird die Vorgehensweise nach Abbildung 3.1 gewählt.

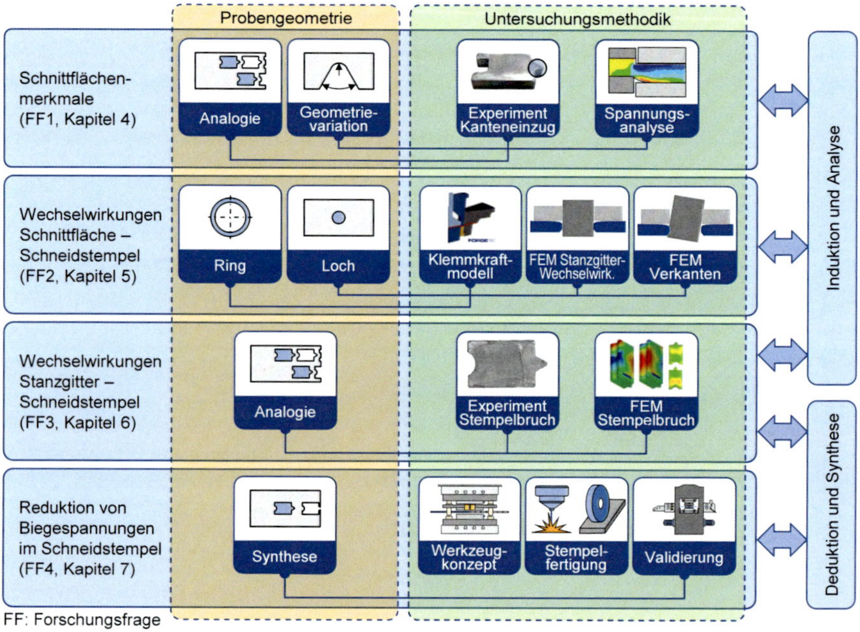

Abbildung 3.1: Forschungsmethodik zur Erreichung der Zielsetzung

Research methodology in order to achieve the objective

Zur Beantwortung der **Forschungsfrage 1** wird die Entstehung von Kanteneinzug während des Trennvorgangs in Abhängigkeit von der Schnittliniengeometrie, Prozessparametern und Werkstoffeigenschaften in Kapitel 4 untersucht. Aus Messergebnissen des Kanteneinzugs unter industriellen Randbedingungen werden die Ursache-Wirkung-Zusammenhänge zwischen den Parametern des Streifenlayouts und der Schnittliniengeometrie mit dem Kanteneinzug beim verschachtelten Feinschneiden analysiert. Mit einer Analogiegeometrie werden die Parameter des Streifenlayouts und der Prozessführung gezielt variiert und der Kanteneinzug wird ausgewertet. In FE-Simulationen wird der Spannungs-Dehnungs-Zustand in der Scherzone und in Oberflächennähe des Kanteneinzugs während des Schneidens analysiert, der für die Entstehung von Kanteneinzug verantwortlich ist.

Die Ursache-Wirkung-Zusammenhänge zwischen der Schnittfläche des Stanzgitters und der mechanischen Belastung des Schneidstempels beim Abstreifen werden für die Beantwortung der **Forschungsfrage 2** in Kapitel 5 anhand eines Rundstempels untersucht. Mithilfe eines FE-Modells werden die quantitativen Einflüsse von Schnittflächenmerkmalen auf die Abstreifkraft und die Spannungsverteilung des Schneidstempels ermittelt. Insbesondere werden Belastungsfälle betrachtet, die durch Verkanten eine Biegebelastung des Schneidstempels hervorrufen.

Zur Beantwortung von **Forschungsfrage 3** wird in Kapitel 6 die Entstehung eines kritischen Belastungskollektivs beim Abstreifen mit einer gegenüber dem Rundstempel komplexeren Analogiegeometrie untersucht. Die Analogiegeometrie zeichnet sich dadurch aus, dass Asymmetrien des Streifenlayouts und der Schnittlinie zu variablen Kontaktbedingungen zwischen Schneidstempel und Stanzgitter führen. Mit der Analogiegeometrie werden Feinschneidversuche durchgeführt, bei denen ein Stempelbruch auftritt. Der Bruchhergang wird mithilfe der gemessenen Stempelkraft, des Körperschalls und des Bruchbildes rekonstruiert. Das Belastungskollektiv wird anhand einer FE-Simulation analysiert. Die Wechselwirkungen zwischen dem Stanzgitter und dem Schneidstempel werden mit den Erkenntnissen aus den vorangehenden Untersuchungen in Kapitel 5 anhand des Streifenlayouts und der Geometrie erklärt.

Für die Befähigung von Hartmetall als Schneidstempelwerkstoff werden in Kapitel 7 zur Beantwortung von **Forschungsfrage 4** Ansätze erarbeitet. Mit den Ansätzen wird ein angepasstes Feinschneidwerkzeug für die Anwendung von Hartmetallstempeln konzipiert und gefertigt. Das Feinschneidwerkzeug reduziert die Biegebeanspruchung des Schneidstempels gezielt. In einer ganzheitlichen Betrachtung des Feinschneidprozesses werden neben dem Werkzeug die Prozessführung, das Streifenlayout und die Fertigungsstrategie von Hartmetallstempeln aufgegriffen und analysiert. Anhand der Erkenntnisse werden Maßnahmen abgeleitet, um ein Biegemoment im Schneidstempel beim Abstreifen und die Bruchempfindlichkeit von Hartmetallstempeln zu reduzieren. In einem Validierungsversuch werden Feinschneidversuche mit einem Hartmetallstempel im Vergleich zu einem Stempel aus pulvermetallurgischem Schnellarbeitsstahl bewertet.

Durch den prozesssicheren Einsatz von Hartmetallstempeln wird aufgrund der hohen Verschleißfestigkeit ein wirtschaftlicher Vorteil gegenüber Stempeln aus pulvermetallurgischem Schnellarbeitsstahl erwartet. Geringere Stillstandszeiten sorgen zum einen für geringere Wartungskosten und erhöhen zum anderen die Anlagenverfügbarkeit, sodass Opportunitätskosten durch entgangene Produktionserlöse vermindert werden. In Kapitel 1 wird die wirtschaftliche Problemstellung gelöst, indem die Wirtschaftlichkeit des Einsatzes von Schneidstempeln aus Hartmetall gegenüber konventionellem pulvermetallurgischen Schnellarbeitsstahl bewertet wird. Dafür wird ein Kostenmodell erstellt und mit einem Fallbeispiel angewendet.

4 Ausbildung von Schnittflächenmerkmalen beim Schneidvorgang

Formation of sheared surface characteristics during separation phase

Die Analyse des Stands der Technik hat gezeigt, dass Brüche von Hartmetallstempeln während der Abstreifphase des Feinschneidens von asymmetrischen Schnittliniengeometrien auftreten. In Kapitel 2.3 wurde die Hypothese aufgestellt, dass variable Kontaktbedingungen des Schneidstempels entlang der Schnittlinie beim Abstreifen ein asymmetrisches Belastungskollektiv und dadurch ein Biegemoment hervorrufen. Die Kontaktbedingungen werden insbesondere durch den Kanteneinzug bestimmt, der die Kontakthöhe vermindert. Dabei wirkt die Kanteneinzugbreite als Hebelarm zwischen der Krafteinleitung des Niederhalters und der Kontaktfläche am Schneidstempel, was nach der Hypothese zu einem Verkantungseffekt führt. Zur Beschreibung und Erklärung der Wechselwirkungen ist daher ein Verständnis der Entstehung von Schnittflächenmerkmalen erforderlich. Die Beschreibung der Entstehung von Schnittflächenmerkmalen beschränkt sich in der Literatur auf Laborumstände. Besonders im Kontext des industriellen Feinschneidens eines Streifenlayouts mit veränderlicher Steifigkeit des Blechs entlang der Schnittlinie und beim mehrfach fallenden Feinschneiden mit wechselseitiger Beeinflussung von Kavitäten fehlen in der Literatur Beschreibungs- und Erklärungsansätze.

Um die Wechselwirkungen zwischen der Schnittfläche und dem Schneidstempel bei asymmetrischen Schnittliniengeometrien in einem verschachtelten Streifenlayout zu erklären, wurde die Entstehung des Kanteneinzugs und elastischer Rückfederung anhand des Spannungszustands im Blech untersucht. In Kapitel 4.1 wurde der Zusammenhang des Kanteneinzugs mit den Randbedingungen des verschachtelten Feinschneidens durch Stegbreiten experimentell analysiert. Zur Ermittlung des Einflusses des Spannungszustands im Blech auf den Kanteneinzug wurde eine Variation der Prozesskräfte und der Schneidgeschwindigkeit durchgeführt. In Kapitel 4.2 wurde ein Feinschneidprozess mit einem Finite-Elemente (FE)-Modell simuliert, um die Entstehung von Kanteneinzug mit einem spannungsbasierten Ansatz zu erklären. Mit dem spannungsbasierten Ansatz wurden die Wechselwirkungen innerhalb des Stanzgitters mit variablen Stegbreiten erklärt.

4.1 Experimentelle Analyse der Entstehung von Kanteneinzug

Experimental analysis of die roll formation

Die Ursache-Wirkung-Zusammenhänge bei verschachtelten Schnittliniengeometrien führen zu einer Abhängigkeit des Kanteneinzugs von den Stegbreiten und damit verbundener Blechsteifigkeit. Für die Entstehung von Kanteneinzug gibt es vorwiegend phänomenologische Untersuchungen, aber keine schlüssigen Erklärungsansätze für die Wechselwirkungen beim verschachtelten Feinschneiden. Um die Entstehung von

Kanteneinzug bei verschachtelten Schnittliniengeometrien zu erklären, wurden in Kapitel 4.1.1 Feinschneidversuche mit variabler Stegbreite mit und ohne Ringzacke durchgeführt. Um die Herleitung eines spannungsbasierten Erklärungsansatzes für die Entstehung von Kanteneinzug zu ermöglichen, wurden Feinschneidversuche mit einer Variation der Prozesskräfte und der Schneidgeschwindigkeit durchgeführt. Die Versuche wurden in Kapitel 4.1.2 in Bezug auf die Wechselwirkungen zwischen Stegbreite, Ringzacke, Prozesskräften und Schneidgeschwindigkeit mit dem Kanteneinzug ausgewertet.

4.1.1 Versuchsdurchführung für die Analyse von Wechselwirkungen des Kanteneinzugs mit Eigenschaften des Stanzgitters

Experimental setup for the analysis of die roll interaction with scrap web properties

Die Wechselwirkungen des Kanteneinzugs mit Stegbreiten im Stanzgitter wurden experimentell mit Feinschneidversuchen ermittelt. Für die Erklärung der Entstehung von Kanteneinzug wurden Prozesskräfte und die Schneidgeschwindigkeit in einer zweiten Versuchsreihe variiert. Die Analogiegeometrie bestand aus den Geometrieelementen in Abbildung 4.1a mit einem Zahnelement (P1) und zwei rechtwinkligen Außenradien (P5 und P5b).

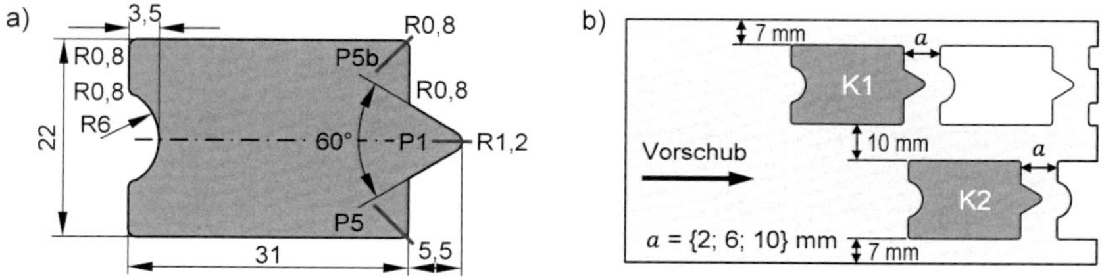

Abbildung 4.1: Geometriedefinition mit Messebenen P für den Kanteneinzug (a) und Dimensionen des Streifenlayouts mit einer Analogiegeometrie (b) zur Untersuchung von Einflüssen des Streifenlayouts auf den Kanteneinzug

Geometry definition with measurement positions for die roll (a) and dimensions of the strip layout with analogy geometry (b) for the analysis of influences from the strip layout on die roll

Abbildung 4.2 zeigt das verwendete Gesamtschnittwerkzeug mit den im Kraftfluss liegenden Aufbauelementen. Die Prozesskräfte wurden mittels Piezo-Messunterlagscheiben gemessen, die im Kraftnebenschluss im Kraftfluss verbaut wurden. Die Sensoren wurden anhand einer kalibrierten Kraftmessplattform auf einer hydraulischen Presse kalibriert. Die Feinschneidversuche wurden auf einer Feinschneidpresse vom Typ FEINTOOL XFT 2500 SPEED mit automatischer Bandzufuhr durchgeführt.

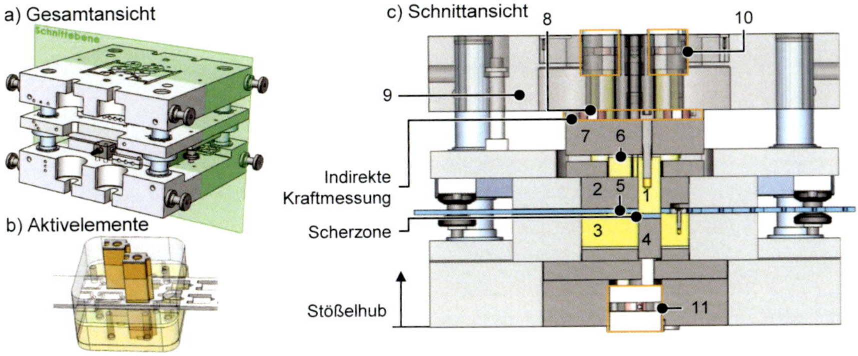

Abbildung 4.2: Gesamtschnittwerkzeug in Übersicht (a), Ansicht der Aktivelemente (b) und Schnittansicht (c); 1: Schneidstempel, 2: Führungseinsatz, 3: Matrizeneinsatz, 4: Gegenhalter, 5: Streifen, 6: Abstimmplatte, 7: Druckplatte, 8: Sensorpaket Stempelkraft, 9: oberer Block, 10: Sensorpaket Niederhalterkraft, 11: Sensorpaket Gegenhalterkraft

Compound die in overview (a), view of active elements (b) and section (c)

Versuchsreihe: Variation von Stegbreiten

Für ein Verständnis der Abhängigkeiten des Kanteneinzugs vom Streifenlayout wurde die Stegbreite mit einer Analogiegeometrie gemäß Abbildung 4.1b variiert. Alle Versuchsvarianten wurden mit und ohne Ringzacke durchgeführt. Mit der Ringzacke wurden Druckspannungen in die Scherzone eingebracht. Die Ringzacke hatte eine Höhe von h_{RZ} = 0,8 mm und einen Abstand von der Schnittlinie a_{RZ} = 3 mm. Die Stegbreite a wurde mit 2, 6 und 10 mm über den Bandvorschub variiert. Die Niederhalterkraft F_{NH} wurde mit 450 kN und die Gegenhalterkraft F_{GH} mit 370 kN bei einer Schneidgeschwindigkeit v_{s} von 50 mm·s^{-1} eingestellt. Als Werkstoff wurde der Einsatzstahl mittlerer Festigkeit 16MnCr5 im GKZ-geglühten Zustand (R_{m} = 550 MPa) und einer Blechdicke von s_0 = 6 mm verwendet.

Versuchsreihe: Variation von Prozesskräften

In einer zweiten Versuchsreihe wurde der Einfluss von Prozesskräften auf den Kanteneinzug untersucht. In einer vollfaktoriellen Variation von Prozessparametern wurden die Einflüsse von der Schneidgeschwindigkeit und der Prozesskräfte gemäß Tabelle 4.1 auf den Kanteneinzug am Geometrieelement P1 des Schnittteils ausgewertet.

Tabelle 4.1: Versuchsplan für die Einflussanalyse der Prozesskinetik auf den Kanteneinzug

Design of Experiments for effect analysis of process settings on die roll

Parameter	Symbol	Einheit	Werte
Schneidgeschwindigkeit	v_{s}	mm·s^{-1}	20 (v_{b}-), 50, 100 (v_{b}+)
Gegenhalterkraft	F_{GH}	kN	100 (F_{GH}-), 300, 500 (F_{GH}+)
Niederhalterkraft	F_{NH}	kN	250 (F_{NH}-), 350, 450 (F_{NH}+)

Für die Versuche wurde eine Ringzacke verwendet. In der Standard-Parameterkombination wurden die Parameter Schneidgeschwindigkeit v_s = 50 mm·s^{-1}, Gegenhalterkraft F_GH = 300 kN und Niederhalterkraft F_NH = 350 kN verwendet. Bei einer Gegenhalterfläche A_GH von 633 mm^2 und einer Kontaktfläche am Niederhalter A_NH = 4.080 mm^2 entspricht dies einer Flächenpressung am Gegenhalter von p_GH = 474 MPa bzw. am Niederhalter von p_NH = 86 MPa. Der Kanteneinzug wurde am Verzahnungselement (P1) gemessen, vgl. Abbildung 4.1a. Mit jeder Parameterkombination wurden 10 Hübe im Automatikbetrieb durchgeführt. Der Kanteneinzug wurde mit einem Konturtester vom Typ MAHR XR 20 gemessen und ausgewertet. Als Kriterium für den Anfang und das Ende des Kanteneinzugs wurde ein Winkel von 5° zur Planfläche bzw. zur Schnittfläche definiert, vgl. Abbildung 2.13b.

4.1.2 Analyse von Wechselwirkungen von Parametern des Stanzgitters mit der Ausbildung von Kanteneinzug

Analysis of interactions of scrap web parameters with die roll formation

Versuchsreihe: Variation von Stegbreiten

Mit der Analogiegeometrie aus dem vorangehenden Kapitel 4.1.1 wurden die Stegbreite a zur Kontur des vorherigen Schnitts sowie die Verwendung einer Ringzacke auf der Matrizenseite variiert und analysiert, siehe Abbildung 4.3. In den Diagrammen ist die Kanteneinzughöhe h_E gegen die Kanteneinzugbreite b_E jeweils mit (RZ) und ohne den Einsatz einer Ringzacke (oRZ) dargestellt.

Die Ergebnisse zeigen, dass der Kanteneinzug durch den Einsatz einer Ringzacke am Geometrieelement vermindert wurde. Der Effekt durch die Ringzacke im Stanzgitter wird auf den erhöhten Druckspannungszustand in der Scherzone zurückgeführt. Die Kanteneinzugmessungen mit Ringzacke und Stegbreite a = 2 mm an den Geometrieelementen P5 und P5b (vgl. Abbildung 4.3b und c) waren nicht auswertbar, da die Prägung von der Ringzacke im Schnittteil lag. Am Geometrieelement P1 (vgl. Abbildung 4.3a, d und g) nahm der Kanteneinzug mit abnehmender Stegbreite signifikant zu. Dies wird durch geringere Druckspannungen erklärt, die am schmalen Steg vom Niederhalter induziert werden. Ein schmaler Steg hat eine geringe Steifigkeit und wird mit wenig Aufwand von der Scherzone weggedrückt, sodass Druckspannungen vermindert aufgebaut werden. An den Geometrieelementen P5 und P5b ohne Ringzacke blieb der Kanteneinzug bei kleinerer Stegbreite nahezu konstant oder wurde geringfügig kleiner (vgl. Abbildung 4.3b/h und c/i). Der kleinere Kanteneinzug wird damit erklärt, dass die Steifigkeit des Stanzgitters an diesen Geometrieelementen durch den Abstand zum Blechrand relativ hoch ist im Vergleich zum frei beweglichen Steg an P1. Da ein Teil der lokal induzierten Druckspannungen an P5 und P5b vom unveränderten Steg zum Blechrand her kommen, ist der Einfluss der Stegbreite a an diesen Geometrieelementen gering im Vergleich zum Geometrieelement P1. Zwischen den Kavitäten K1 und K2 wurde kein Unterschied festgestellt, da die Randbedingungen durch die Gestalt des Stanzgitters an diesen Stellen gleich sind.

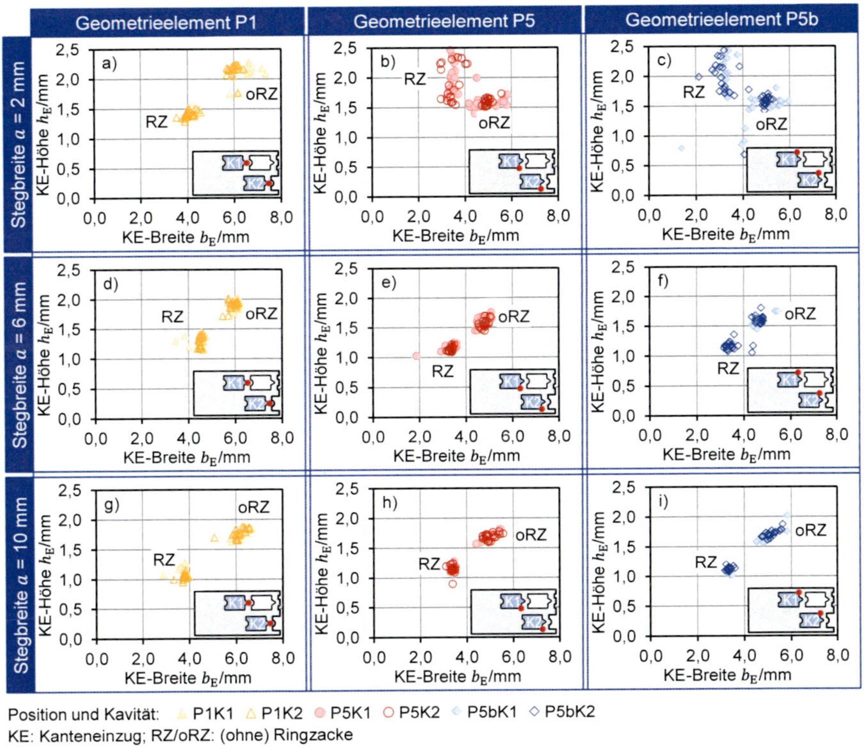

Abbildung 4.3: Abhängigkeit des Kanteneinzugs von Geometrieelement (P), Kavitätenlage (K), Stegbreite a und Ringzacke (RZ)

Die roll dependency on geometry element (P), cavity position (K), bridge width a and V-ring (RZ)

Versuchsreihe: Variation von Prozesskräften

Der Kanteneinzug am Schnittteil wurde in Abbildung 4.4 hinsichtlich der Haupteffekte und Wechselwirkungen mit der Prozesskinetik ausgewertet. Die Kanteneinzugbreite b_E und die Kanteneinzughöhe h_E wurden dabei einzeln betrachtet.

Die Kanteneinzughöhe h_E sank in allen Parameterkombinationen mit steigender Schneidgeschwindigkeit. Bei erhöhter Schneidgeschwindigkeit v_s = 100 mm·s^{-1} steigt die Dehnrate an, sodass die Fließspannung ebenfalls ansteigt und der Schneidkraftbedarf erhöht wird. Der kleinere Kanteneinzug bei höherer Schneidgeschwindigkeit wird damit erklärt, dass die erhöhte Schneidkraft höhere Druckspannungen in der Scherzone erzeugt, die wiederum der Ausbildung von Kanteneinzug entgegenwirken. Gleichzeitig steigen oberflächennahe Zugspannungen im Bereich des Kanteneinzugs durch die Oberflächenvergrößerung an.

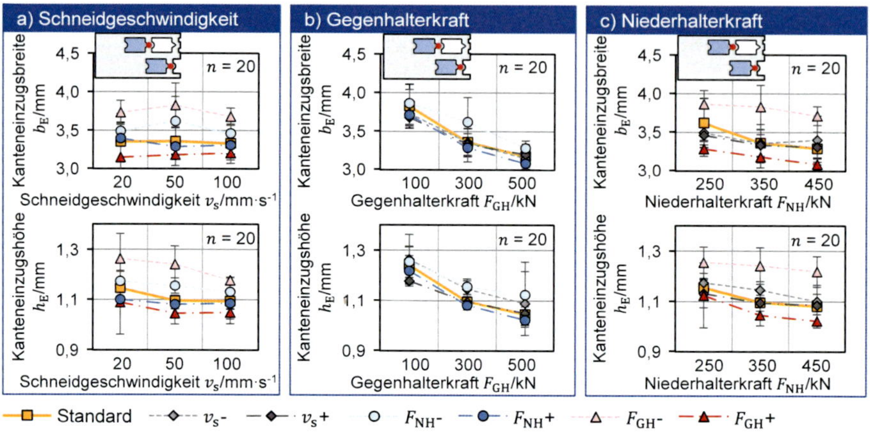

Abbildung 4.4: Abhängigkeit des Kanteneinzugs von der Schneidgeschwindigkeit (a), Niederhalterkraft (b) und Gegenhalterkraft (c) gemessen an der Zahnspitze (P1)

Die roll interactions with blanking speed (a), blank holder force (b) and counter holder force (c) measured on gear tooth tip (P1)

Das Ergebnis zeigt, dass der dehnratenabhängige Einfluss von kanteneinzugmindernden Druckspannungen gegenüber den kanteneinzugfördernden, oberflächennahen Zugspannungen überwog. Erhöhte Prozesskräfte reduzierten den Kanteneinzug. Den stärksten Effekt auf den Kanteneinzug hatte die Gegenhalterkraft. Die Niederhalterkraft erzeugte, wie die Gegenhalterkraft, Druckspannungen in der Scherzone, allerdings von der Seite des Stanzgitters aus, während der Gegenhalter direkt Druckspannungen von der Seite des Schnittteils induzierte. Im betrachteten Versuchsraum waren keine signifikanten Wechselwirkungen zwischen den Haupteffekten erkennbar.

Aus den Versuchen wird die Erkenntnis abgeleitet, dass Druckspannungen in der Scherzone Kanteneinzug verringern. Eine hohe Blechsteifigkeit durch ausreichende Stegbreiten sowie eine Ringzacke ermöglichen den Aufbau von Druckspannungen in der Scherzone. Bei geringer Steifigkeit haben Stege die Möglichkeit, sich vom Stempel abzudrücken und behindern so die Ausbildung von Druckspannungen. Über Gegenhalter und Niederhalter eingeleitete Prozesskräfte wirken am stärksten auf der Seite der Krafteinleitung. Die Niederhalterkraft beeinflusst den Kanteneinzug am Stanzgitter.

4.2 Simulative Analyse der Entstehung von Kanteneinzug

Simulative analysis of die roll formation

Für die Erklärung der Entstehung von Kanteneinzug im Stanzgitter und zur Erklärung der Ursache-Wirkung-Zusammenhänge beim Abstreifen über das Stanzgitter sind bisherige Erklärungsansätze nicht ausreichend. Da der Kanteneinzug am Stanzgitter einen Beitrag zur Wechselwirkung des Stanzgitters mit dem Schneidstempel beim Abstreifen leistet, ist das Verständnis der Entstehung von Kanteneinzug für die Analyse des Beanspruchungskollektivs von Hartmetallstempeln erforderlich. Daher wurde die Entstehung von Kanteneinzug aufgrund von oberflächennahen Zugspannungen gezielt untersucht, die durch geringe Stegbreiten im Stanzgitter beeinflusst werden. Im Stand der Technik wurde Kanteneinzug vorwiegend unter idealisierten Bedingungen erforscht, d. h. ohne realistische Stanzgitterbedingungen. In einem Ansatz von LUO ET AL. wurde erstmals Kanteneinzug als eine Folge von oberflächennahen Zugspannungen und eine Beeinflussung durch das Stanzgitter beschrieben, vgl. Kapitel 2.1.5 [LUO17]. Die vorhandenen Erkenntnisse zur Entstehung von Kanteneinzug sind nicht ausreichend für die Beschreibung der Entstehung von Kanteneinzug unter den Voraussetzungen in einem Stanzgitter mit variabler Blechsteifigkeit und Stegbreiten.

Die Entstehung von Kanteneinzug ist auf die konträren Ursache-Wirkung-Zusammenhänge des Druckspannungszustands in der Scherzone und von oberflächennahen Zugspannungen zurückzuführen, wie die experimentellen Versuche in Kapitel 4.1 nahelegen. Während Druckspannungen durch die Prozesskräfte und Werkzeugfeatures in der Scherzone induziert werden, entstehen oberflächennahe Zugspannungen durch das Biegen über die Schneidkanten zu Beginn des Schneidvorgangs. Die Entstehung von Kanteneinzug wurde mithilfe der Finite-Elemente-Methode (FEM) anhand des Spannungs-Dehnungs-Zustands in der Scherzone analysiert. Dazu wurde ein Modell aufgebaut und der Spannungs-Dehnungs-Zustand mit der Visioplastizität experimentell validiert. Für die Experimente wurde die Analogiegeometrie aus Kapitel 4.1 verwendet. Anschließend wurde die Schnittliniengeometrie variiert und die Entstehung des Kanteneinzugs anhand des Spannungs-Dehnungs-Zustands analysiert.

4.2.1 Entwicklung eines Finite-Elemente-Modells zur Analyse der Entstehung von Kanteneinzug

Development of a finite element model for the analysis of die roll formation

Zur Erklärung der Entstehung von Kanteneinzug wurde ein FE-Modell in der Simulationssoftware FORGE NXT 2.1 aufgebaut. Das FE-Modell wurde basierend auf dem Feinschneidwerkzeug in Kapitel 4.1.1 (Abbildung 4.2) entwickelt, mit dem der Spannungs-Dehnungs-Zustand in der Scherzone und an der Blechoberfläche analysiert wurde. Zur Minderung des Rechenaufwands wurde die Symmetrieebene der Schnittliniengeometrie ausgenutzt und nur eine Kavität simuliert, Abbildung 4.5a. Die Aktivelemente wurden starr modelliert. An der Matrize wurde eine 0,6 × 30°-Fase angebracht. Der Schneidspalt u betrug 30 µm.

Die Scherzone in der Nähe der Schnittlinie wurde mit einer mittleren Kantenlänge von 0,35 mm fein vernetzt, Abbildung 4.5b. Die Vernetzung wurde in einer Sensitivitätsstudie spezifiziert, sodass der Kanteneinzug konvergiert. Übereinstimmend mit dem Validierungsexperiment wurden eine Schneidgeschwindigkeit v_s von 50 mm·s^{-1}, eine Niederhalterkraft F_{NH} von 470 kN und eine Gegenhalterkraft F_{GH} von 370 kN festgelegt. Die angenommenen Kräfte wurden aufgrund der Vereinfachung des FE-Modells geviertelt.

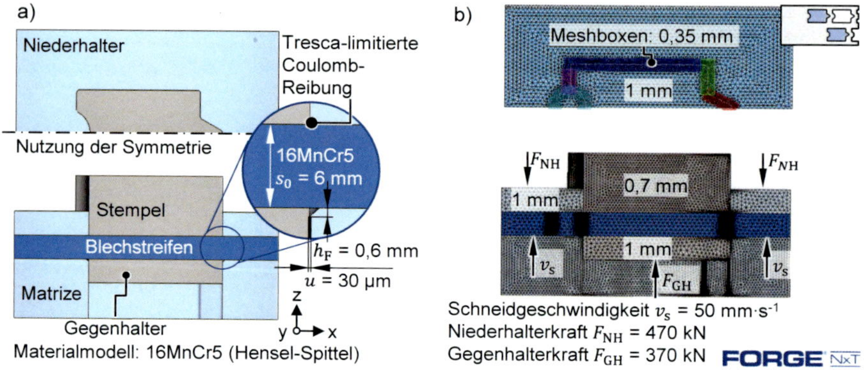

Abbildung 4.5: FE-Modell zur Spannungsanalyse bei der Ausbildung von Kanteneinzug (a) mit Diskretisierung und Kinematik (b)

FE-model for tensile stress anlaysis during die roll formation (a) with discretization and kinematics (b)

Der Blechwerkstoff 16MnCr5 im GKZ-geglühten Zustand mit einer Blechdicke s_0 von 6 mm wurde mithilfe von Hensel-Spittel-Fließkurven elastisch-plastisch modelliert. Die Fließkurven wurden in Zylinderstauchversuchen mit dem Prüfgerät DIL805A/D bei den Temperaturen T = {25; 300; 400} °C und bei den Dehnraten $\dot{\varphi}$ = {1; 5; 10} s^{-1} ermittelt. Die Stauchproben wurden drahterodiert mit einem Durchmesser von 4 mm und einer Länge von 6 mm. Als Schmierstoff wurde Kupferpaste mit Molybdänsulfid verwendet. In Abbildung 4.6 sind die gefitteten Hensel-Spittel-Fließkurven abgebildet.

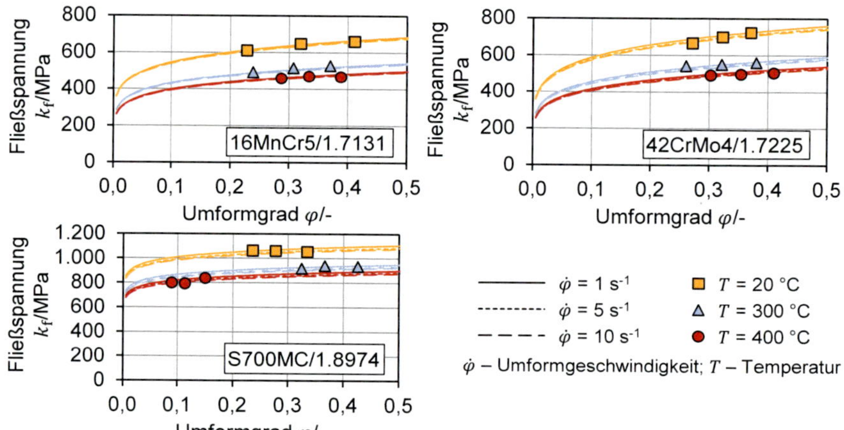

Abbildung 4.6: Hensel-Spittel-Fließkurven für variable Temperaturen und Dehnraten durch Zylinderstauchversuche

Flow curves for variable temperature and strain rates by upsetting tests

Für das Hensel-Spittel-Fließkurvenmodell wurden die Parameter zur Berechnung der Fließspannung k_f [N·mm^{-2}] gefittet [HENS78]:

$$k_\mathrm{f} = A \cdot e^{c_1 \cdot T} \cdot \varphi^{c_2} \cdot \dot{\varphi}^{c_3} \cdot e^{\frac{c_4}{\varphi}} \tag{4.1}$$

Die Hensel-Spittel-Parameter sind in Tabelle 4.2 aufgeführt. Die elastischen und physikalischen Werkstoffparameter wurden gemäß Tabelle 4.3 nach [SPRI20] festgelegt.

Tabelle 4.2: Hensel-Spittel-Parameter für die untersuchten Blechwerkstoffe
Hensel-Spittel parameters for investigated sheet metals

Parameter	Einheit	16MnCr5/1.7131	42CrMo4/1.7225	S700MC/1.8974
A	MPa	964	1.109	1.351
c_1	K^{-1}	-8,32·10^{-4}	-9,07·10^{-4}	-5,46·10^{-4}
c_2	-	1,408·10^{-1}	1,613·10^{-1}	5,69·10^{-2}
c_3	-	-5,8·10^{-3}	-1,13·10^{-2}	-1,16·10^{-2}
c_4	-	4,85·10^{-5}	5,16·10^{-5}	1,69·10^{-5}

Tabelle 4.3: Physikalische und thermische Werkstoffparameter für Stahl [SPRI20]
Physical and thermal material parameters for steel [SPRI20]

Parameter	Einheit	Wert
Dichte ρ	g·cm^{-3}	7,85
Elastizitätsmodul E	GPa	210
Poissonzahl ν	-	0,30
Spezifische Wärmekapazität c_p	J·(kg·K)$^{-1}$	778
Thermische Konduktivität λ	W·(m·K)$^{-1}$	35,5
Emissivität ε_T	-	0,88

Die Kontaktbedingungen wurden mit dem Tresca-limitierten Coulomb-Reibmodell modelliert und anhand von Literaturdaten kalibriert [MANO11, S. 71–72]. Für die Coulomb-Reibung wurde ein Reibwert μ = 0,1 für Stahl-Stahl-Kontakt mit Öl angenommen [MÜLL15]. Als Reibfaktor wurde der Wert m = 0,2 verwendet [DOEG07].

4.2.2 Validierung des Spannungszustands mittels Visioplastizität

Validation of the stress state using visioplasticity

Für die FE-Analyse des Kanteneinzugs beim Feinschneiden wurde das FE-Modell mittels Visioplastizität und der Kanteneinzughöhe validiert. In der FEM wird der Spannungszustand aus der Steifigkeitsmatrix und den Dehnungen berechnet. Dehnungen sind mithilfe der Visioplastizität direkt messbar.

Vorgehensweise des Validierungsversuchs und Auswertemethodik

Die Visioplastizitätsanalyse der wahren Dehnung wurde in Symmetrieebenen der Analogie-Schnittliniengeometrie durchgeführt. Dazu wurden Blechproben aus 16MnCr5 mit einer Blechdicke s_0 von 6 mm in einer Symmetrieebene aufgetrennt (Abbildung 4.7a), auf den Schnittflächen wurde ein Messraster aus Kreisen mittels Lasermarkierer aufgetragen (Abbildung 4.7b). Anschließend wurde der Stoß an den Enden durch

Schweißen geheftet und die Schweißstellen wurden durch Schleifen manuell nachbearbeitet (Abbildung 4.7c).

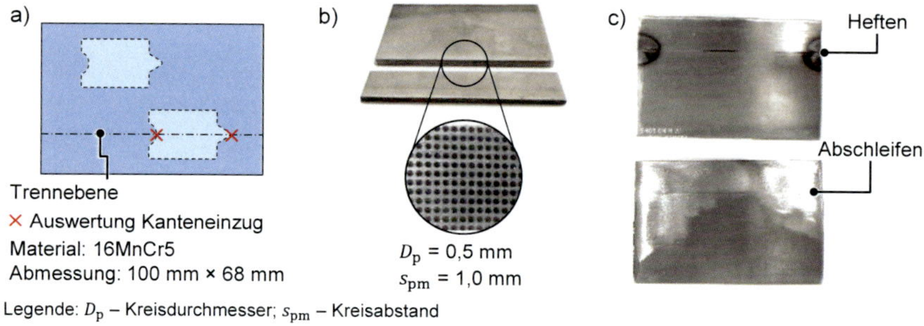

Abbildung 4.7: Vorbereitung von Proben für Visioplastizitätsanalyse mit Auswertungsebenen (a), lasererzeugtes Messraster (b) und Zusammenschweißen der Proben (c)

Preparation of specimens for visioplasticity analysis showing analysis plane (a), laser-application of measurement grid (b) and welding of specimens (c)

Eine Trennebene lag in der Symmetrieebene des Schnittteils und ging durch den Zenit des Verzahnungselements sowie durch die halbkreisförmige Nut. Die Ebene wurde ausgewählt, weil am Verzahnungselement und in der Nut der größte Kanteneinzug vorliegt und somit die meisten Dehnungen zu erwarten waren. Als Messraster wurden gefüllte Kreise mit einem Durchmesser D_p und einem Kreisabstand s_{pm} mittels eines Lasermarkierers erzeugt. Nach dem Validierungsexperiment wurden die Proben an der Heftung aufgetrennt. Das Messraster wurde mit dem Messsystem GOM ARGUS fotografiert und gemäß der Methode in Abbildung 4.8a ausgewertet.

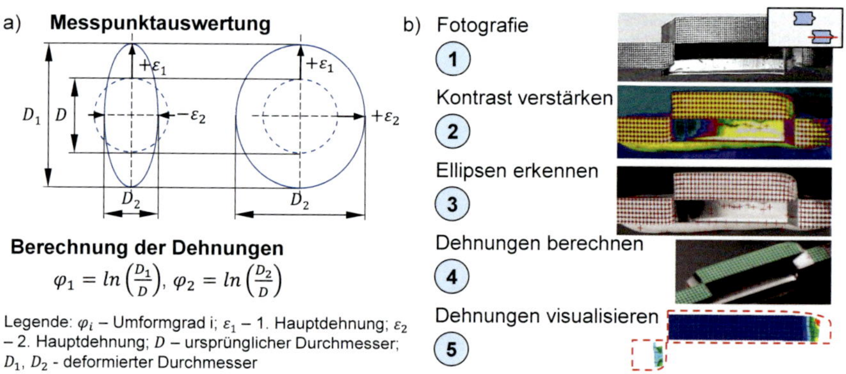

Abbildung 4.8: Methode zur Dehnungsanalyse mit Punktrastern (a) und Anwendung der Visioplastizitätsanalyse mit GOM Argus nach [BAPT17] zur Validierung (b)

Method for strain analysis using dot pattern (a) and application of visioplasticityanalysis for model validation using GOM Argus software (b)

Die Vorgehensweise zur Analyse des Messrasters nach dem Schneidvorgang ist in Abbildung 4.8b dargestellt. Aufgrund von Fotoaufnahmen aus unterschiedlichen Perspektiven (1) wurde die Trennebene virtuell erfasst. Mit einer Kontrastanalyse wurden zunächst die Messpunkte identifiziert (2) und anschließend die Ellipsen vermessen (3). Aus der Ellipsenform wurden Dehnungen berechnet (4) und als Falschfarbenbild dargestellt (5).

Validierung des Spannungszustands

Die Dehnungen wurden in den beiden Schnittebenen entlang von Messpfaden gemessen und mit der FE-Simulation verglichen, Abbildung 4.9a. Die wahre Dehnung wurde entlang des Messpfads aufgetragen, Abbildung 4.9b-c.

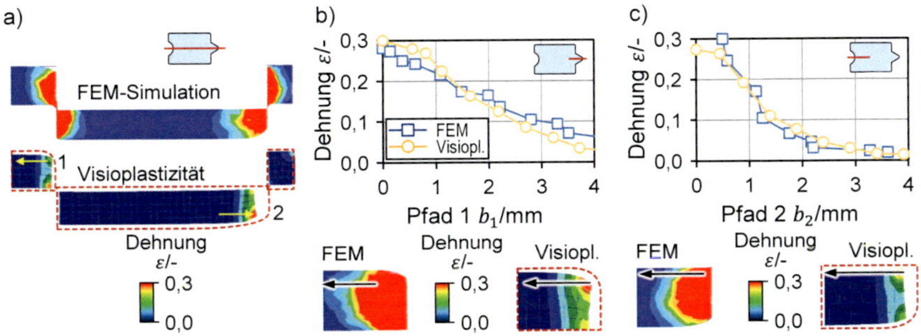

Abbildung 4.9: Validierung der Simulation mit Dehnungsmessung (a) entlang von Messpfaden Pfad 1 (b) und Pfad 2 (c)

Validation with strain measurements (a) along path 1 (b) and path 2 (c)

Nahe der Schnittfläche waren die Dehnungen sehr hoch und die Ellipsen stark deformiert, sodass sie nicht mehr auswertbar waren. Die Pfade wurden daher in Bereichen messbarer Dehnungen mit einem entsprechenden Abstand von der Schnittfläche definiert. Die relativen Abweichungen der simulativ ermittelten wahren Dehnung ε von der gemessenen Dehnung betrugen 2,7 % (Pfad 1, b) bzw. 2,6 % (Pfad 2, c).

Validierung des Kanteneinzugs

Zusätzlich wurde eine Validierung anhand des Kanteneinzugs vorgenommen. Mit einem 3D-Sensor vom Typ GOM ATOS wurde ein Schnittteil digitalisiert und in ein virtuelles STL-Format überführt. In der Software GOM INSPECT wurden sowohl die gemessenen als auch die simulierten Oberflächen als STL-Format analysiert. Das Kanteneinzugprofil wurde in definierten Profilschnitten für Simulation und Experiment ermittelt, Abbildung 4.10. Als Kriterium für den Beginn und das Ende des Kanteneinzugs im Profilschnitt wurde eine Abweichung von 5° von der Plan- bzw. Mantelfläche definiert. Als Ergebnis wurden die Kanteneinzughöhe h_E und Kanteneinzugbreite b_E verglichen.

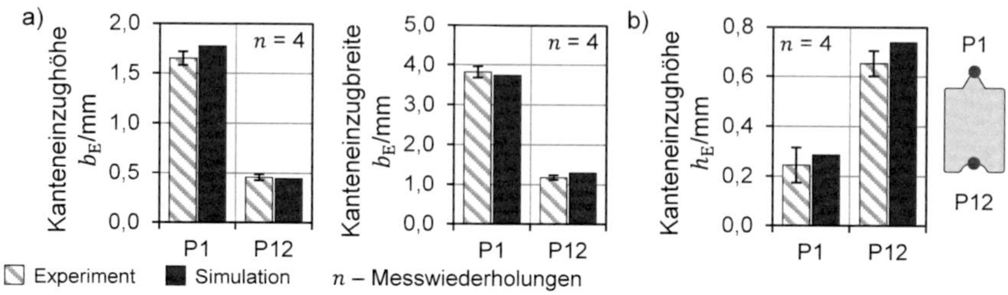

Abbildung 4.10: Validierung des simulierten Kanteneinzugs mit experimentellen Messungen an Schnittteil (a) und Stanzgitter (b)

Validation of simulated die roll with experimental data on workpiece (a) and scrap web (b)

Der Kanteneinzug wurde sowohl am Schnittteil (Abbildung 4.10a) als auch am Stanzgitter ausgewertet (Abbildung 4.10b). Aus vier Messungen an experimentellen Schnittteilen wurde ein Mittelwert gebildet. Die Abweichung des Kanteneinzugs zwischen den Experimenten und Simulationen betrug durchschnittlich 0,05 mm.

Die Abweichungen der Dehnungen zwischen der FE-Simulation und dem Experiment lagen im Bereich 2,2–5,0 %. Die Abweichungen des Kanteneinzugs von durchschnittlich 0,05 mm lagen innerhalb der Messgenauigkeit der experimentellen Messmethode. Das FE-Modell wurde damit für die Spannungsanalyse validiert.

4.2.3 Analyse des Spannungszustands in der Scherzone und im Kanteneinzugbereich

Analysis of the stress state in the shear zone and the die roll area

Das Modell mit validierten Dehnungen und Kanteneinzug aus den Kapiteln 4.2.1 und 4.2.2 wurde für die Variation von Werkstoffen und der Schnittliniengeometrie verwendet. Ein Geometrieelement wurde dafür über den Eckenwinkel und den Radius definiert. Im Folgenden wird die Hypothese untersucht, dass oberflächennahe Zugspannungen für die Entstehung von Kanteneinzug verantwortlich sind, während Druckspannungen in der Scherzone der Ausbildung des Kanteneinzugs entgegenwirken und eine Klemmkraft mit dem Schneidstempel aufgrund von elastischer Rückfederung erzeugen. Der simulierte Spannungszustand wurde anhand der Triaxialität und des Lodewinkelparameters zusammen mit der von Mises-Vergleichsspannung interpretiert.

Methodik der Spannungsanalyse

Zur Erklärung der Entstehung des Kanteneinzugs beim Feinschneiden wurde der Spannungszustand anhand der Spannungstriaxialität und des Lodewinkelparameters ermittelt und analysiert. Damit wurden Druck- und Zugspannungen in der FE-Simulation sichtbar gemacht, siehe Abbildung 4.11. Plastisches Fließen wurde mit der von Mises-Vergleichsspannung ausgewertet.

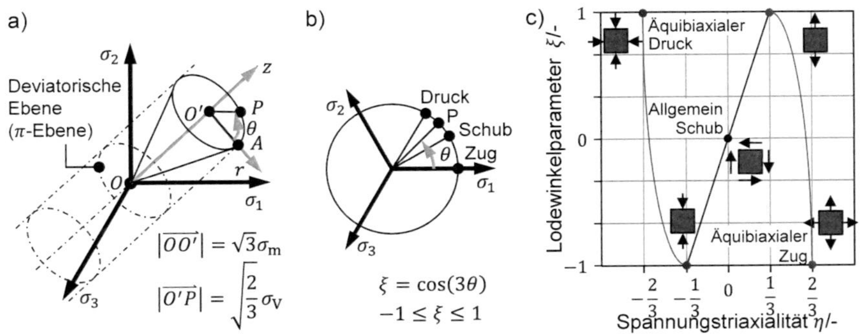

Abbildung 4.11: Interpretation des Spannungszustands anhand des Lodewinkelparameters und der Spannungstriaxialität nach [MOHR15]: Spannung im Haigh-Westergaard-Raum (a), Lodewinkel (b) und Interpretation der Spannung (c)

Interpretation of the stress state using lode angle parameter and triaxiality: stress in Haigh-Westergaard space (a), Lode angle (b) and stress state (c)

Die Darstellung des Spannungsvektors im Haigh-Westergaard-Raum in Abbildung 4.11a veranschaulicht den hydrostatischen und deviatorischen Spannungsanteil, vgl. Kapitel 2.1.1. Die Projektion in der π-Ebene in Abbildung 4.11b ermöglicht den Rückschluss auf das Vorliegen von Zug-, Scher- oder Druckspannungen anhand des Lodewinkels, aus dem der Lodewinkelparameter berechnet wird. Mit einer zusammenhängenden Betrachtung des Lodewinkelparameters mit der Spannungstriaxialität in Abbildung 4.11c wurde eine detaillierte Bewertung des Spannungszustands vorgenommen.

Simulationsmodell und Vorgehensweise

Das Materialmodell, die Kontaktmodellierung und die Vernetzungsparameter wurden aus dem validen FE-Modell aus Kapitel 4.2.2 übernommen. Für die Untersuchung der Einflüsse von Werkstoff, Spitzenradius, Eckenwinkel und Werkstoff auf den Kanteneinzug wurden Geometrieelemente isoliert modelliert, siehe Abbildung 4.12a. Die Geometrieelemente wurden durch den Radius r und den Eckenwinkel α definiert. Mit dem Radius und dem Eckenwinkel war das lokale Verhältnis der Fläche innerhalb zur Fläche außerhalb der Schnittlinie bestimmt. Über die Fläche innerhalb der Schnittlinie wird gemäß der Hypothese, dass Kanteneinzug durch oberflächennahe Zugspannungen gebildet wird, der Spannungszustand im Kanteneinzugbereich beeinflusst. Benachbarte Schneidkanten nehmen somit gegenseitigen Einfluss auf Zugspannungen an der Oberfläche. Abbildung 4.12b zeigt das aus dem validierten Simulationsmodell abgeleitete Modell zur Variation des Radius und Eckenwinkels von Geometrieelementen.

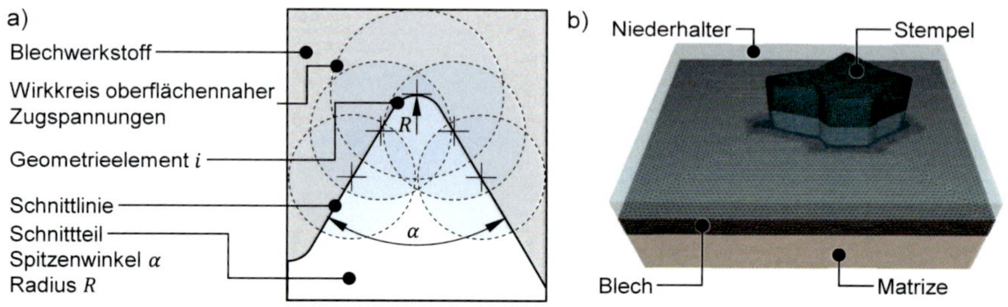

Abbildung 4.12: Hypothese von überlagerten oberflächennahen Zugspannungen an einem Geometrieelement (a) und FE-Modell zur systematischen Variation (b)

Hypothesis of superimposed superficial tensile stresses on a geometry element (a) and FE-model for systematic variation (b)

Der Schneidwiderstand und damit der Spannungszustand in der Scherzone wurde mit den Werkstoffen 16MnCr5, 42CrMo4 und S700MC variiert, die das Spektrum der Festigkeiten von Feinschneidwerkstoffen bis hin zu hochfesten Werkstoffen abdecken. Die Prozesskräfte wurden anhand der Flächenpressung von $\sigma_{\mathrm{n,NH}}$ = 85 MPa für den Niederhalter und $\sigma_{\mathrm{n,GH}}$ = 270 MPa für den Gegenhalter im Validierungsversuch über die Pressflächen skaliert und in einer weiteren Parametervariation variiert. Die Prozesskräfte wurden gemäß den Experimenten so eingestellt, dass die Schnittteile eine glatte Schnittfläche aufwiesen und eben waren. Die Parameter der Simulation wurden entsprechend dem Simulationsplan in Tabelle 4.4 vollfaktoriell kombiniert.

Tabelle 4.4: Simulationsplan für die Spannungsanalyse im Kanteneinzugbereich

Simulation parameters for stress analysis in die roll area

Parameter	Symbol	Einheit	Wert
Konvexer Spitzenradius	r	mm	0,5; 1,2; 2,0
Eckenwinkel	α	°	30; 60; 90; 180
Kontaktnormalspannung (NH/GH)	σ_{N}	MPa	50/100; 100/250; 200/400
Werkstoff	-	-	16MnCr5; 42CrMo4; S700MC

Der Spannungstensor im Schnitt durch die Geometrieelemente wurde in Zusammenhang mit der Entstehung des Kanteneinzugs analysiert und in Abbildung 4.13b dargestellt. Nach 33 % Schneidweg war der Kanteneinzug nahezu vollständig ausgeprägt. Somit ist der Spannungszustand auf den vollständig ausgebildeten Kanteneinzug bezogen. Der Spannungszustand der Analogiegeometrie in Abbildung 4.13a wurde in Abbildung 4.13b mithilfe der Triaxialität, des Lodewinkelparameters und der von Mises-Vergleichsspannung dargestellt. Die Auswertung des Spannungszustands wird an dem Beispiel erläutert.

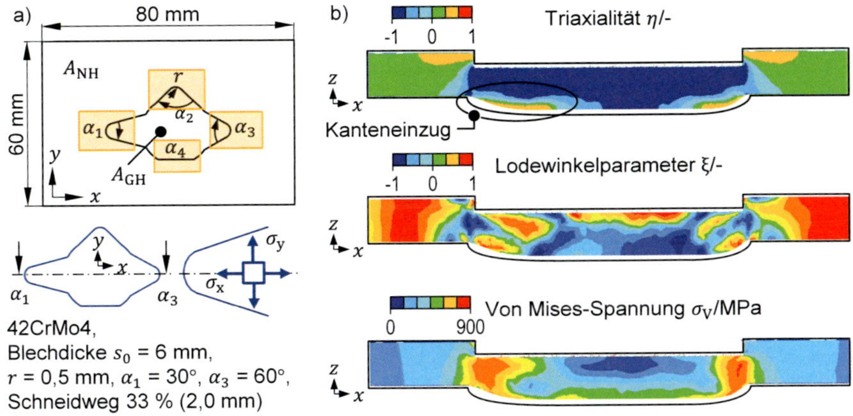

Legende: r – Spitzenradius; α_i – Eckenwinkel; A_{NH} – Fläche Niederhalter; A_{GH} – Fläche Gegenhalter

Abbildung 4.13: Schnittliniengeometrie zur Variation von Geometrieelementen (a) und Spannungsanalyse in der Schnittansicht (b) bei 33 % Schneidweg

Cutting line geometry for variation of geometry elements (a) and stress analysis in cross section (b) at 33 % shearing

In der Scherzone lag ein dreiachsiger Druckspannungszustand vor (η < -2/3 und ξ < -1). Der Druckspannungszustand war jedoch am Winkel α_3 etwas geringer ausgeprägt als am Winkel α_1 und ging etwas mehr zu einer Scherspannung über. Ein großer lokaler Flächenanteil im Stanzgitter (kleiner Spitzenradius und Eckenwinkel) begünstigte demnach Druckspannungen in der Scherzone. Im Bereich des Kanteneinzugs am Schnittteil lag an der Oberfläche eine ebene Zugspannung vor (η ≈ 2/3 und ξ > 1/3), die nah an der Scherzone verstärkt axial und weiter von der Scherzone eher gleichmäßig biaxial wirkte. Bei einem kleinen Winkel erstreckten sich die oberflächennahen Zugspannungen weiter in das Schnittteil hinein. Die von Mises-Vergleichsspannung σ_V ist geeignet, um zu bewerten, ob die Fließbedingung erfüllt ist. In der Scherzone sowie im Kanteneinzugbereich war die Vergleichsspannung im Bereich der Fließspannung. Ein größerer Eckenwinkel sorgte für eine höhere Spannungskonzentration in der Scherzone, während Druckspannungen bei einem kleinen Eckenwinkel weiter in das Schnittteil hineinragten. Weit erstreckte Druckspannungen lassen erwarten, dass die elastische Rückfederung der Schnittfläche und der Kanteneinzug bei konvexen Geometrien verstärkt ist gegenüber konkaven Geometrien.

Auswertung des Kanteneinzugs

Für die Versuchsmatrix in Tabelle 4.4 wurde der Kanteneinzug ausgewertet. Für Anfang und Ende des Kanteneinzugs wurde eine Abweichung der Tangente an die Kontur von 5° von der Stirnfläche bzw. von der Schnittfläche definiert. Kanteneinzughöhe h_E und -breite b_E sind in einem Multi-Vari-Bild in Abbildung 4.14 dargestellt.

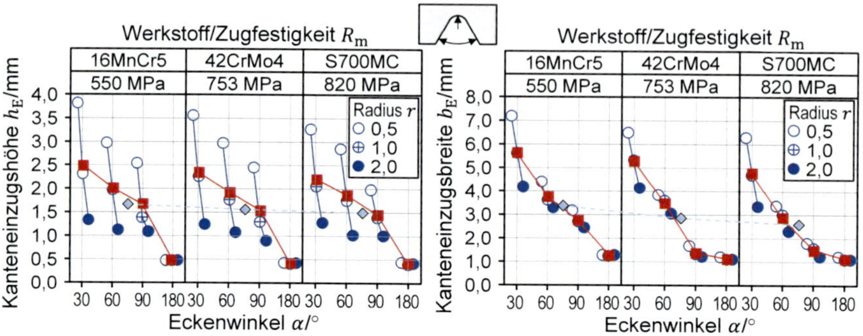

Abbildung 4.14: Multi-Vari-Bild von Wechselwirkungen des Kanteneinzugs mit Werkstoff, Radius und Eckenwinkel

Multi-vari chart of die roll interactions with material, convexity radius and tip angle

Der Kanteneinzug sank für erhöhte Zugfestigkeit, Radius und Eckenwinkel. Dieser Zusammenhang galt sowohl für die Kanteneinzughöhe h_E als auch für die Kanteneinzugbreite b_E. Der Einfluss des Radius war bezogen auf die Kanteneinzugbreite geringer als bei der Kanteneinzughöhe. Der Einfluss des Eckenwinkels auf die Kanteneinzugbreite war hingegen größer. Der Werkstoffeinfluss war vergleichsweise gering. Werkstoffe mit höherer Festigkeit und höherem Schneidwiderstand wiesen einen etwas geringeren Kanteneinzug auf. Diese Beobachtung war konsistent für alle Parameter. Der Kanteneinzug wird besonders durch einen kleinen Radius und Eckenwinkel begünstigt. Ein kleiner Radius r und Eckenwinkel α begünstigen größeren Kanteneinzug. Zur Erklärung der Beobachtungen wurde der Ansatz von LUO ET AL. verwendet, wonach Kanteneinzug vom lokalen Flächenverhältnis inner- und außerhalb der Schnittlinie eines Geometrieelements bestimmt wird [LUO17]. Bei einem kleineren Radius r und Eckenwinkel α vergrößert sich der lokale Anteil der Fläche, die außerhalb des Schnittteils liegt, sodass in der Stanzgitter-Einflusszone höhere Zugspannungen vom Stanzgitter auf das Schnittteil wirken. Dadurch steigt der Kanteneinzug am Schnittteil.

Die Einflüsse von dem Radius, dem Eckenwinkel, der Zugfestigkeit und den Prozesskräften auf den Spannungszustand in der Scherzone und im Kanteneinzugbereich wurden systematisch analysiert. Dazu wurden die Triaxialität, der Lodewinkelparameter und die von Mises-Vergleichsspannung für einen Auswertepfad entlang der Scherzone und entlang des Kanteneinzugs ausgehend von der Scherzone ausgewertet und jeweils in einem Diagramm aufgetragen.

Einfluss des Spitzenradius eines Geometrieelements auf den Kanteneinzug

Der Spannungszustand wurde mittels Triaxialität, Lodewinkelparameter und Vergleichsspannung interpretiert. In Abbildung 4.15 sind die Werte für variable Radien bei einem Winkel α = 60°, den Werkstoff 42CrMo4 und den Kontaktnormalspannungen am Gegenhalter $\sigma_{n,GH}$ = 250 MPa und am Niederhalter $\sigma_{n,NH}$ = 100 MPa dargestellt.

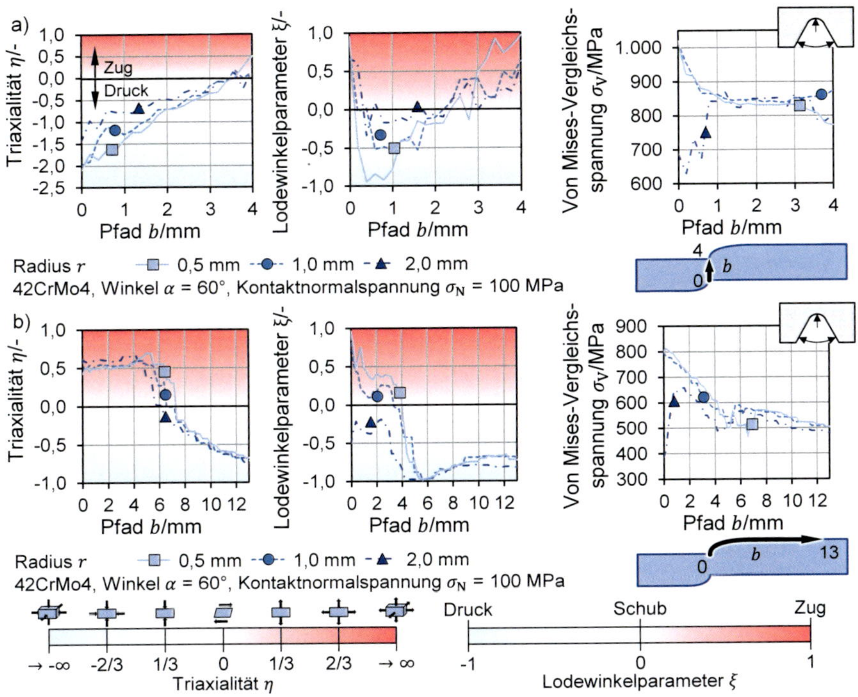

Abbildung 4.15: Spannungszustand in der Scherzone (a) und Kanteneinzugbereich (b) von 42CrMo4 und Winkel 60° mit variablem Radius bei 33 % Schneidweg

Stress state in shearing (a) and die roll zone (b) with 42CrMo4 and angle 60° for varying radius at 33 % shearing

An der Schneidkante des Schneidstempels wirkte eine in hohem Maße hydrostatische Druckspannung, die kurz darüber besonders bei kleinem Radius starke axiale Anteile aufwies. Über die Breite der Scherzone bis zum Übergang zum Kanteneinzug änderte sich der Spannungszustand gleichmäßig von einem mehrachsigen Druckspannungszustand zu einem einachsigen Zugspannungszustand. Bei einem kleinen Radius war der Gradient des Spannungszustands stärker ausgeprägt, während bei einem größeren Radius ein gleichmäßigerer Spannungszustand vorlag. Die Vergleichsspannung lag im Bereich der Fließspannung, da der Werkstoff in der Scherzone plastisch umgeformt wird. Die oberflächennahen Spannungen am Kanteneinzug überwogen axial am Übergang zur Scherzone und wurden im Verlauf äqui-biaxial. Ein großer Radius und somit ein größerer Abstand der Schenkel des Geometrieelements begünstigte einen äqui-biaxialen Zugspannungszustand. Der Zugspannungszustand lag über die Kanteneinzugbreite vor und änderte sich im Kontaktbereich mit dem Niederhalter zu einem Druckspannungszustand. Das Fließkriterium wurde an der Schneidkante erfüllt und die Vergleichsspannung an der Oberfläche nahm über die Kanteneinzugbreite nahezu linear ab. Durch die Druckspannungen des Niederhalters stieg die Vergleichsspannung am Kontaktpunkt wieder etwas an.

Einfluss des Eckenwinkels eines Geometrieelements auf den Kanteneinzug

Abbildung 4.16 zeigt den Spannungszustand für variable Eckenwinkel bei einem Radius r von 1,0 mm, Werkstoff 42CrMo4 und den Kontaktnormalspannungen am Gegenhalter $\sigma_{n,GH}$ = 250 MPa und am Niederhalter $\sigma_{n,NH}$ = 100 MPa.

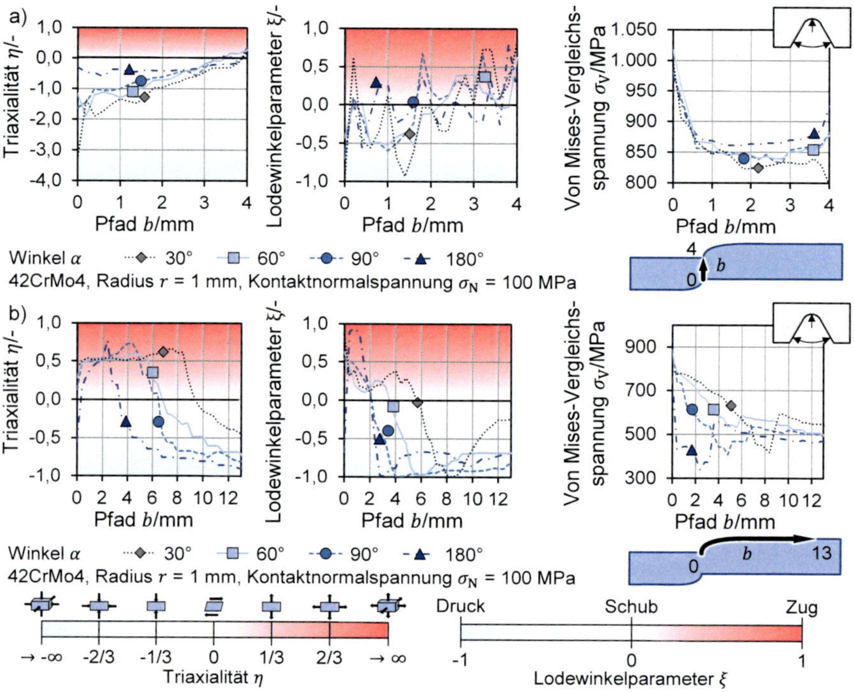

Abbildung 4.16: Spannungszustand in der Scherzone (a) und Kanteneinzugbereich (b) von 42CrMo4 und Radius 1,0 mm und variablem Eckenwinkel bei 33 % Schneidweg

Stress state in shearing (a) and die roll zone (b) for 42CrMo4 and tip radius 1.0 mm for varying angles at 33 % shearing

Die Auswertung nach unterschiedlichen Eckenwinkeln erfolgte analog zur Auswertung des Spannungszustands mit variablem Radius. Mit kleiner werdendem Eckenwinkel stieg der hydrostatische Druckspannungszustand auf der dem Kanteneinzug gegenüberliegenden Seite an und änderte sich bis zum Übergang zum Kanteneinzug einem einachsigen Zugspannungszustand an. Bei größeren Eckenwinkeln bis zum Extremfall mit 180° überwogen hingegen Scherspannungen. Über den Pfad entlang des Kanteneinzugs lagen zunächst überwiegend einachsige Zugspannungen vor, die mit größerem Abstand von der Scherzone zu zweiachsigen Zugspannungen wurden. Bei kleinen

Winkeln dominierten einachsige Zugspannungen. Die Kanteneinzugbreite wurde stark vom Eckenwinkel beeinflusst. Die Effekte in Abhängigkeit vom Eckenwinkel werden ähnlich wie beim Radius durch den Abstand der Schenkel des Geometrieelements erklärt, da die Wirkradien von oberflächennahen Zugspannungen und der Spannungen in der Scherzone bei einem kleinen Abstand überlappen. Dadurch liegt eine Lokalkonzentration von Spannungen vor.

Einfluss des Blechwerkstoffs auf den Kanteneinzug

In der folgenden Abbildung 4.17 ist der Einfluss des Werkstoffs auf den Spannungszustand bei einem Radius r = 1,0 mm und Eckenwinkel α = 60° dargestellt.

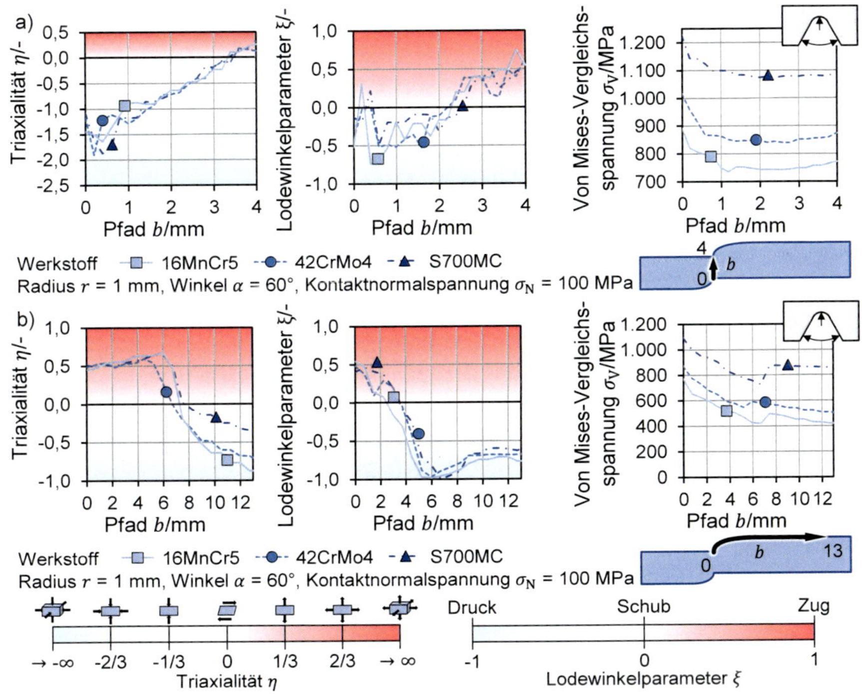

Abbildung 4.17: Spannungszustand in der Scherzone (a) und Kanteneinzugbereich (b) für den Spitzenradius 1,0 mm und Eckenwinkel 60° mit variablen Werkstoffen bei 33 % Schneidweg

Stress state in shearing (a) and die roll zone (b) for tip radius 1.0 mm, angle 60° and varying materials at 33 % shearing

Der Spannungszustand in der Scherzone war unabhängig vom Werkstoff von hydrostatischem Druck bis zu einachsigem Zug am Übergang zum Kanteneinzug. Aufgrund der unterschiedlichen Fließkurven war jedoch die Vergleichsspannung für den festeren Werkstoff S700MC erwartungsgemäß deutlich höher. Auch die Zugspannungen an der Oberfläche, dargestellt durch die Vergleichsspannung, hingen mit der Fließspannung des Werkstoffs zusammen. Die Kanteneinzugbreite war für den Werkstoff 42CrMo4 etwas geringer als bei den anderen beiden Werkstoffen, was am Verlauf der Triaxialität und an dem leicht frühzeitiger auftretenden Sprung in der Vergleichsspannung sichtbar wurde. Aus den für die Simulation verwendeten Fließkurven in Abbildung 4.6 ist ersichtlich, dass der Werkstoff 42CrMo4 eine geringere kinematische Verfestigung hatte als die anderen beiden Werkstoffe. Daraus wird die Schlussfolgerung gezogen, dass eine geringere Verfestigung zu geringeren oberflächennahen Zugspannungen und damit zu einem geringeren Kanteneinzug führt.

Einfluss der Prozesskräfte auf den Kanteneinzug

Der Spannungszustand wird prozessseitig von den Prozesskräften beeinflusst, die eine Kontaktnormalspannung auf der Blechoberfläche hervorrufen. Der Einfluss der Kontaktnormalspannung auf den Spannungszustand ist in Abbildung 4.18 abgebildet.

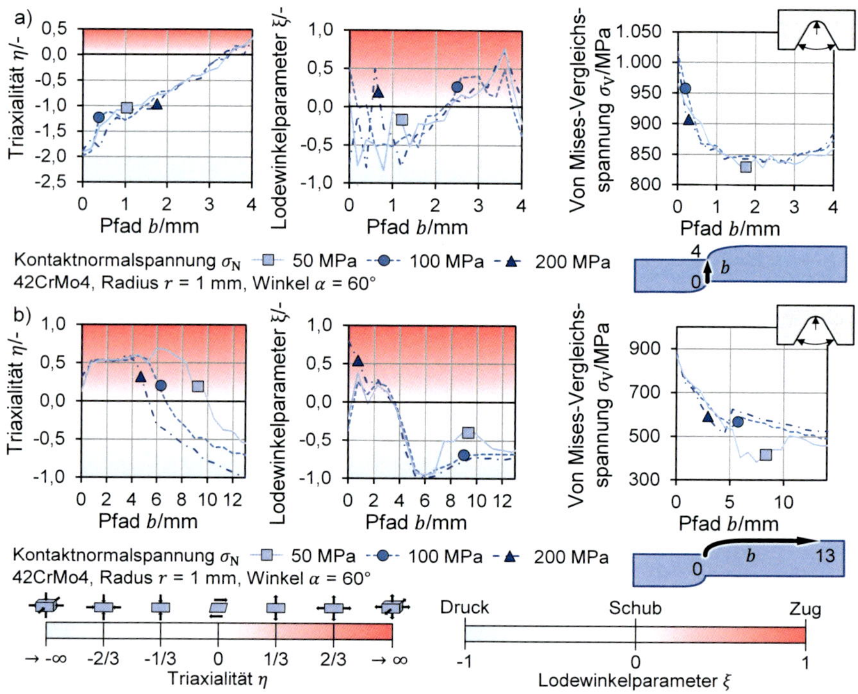

Abbildung 4.18: Spannungszustand in der Scherzone (a) und Kanteneinzugbereich (b) mit variablen Prozesskräften bei 33 % Schneidweg

Stress state in shearing (a) and die roll zone (b) for varying process forces at 33 % shearing

Die Prozesskräfte wirkten sich nicht signifikant auf den Spannungszustand in der Scherzone aus. Die Spannungstriaxialität und der deviatorische Anteil waren für die variierten Prozesskräfte unabhängig. Da die Vergleichsspannung die Fließspannung theoretisch nicht übersteigt, war auch die Vergleichsspannung in allen Variationen im Rahmen der numerischen Genauigkeit gleich. Allerdings war die Breite der Scherzone abhängig von den eingebrachten Druckspannungen, was sich auf den Kanteneinzug auswirkte, siehe Abbildung 4.19. Bei einem kleinen Geometrieelement mit einem geringen Aspektverhältnis bildete sich eine breite Scherzone mit hohen Druckspannungen aus sowie ausgeprägte oberflächennahe Zugspannungen (η > 1/3), während in der Scherzone Scherspannungen vorlagen ($\eta \approx 0$). Anhand der Triaxialität entlang des Pfades am Kanteneinzug sowie anhand der Vergleichsspannung in Abbildung 4.18 ist erkennbar, dass die Kanteneinzugbreite für zunehmende Prozesskräfte signifikant abnahm. Die Abnahme des Kanteneinzugs wird damit erklärt, dass die Scherzone durch höhere Prozesskräfte breiter wird und dadurch den oberflächennahen Zugspannungen am Kanteneinzug Druckspannungen entgegenstehen, die eine Ausbildung von Kanteneinzug behindern.

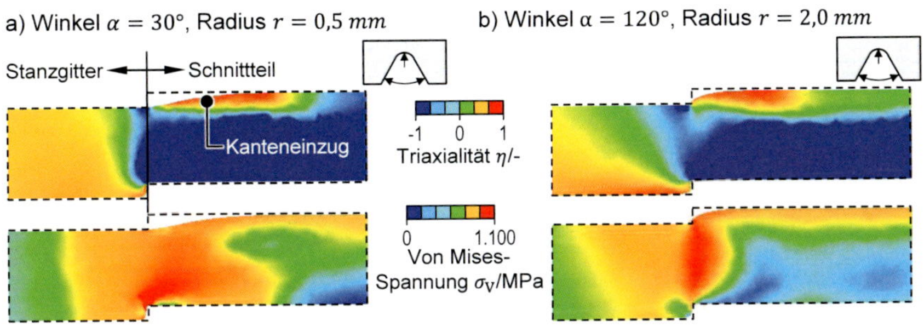

Abbildung 4.19: Scherzone und oberflächennahe Zugspannung für kleinen Eckenwinkel und Spitzenradius (a) sowie großen Eckenwinkel und Spitzenradius (b)

Shear zone and superficial tensile stress for small angle and tip radius (a) and large angle and tip radius (b)

Zusammenfassung

Die Beobachtungen zu den Spannungszuständen stimmten mit den Experimenten zum Kanteneinzug in Abbildung 4.14 überein. Die Analysen des Spannungszustands bezogen auf die Einflussgrößen Radius r, Eckenwinkel α, Werkstoff und prozesskraftbedingte Kontaktnormalspannung am Nieder- und Gegenhalter σ_N sind in Abbildung 4.20 zusammengefasst. Hohe und weitreichende Zugspannungen an der Oberfläche korrelieren mit einer großen Kanteneinzugbreite und -höhe. Bei filigranen Geometrieelementen mit einem kleinen Radius und kleinem Eckenwinkel überschnitten sich die Wirkkreise der Spannungen an den Schenkeln des Geometrieelements gemäß der Hypothese in Abbildung 4.12, sodass Kanteneinzug verstärkt wurde. Auf der Schnittfläche bildeten sich am Übergang zum Kanteneinzug Zugspannungen aus, während weitergeschnitten wird. Der Werkstoff und die Prozesskräfte beeinflussten die Spannungsart zentral in der Scherzone nicht signifikant. Hohe Prozesskräfte verursachten jedoch eine breitere Scherzone mit mehr Druckspannung, die der Ausbildung von Kanteneinzug entgegenwirkte. Der Spannungszustand am Pfad der Oberfläche des Kanteneinzugs war am Übergang zur Scherzone zweiachsig im Bereich von Zugspannungen. Da in dem Bereich die Vergleichsspannung der Zugfestigkeit entsprach (s. o.), fand in dem Bereich eine Oberflächenvergrößerung statt und es bildete sich Kanteneinzug. Außerdem korrelierten geringere Druckspannungen in der Scherzone mit weniger weitreichenden Zugspannungen im Kanteneinzugbereich. Druckspannungen im Kanteneinzugbereich entstanden durch den Kontakt mit dem Nieder- bzw. Gegenhalter. Die Ausdehnung von Zugspannungen sank mit höheren Prozesskräften, wodurch der Kanteneinzug vermindert wurde.

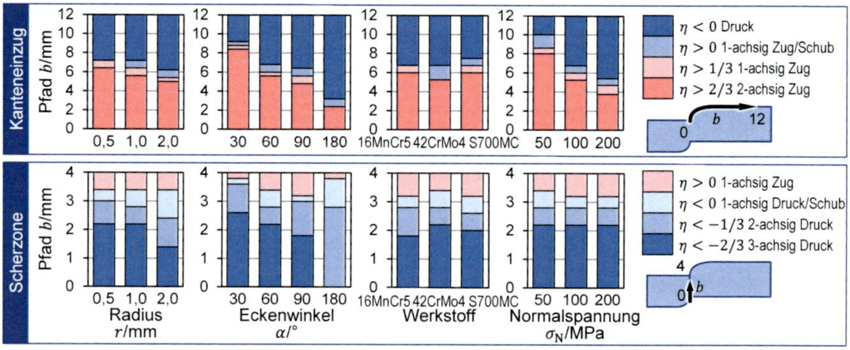

Abbildung 4.20: Übersicht der Spannungsarten an der Oberfläche des Kanteneinzugs und in der Scherzone mittels Triaxialität

Overview of stress states on the roll surface and in shear zone using triaxiality

4.3 Zwischenfazit

Intermediate conclusion

Kanteneinzug wird für die Analysen als eine Folge von oberflächennahen Zugspannungen aufgefasst. Druckspannungen in der Scherzone wirken hingegen dem Kanteneinzug entgegen. Dieser Zusammenhang beeinflusst die Schnittflächenmerkmale im Stanzgitter und somit die Wechselwirkungen zwischen dem Stanzgitter und dem Schneidstempel. In experimentellen Versuchen wurde beobachtet, dass Kanteneinzug bei schmaler **Stegbreite** anstieg, obwohl oberflächennahe Zugspannungen durch den schmalen Steg unterbrochen werden. Die geringere Steifigkeit des Stanzgitters sorgt jedoch auch für geringere Druckspannungen in der Scherzone, da schmale Stege sich vom Stempel abheben. Dadurch können über die schmale Fläche des Steges weniger Druckspannungen in die Scherzone eingebracht werden. Es besteht also ein Konflikt aus oberflächennahen Zugspannungen und Druckspannungen in der Scherzone.

In FE-Simulationen wurde der Spannungszustand für verschiedene Geometrieelemente, Werkstoffe und Prozesskräfte untersucht. Ein Geometrieelement wird dabei durch den Radius und den Eckenwinkel definiert.

Ein größerer **Radius** wirkt sich durch eine schärfer abgegrenzte und schmalere Scherzone mit vermehrten Scherspannungen aus. Bei einem kleinen Radius liegen hingegen Druckspannungen in einer in das Schnittteil ausgeweiteten Scherzone vor. Die oberflächennahen Zugspannungen sind bei einem kleinen Radius dominierend uniaxial, während bei größerem Radius eher äqui-biaxiale Zugspannungen an der Oberfläche wirken. Bei einem kleinen Radius nähern sich gegenüberliegende Schenkel eines Geometrieelements an und die Spannungsfelder überschneiden sich, wodurch Spannungen verstärkt werden. Als Folge steigt bei einem kleinen Radius der Kanteneinzug und steigt die Vergleichsspannung in der Scherzone.

Der **Eckenwinkel** wirkt sich ähnlich wie der Radius durch die Annäherung der Schenkel des Geometrieelements und der damit verbundenen Überschneidung von Spannungsfeldern aus. Ein kleiner Eckenwinkel resultiert somit in einem großen Kanteneinzug, hohen ausgeweiteten oberflächennahen Zugspannungen und einer hohen Vergleichsspannung in einer breiten Scherzone.

Der Spannungszustand in der Scherzone und am Kanteneinzug war im Rahmen der untersuchten Blechwerkstoffe 16MnCr5, 42CrMo4 und S700MC unabhängig vom **Blechwerkstoff**. Die Vergleichsspannung hängt allerdings von der Fließspannung ab, bei deren Überschreitung eine Umformung stattfindet. Es wurde jedoch beobachtet, dass eine geringe Verfestigung den Kanteneinzug reduziert. Der verminderte Kanteneinzug bei geringer Verfestigung wurde damit erklärt, dass Blechwerkstoff aus dem Bereich außerhalb des Kanteneinzugs, wo eine Kontaktnormalspannung wirkt, länger nachfließen kann.

Die **Prozesskräfte** haben keine signifikante Auswirkung auf die Spannungsart in der Scherzone. Die Scherzone wird jedoch breiter für höhere Kräfte, wodurch quantitativ eine höhere Druckspannung vorliegt. Druckspannungen behindern wiederum die Ausbildung von Kanteneinzug.

Druckspannungen in der Scherzone verursachen eine **elastische Rückfederung** der Schnittfläche, was zu einer Klemmkraft zwischen dem Stanzgitter und dem Schneidstempel führt. Bei Überlappung von Spannungsfeldern an Geometrieelementen mit benachbarten Schnittlinien, beispielsweise an gegenüberliegenden Schenkeln, wird somit einerseits Kanteneinzug als auch elastische Rückfederung begünstigt.

Damit wurde die **Forschungsfrage 1** beantwortet, wie die Entstehung der Schnittflächengeometrie in Form des Kanteneinzugs am Stanzgitter anhand von oberflächennahen Zugspannungen und Druckspannungen in der Scherzone erklärt werden kann. Filigrane, konvexe Geometrieelemente bilden hohe Druckspannungen in einer breiten Scherzone aus, was ein hohes Potenzial für elastische Rückfederung zur Verfügung stellt. Ausgedehnte oberflächennahe Zugspannungen entstehen durch eine wechselseitige Beeinflussung von benachbarten Schneidkanten an filigranen Geometrieelementen und verursachen so die Entstehung von verstärktem Kanteneinzug.

5 Wechselwirkungen zwischen Schneidstempel und Schnittfläche

Interactions between punch and sheared surface

Die Ergebnisse aus Kapitel 4 haben gezeigt, dass die Entstehung von Schnittflächenmerkmalen mit dem betrachteten Geometrieelement und den Prozesskräften zusammenhängen. Darauf aufbauend wurden in diesem Kapitel die Wechselwirkungen zwischen Schnittflächenmerkmalen auf der Seite des Stanzgitters mit dem Schneidstempel analysiert. Elastische Rückfederung der Schnittfläche am Stanzgitter erzeugt eine Klemmkraft und in der Relativbewegung eine Zugkraft im Schneidstempel. Beim Stempelwerkstoff Hartmetall kann das mechanische Belastungskollektiv im Schneidstempel als Folge der Abstreifkraft eine Überlastung der Zug- und Biegefestigkeit verursachen, was zu einem katastrophalen Bruch führt.

Im Folgenden wird die Hypothese untersucht, dass Klemmkraft infolge der elastischen Rückfederung zusammen mit den Schnittflächenmerkmalen des Stanzgitters zum Verkanten zwischen Schneidstempel und Stanzgitter führt. In Kapitel 5.1 wurde ein analytisches Modell der Klemm- und Abstreifkraft infolge der elastischen Rückfederung erstellt. Die Ergebnisse des Klemm- und Abstreifkraftmodells wurden in [BAER19] veröffentlicht. Der Einfluss von Schnittflächenmerkmalen auf das mechanische Belastungskollektiv im Schneidstempel unter Wirkung einer Abstreifkraft wurde in Kapitel 5.2 numerisch mittels der FEM untersucht. Die Ergebnisse aus dem Kapitel 5.2 wurden zum Teil in [BERG19] veröffentlicht.

5.1 Klemmkraft und Abstreifkraft aufgrund von elastischer Rückfederung

Clamping and stripping force due to elastic spring back

Durch den Druckspannungszustand in der Scherzone beim Feinschneiden unterliegt die Schnittfläche einer elastischen Rückfederung. Die elastische Rückfederung verursacht eine Klemmkraft und ist die Voraussetzung, damit Wechselwirkungen zwischen dem Stanzgitter und dem Schneidstempel in der Abstreifphase auftreten. Die Wechselwirkungen wurden an einer rotationssymmetrischen Scheibe mit Innenkontur untersucht. Durch die Kreisgeometrie wurden Geometrieeinflüsse vermieden. Die Innenkontur erlaubte die Unterscheidung von beidseitigen Klemmkräften. Das Werkstoffverhalten wurde bei der Modellbildung anhand der Zugfestigkeit modelliert. Die Zugfestigkeit war durch die Erwärmung abhängig von der Blechdicke und der Zugfestigkeit bei Raumtemperatur. Mit dem Ansatz der Welle-Nabe-Verbindung wurde die Klemmkraft über die Kontakthöhe und mit der ermittelten Ersatzzugfestigkeit modelliert. Kanteneinzug reduzierte dabei die Kontakthöhe. Aus der Klemmkraft wurde die Abstreifkraft unter Annahme von Coulombscher Reibung ermittelt.

Versuchsraum und Materialmodell

Die Rückfederung ist abhängig von der Festigkeit, der Streckgrenze und dem E-Modul eines Werkstoffs [DIET18]. Es wurden vier Feinschneidwerkstoffe aus verschiedenen Festigkeitsklassen untersucht, um die Rückfederung zu bewerten, siehe Tabelle 5.1. Für die Analyse und Modellierung der Klemmkraft wurden mechanische Eigenschaften ausgewählt, welche das elastische Verhalten betreffen. Die Zugfestigkeit R_m variierte im Bereich von höher- und höchstfesten Werkstoffen von 753 MPa bis 1.002 MPa.

Tabelle 5.1: Ausgewählte mechanische Eigenschaften der modellierten Stähle bei Raumtemperatur [HOPP03]; [TRAN00]

Selected mechanical properties of the modeled steels at room temperature

Werkstoff	E-Modul E/GPa	Poissonzahl ν/-	Zugfestigkeit R_m/MPa	Dichte ρ/g·cm^{-3}
1.7225/42CrMo4	210	0,3	753	7,85
1.6582/34CrNiMo6	220	0,3	805	7,83
1.0616/C86D	210	0,3	922	7,81
1.1191/C45E	220	0,3	1.002	7,85

Der Elastizitätsmodul E schwankt bei Stählen zwischen 185 und 225 GPa. Der genaue Wert hängt von Faktoren wie dem Wärmebehandlungszustand und den Legierungselementen ab [MÜNS04]. Der Elastizitätsmodul E und die Zugfestigkeit beeinflussen die elastische Rückfederung und dissipierte Wärme und damit die Klemmkraft. Für die Ermittlung der temperaturabhängigen Zugfestigkeit wurden in einem ersten Schritt Fließkurven mit dem Hensel-Spittel-Werkstoffmodell nach Gleichung (4.1) generiert [HENS78]. Die Fließkurven wurden für Temperaturen im für das Feinschneiden relevanten Bereich bis 350 °C erstellt. Die Parameter der Fließkurven befinden sich im Anhang 11.1. Die Zugfestigkeit R_m [N·mm^{-2}] in Abhängigkeit von der Kaltverfestigung wurde nach dem phänomenologischen Zusammenhang berechnet [SEVE11]:

$$R_\mathrm{m} = K \cdot \varepsilon^n \tag{5.1}$$

K – Festigkeitskoeffizient [N·mm^{-2}]; n – Verfestigungsexponent [-]

Durch iterative Anpassung der Parameter K und n wurde der Verlauf der Zugfestigkeit an die Fließkurven gefittet, um die temperaturabhängige Zugfestigkeit zu ermitteln, siehe Abbildung 5.1a. Die Fließkurven wurden der Landolt-Bernstein-Datenbank entnommen [SPRI20].

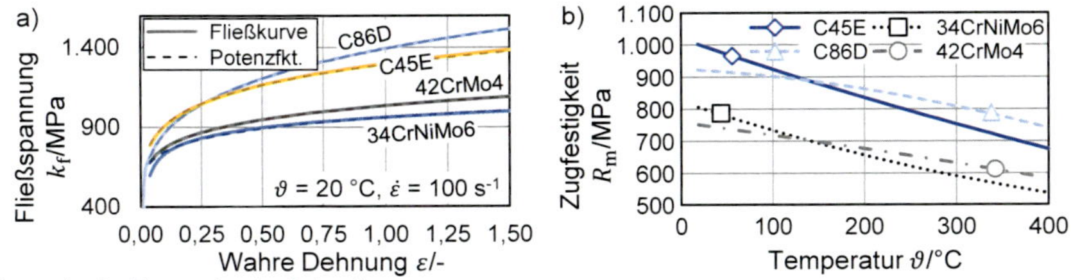

Legende: ϑ – Temperatur; ε̇ – Dehnrate

Abbildung 5.1: Modellierung der Fließkurven mittels Exponentialfunktion (a) und Temperaturabhängigkeit der Zugfestigkeit (b)

Fitting of power law with flow curves (a) and resulting temperature dependency of tensile strength (b)

Die Zugfestigkeit während des Schneidvorgangs ist jedoch neben der Dehnung auch von der Temperatur in der Scherzone abhängig. Durch dissipierte Energie wird der Blechwerkstoff in der Scherzone auf bis zu 350 °C erwärmt [KLOC17, S. 149]. Mit der Erwärmung wird die Zugfestigkeit in der Scherzone während des Trennvorgangs lokal herabgesetzt. Abbildung 5.1b stellt die Abnahme der Zugfestigkeit der betrachteten Werkstoffe anhand der Fließkurven in Abhängigkeit von der Temperatur dar.

Die Zugfestigkeit der Werkstoffe 34CrNiMo6 (1.6582) und C45E (1.1191) sank stärker mit der Temperatur als die der Werkstoffe 42CrMo4 (1.7225) und C86D (1.0616). Dieses Verhalten wird darauf zurückgeführt, dass der Kohlenstoffgehalt von 34CrNiMo6 und C45E geringer ist und somit weniger Kohlenstoff vorhanden ist, um bei Erwärmung in Zwangslösung zu gehen [BLEC12].

FE-Simulation des Schneidvorgangs zur Analyse des Werkstoffverhaltens

Um das Werkstoffverhalten beim Schneidvorgang und die Kontaktsituation zu analysieren, wurde eine FE-Simulation in der Software FORGE NXT 2.1 aufgebaut. Die Simulation wurde zur Verifizierung eines analytischen Schneidkraftmodells verwendet und gab Aufschluss über die entstehende Kontaktfläche zwischen Stanzgitter und Schneidstempel sowie über die Zugfestigkeit des Blechwerkstoffs während des Schneidvorgangs. Im weiteren Verlauf wurde damit ein analytisches Klemmkraft- und Abstreifkraftmodell kalibriert. Das FE-Modell wurde mit einem industriellen Feinschneidprozess von Distanzscheiben validiert, siehe Abbildung 5.2. Zur Reduzierung der Rechendauer wurde von dem Schnittteil ein 1/16tel-Ausschnitt modelliert. Der Schneidstempel wurde ideal elastisch als Hartmetall CTS12L mit einem E-Modul von E = 630 GPa und einer Querkontraktionszahl von ν = 0,24 modelliert [CERA14]. Die Hartmetallsorte hatte eine submicron-Korngröße und einen Co-Binderanteil von 6,5 %. Das Modell wurde für die analytische Modellierung des Werkstoffverhaltens sowie für die Validierung des analytischen Modells der Klemmkraft und der Abstreifkraft verwendet. Im Validierungsversuch wurde der Werkstoff 1.1191/C45E mit einer Blechdicke von s_0 = 3,2 mm verwendet (Abbildung 5.2a).

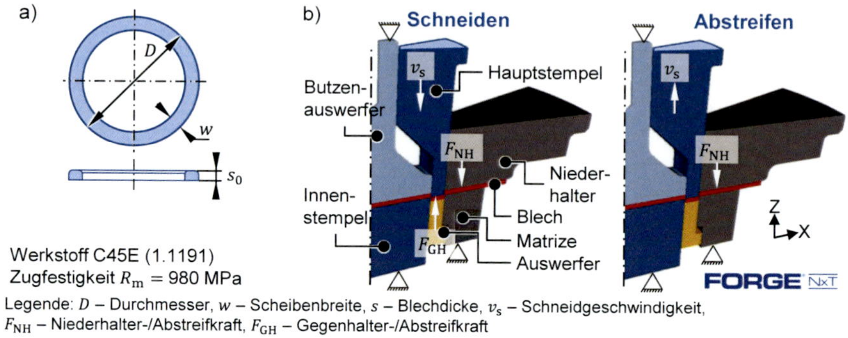

Abbildung 5.2: Distanzscheibe eines industriellen Feinschneidprozesses (a) und FE-Modell für die Validierung des Werkstoffverhaltens (b)

Spacer disc from an industrial fine blanking process (a) and FE-model for validation of the sheet material behavior (b)

Die Distanzscheibe hatte einen Durchmesser von D = 102,3 mm und eine Breite von w = 10 mm. Die Schneidgeschwindigkeit betrug v_s = 25 mm·s^{-1}. Als Prozesskräfte wurden die Stempelkraft F_{St} = 1.553 kN, Niederhalterkraft F_{NH} = 920 kN und Gegenhalterkraft F_{GH} = 331 kN gemessen und in das Simulationsmodell übertragen. Der Prozess wurde im Validierungsversuch und in der Simulation ohne Ringzacke betrieben, damit eine Überlagerung von Effekten ausgeschlossen war. Im Feinschneidprozess wurde das Stempelkraftmaximum an der Presse indirekt mittels des Öldrucks im Druckzylinder gemessen und mit der Simulation verglichen, siehe Abbildung 5.3a. Die Abweichung der Simulation betrug -3,8 %.

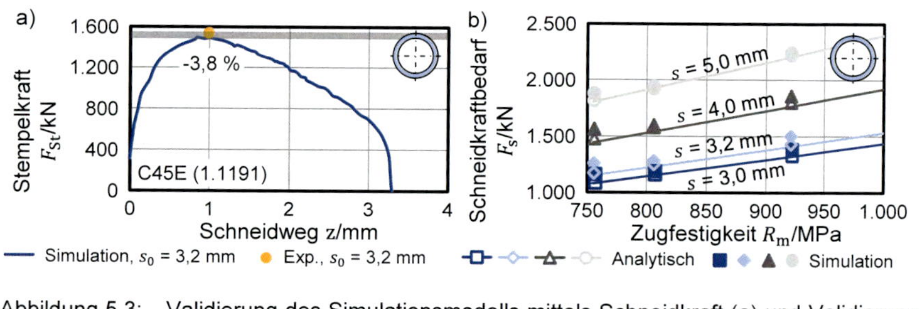

Abbildung 5.3: Validierung des Simulationsmodells mittels Schneidkraft (a) und Validierung des analytischen Schneidkraftmodells mittels Simulationen (b)

Validation of simulation model with blanking force (a) and Validation of analytical blanking force model using simulations (b)

Die Prozesskräfte Niederhalterkraft und Gegenhalterkraft wurden, ausgehend vom Validierungsversuch, auf die Blechdicke bezogen skaliert. Aus [SCHU98] ist ein analytisches Modell zur Berechnung des Schneidkraftbedarfs F_s bekannt, welches zur zusätzlichen Validierung des FE-Modells verwendet wurde:

$$F_s = l_s \cdot s_0 \cdot R_m \cdot f_1 \tag{5.2}$$

F_s – Schneidkraftbedarf [N], l_s – Länge der Schnittlinie [mm], R_m – Zugfestigkeit [N·mm^{-2}], f_1 – empirischer Faktor [-] = 0.6 [SIEG15]

Die Abstreifkraft F_{ax} [N] wurde approximiert mit [SCHU98]:

$$F_{ax} = F_s \cdot f_3 \tag{5.3}$$

wobei f_3 = 0,1 ein empirischer Faktor ist [SIEG15].

Abbildung 5.3b zeigt die Validierung der simulierten Schneidkraft anhand des analytischen Schneidkraftmodells. Die Simulation und das analytische Schneidkraftmodell stimmten mit der experimentell gemessenen Schneidkraft überein.

Entwicklung des analytischen Klemmkraft- und Abstreifkraftmodells

Das validierte FE-Modell wurde anschließend genutzt, um ein analytisches Klemmkraftmodell auf Basis der Welle-Nabe-Verbindung zu entwickeln, siehe Abbildung 5.4a. Die Blechwerkstoffe und Blechdicken wurden variiert, um die Kontakthöhe zwischen Schneidstempel und Stanzgitter zu ermitteln, siehe Abbildung 5.4b. Die Kontakthöhe entsprach der Blechdicke abzüglich der Kanteneinzughöhe am Stanzgitter.

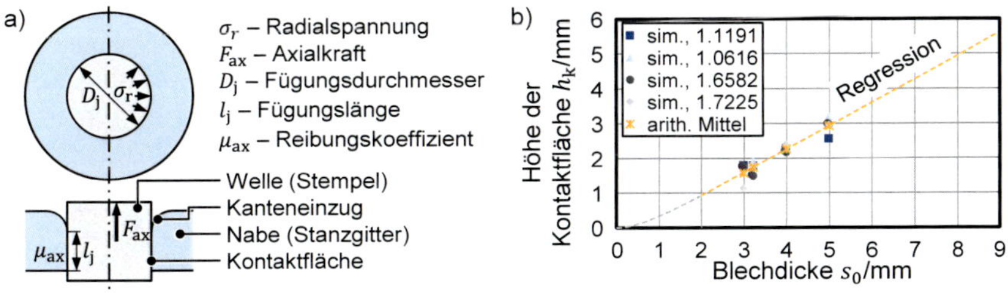

Abbildung 5.4: Ansatz zur Erklärung der Klemmung mit der Theorie der Welle-Nabe-Verbindung (a) und Kontakthöhe in Abhängigkeit von der Blechdicke (b)

Approach for explanation of clamping with shaft-hub connection theory (a) and contact area height depending on sheet thickness (b)

Das Übermaß des Lochs im Stanzgitter gegenüber der Außenabmessung des Schneidstempels als Folge der elastischen Rückfederung wurde mit dem Ansatz der Welle-Nabe-Verbindung beschrieben und modelliert [WITT19]:

$$\sigma_r = \frac{F_{ax} \cdot S_r}{\pi \cdot D_j \cdot l_j \cdot \mu_{ax}} \tag{5.4}$$

σ_r – Radialspannung [N·mm^{-2}]; S_r – Rutschwiderstand [-]; D_j – Fügedurchmesser [mm]; l_j – Fügelänge [mm]; μ_{ax} – Reibungskoeffizient [-]

Die Axialkraft zum Lösen der Presspassung stellte damit die Abstreifkraft dar, welche durch die Radialspannung σ_r [N·mm^{-2}] aus dem Übermaß resultierte. Die Radialspannung konnte damit auch mittels der Klemmkraft und der Kontaktfläche dargestellt werden:

$$\sigma_r = \frac{F_k}{A_k} \tag{5.5}$$

F_k – Klemmkraft [N]; A_k – Klemmfläche [mm^2]

Damit ergab sich für die gesamte Klemmkraft F_k^{total} der folgende Zusammenhang:

$$F_k^{total} = \frac{2 \cdot F_{ax} \cdot S_r}{\mu_{ax}} \tag{5.6}$$

F_{ax} – Axialkraft [N]; S_r – Rutschwiderstand [-]; μ_{ax} – Reibungskoeffizient [-]

Die Kontakthöhe wurde simulativ für die betrachteten Werkstoffe ermittelt (Abbildung 5.4b). Im untersuchten Bereich der Blechdicke wurde die Kontaktfläche linear und unabhängig vom Werkstoff dargestellt. Der Einfluss der Zugfestigkeit auf den Kanteneinzug und somit auf die Kontakthöhe war gering und wurde vernachlässigt. Da die Kontakthöhe und nicht die Blechdicke für die Klemmkraft relevant war, wurde die lineare Beziehung für die Kontakthöhe anstelle der Blechdicke in Gleichung (5.5) eingesetzt. Der Schneidwiderstand des Blechwerkstoffs war abhängig von der Erwärmung des Blechs, die wiederum von der Blechdicke s_0 abhing, wie aus den Simulationen hervorging, Abbildung 5.5a. Daher war die Zugfestigkeit bei Raumtemperatur in Gleichung (5.3) nicht ausreichend. Für eine möglichst genaue Vorhersage der Klemmkraft F_k wurde die Ersatzzugfestigkeit R_m^c [N·mm^{-2}] zum Ende des Schneidvorgangs bestimmt.

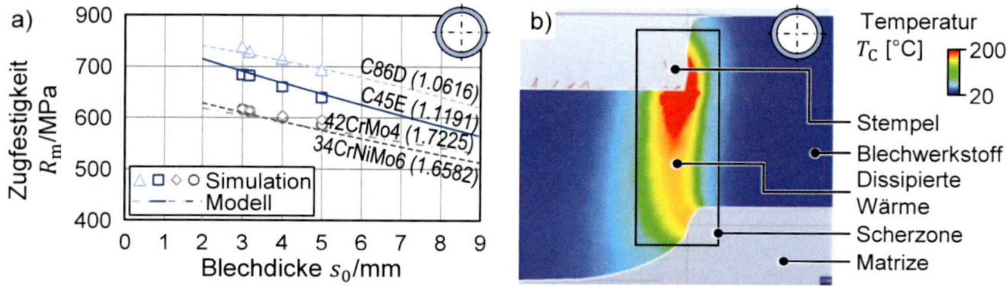

Abbildung 5.5: Ersatzzugfestigkeit in der Scherzone als Funktion der Blechdicke (a) und dissipierte Wärme in der Scherzone während des Feinschneidens (b)

Equivalent tensile strength in the shear zone as a function of sheet thickness (a) and dissipated heat in shearing zone during fine blanking (b)

Der Grund für die Abhängigkeit des Schneidwiderstands von der Blechdicke ist die Erwärmung der Scherzone durch dissipierte Energie (Abbildung 5.5b). Je nach Zugfestigkeit bei Raumtemperatur und der Blechdicke werden Temperaturen bis ϑ = 350 °C erreicht. Grund dafür ist, dass bis zu 90 % der plastischen Umformenergie in thermische Energie umgewandelt wird, sodass die Temperatur des Systems ansteigt [KAPO98]. Die numerisch bestimmte Spitzentemperatur T_c [°C] zeigte eine lineare Abhängigkeit von der Blechdicke s_0 [mm] für alle untersuchten Stahlsorten:

$$T_c = 35.08 \cdot s_0 + 143.57 \tag{5.7}$$

mit der Einschränkung für den Untersuchungsraum. Die Regression für die Ersatzzugfestigkeit am Ende des Schneidvorgangs R_m^c in Abhängigkeit von der Spitzentemperatur in der Scherzone T_c hat die Form:

$$R_m^c = b_1 \cdot T_c^2 + b_2 \cdot T_c + b_3 \tag{5.8}$$

Die Parameter b_1, b_2 und b_3 wurden aus den Simulationen ermittelt und sind in Tabelle 5.2 zusammengefasst.

Tabelle 5.2: Simulativ ermittelte Werte für Parameter b_1, b_2 und b_3 zur Beschreibung der Temperaturabhängigkeit der Ersatzzugfestigkeit R_m^c

Values of parameters b_1, b_2 and b_3 determined from the experimental data for the description of the temperature dependency of the equivalent tensile strength R_m^c

Werkstoff	b_1	b_2	b_3
42CrMo4 (1.7225)	$-1 \cdot 10^{-4}$	$-3{,}9 \cdot 10^{-1}$	$7{,}70 \cdot 10^{2}$
34CrNiMo6 (1.6582)	$5 \cdot 10^{-4}$	$-9{,}2 \cdot 10^{-1}$	$8{,}70 \cdot 10^{2}$
C86D (1.0616)	$-7 \cdot 10^{-4}$	$-1{,}6 \cdot 10^{-1}$	$9{,}05 \cdot 10^{2}$
C45E (1.1191)	$3 \cdot 10^{-4}$	$-9{,}8 \cdot 10^{-1}$	$9{,}80 \cdot 10^{2}$

Durch Einsetzen der Beziehungen in Gleichung (5.6) ergibt sich die folgende Form für die Berechnung der Klemmkraft F_k^{total} [N]:

$$F_k^{total} = \frac{2 \cdot f_1 \cdot f_3 \cdot S_r \cdot l_s \cdot h_k \cdot R_m^c(T_c, s_0)}{\mu_{ax}} \tag{5.9}$$

h_k [mm] – Klemmhöhe in Abhängigkeit von der Blechdicke

Mit dem Reibungskoeffizienten μ_{ax} = 0,1 [THIP07] und dem Rutschwiderstand S_r = 0,52 bei Blechdicken s_0 im Bereich 3–9 mm ist die Gesamtklemmkraft F_k^{total} in Abbildung 5.6a dargestellt.

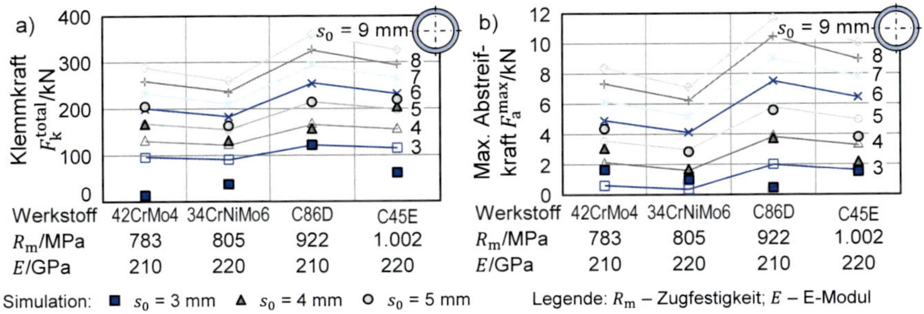

Abbildung 5.6: Validierung des analytischen Klemmkraft- (a) und Abstreifkraftmodells (b)

Validation of the analytical clamping force (a) and stripping force model (b)

Mit dem Simulationsmodell wurde die Klemmkraft zur Validierung des analytischen Klemmkraftmodells ermittelt. Die Klemmkraft wurde aus den Simulationen aus der Radialspannung auf der Innen- und Außenseite des Schneidstempels berechnet. Die mittlere Radialspannung im Kontaktbereich mit dem Stanzgitter wurde dazu mit der

Kontaktfläche multipliziert. Aufgrund von numerischen Instabilitäten bei der Darstellung der Schnittfläche wegen hoher Netzverzerrung und Neuvernetzung stellten einige Simulationen deutliche Ausreißer dar, besonders bei der geringen Blechdicke von s_0 = 3 mm. Bei den Blechdicken 4 und 5 mm gab es jedoch eine gute Übereinstimmung und das analytische Klemmkraftmodell wird als valide angesehen. Im Simulationsschritt des Abstreifens wurde jeweils die maximale Abstreifkraft $F_{\mathrm{a}}^{\max}$ ermittelt und durch ein Regressionsmodell der folgenden Form abgebildet:

$$F_{\mathrm{a}}^{\max} = a_1 \cdot l_{\mathrm{s}} \cdot s_0 \cdot R_{\mathrm{m}}^{\mathrm{c}}(T_{\mathrm{c}}, s_0) + a_2 \tag{5.10}$$

wobei a_1 = 4,81·10^{-6} kN·N^{-1} und a_2 = 5 kN Regressionskoeffizienten darstellen. Das Regressionsmodell ist mit den untersuchten Werkstoffen und Blechdicken in Abbildung 5.6b abgebildet. Sowohl beim analytischen Klemmkraftmodell als auch beim Regressionsmodell für die Abstreifkraft stieg die Kraft nicht mit der nominalen Zugfestigkeit bei Raumtemperatur, sondern mit der Zugfestigkeit in der Scherzone am Ende des Schneidvorgangs (Ersatzzugfestigkeit) an. Durch die Erwärmung beim Schneiden wurde die Zugfestigkeit in der Scherzone herabgesetzt. Mit steigender Blechdicke stieg die Erwärmung der Scherzone an, was ebenfalls in Abbildung 5.6 beobachtet wurde. Bei den Werkstoffen 42CrMo4 und C86D ist die Fließspannung laut Abbildung 5.1 infolge der Erwärmung weniger stark abnehmend, was auf den höheren Kohlenstoffanteil der Legierung zurückgeführt wird, der bei Erwärmung in Zwangslösung geht [BLEC12]. Außerdem ist der E-Modul bei den Werkstoffen 42CrMo4 und C86D geringfügig niedriger, sodass das Maß der elastischen Rückfederung höher ist und somit die Klemmkraft steigt.

Zusammenfassung des Klemm- und Abstreifkraftmodells

Die Klemm- und Abstreifkraftmodelle unterliegen der Einschränkung, dass sie für die Geometrie der Distanzscheibe kalibriert und getestet sind. Bei komplexen Geometrien mit konkaven oder kleinen innenliegenden Geometrieelementen sind Wechselwirkungen zwischen gegenüberliegenden Stempelflächen zu erwarten. Deswegen werden die Erkenntnisse zu physikalischen Zusammenhängen aus dem betrachteten Fall abgeleitet und für die Beschreibung der grundlegenden Wechselwirkungen zwischen Stanzgitter und Schneidstempel während des Abstreifens genutzt. Die wesentlichen Erkenntnisse aus den Untersuchungen sind:

- Die Klemmkraft ist eine Folge von elastischer Rückfederung und wird durch den überlagerten Druckspannungszustand in der Scherzone hervorgerufen.
- Die elastische Rückfederung und damit die Klemmkraft steigen mit der Zugfestigkeit des Blechwerkstoffs.
- Durch dissipierte Energie in der Scherzone findet eine Erwärmung statt, die zu einer Abnahme der Zugfestigkeit führt. Als Konsequenz sinkt die elastische Rückfederung und damit die Klemmkraft durch eine reduzierte Zugfestigkeit.
- Die Erwärmung der Scherzone steigt mit der Blechdicke, damit sinkt die Zugfestigkeit in der Scherzone mit der Blechdicke.

- Die Abnahme der Zugfestigkeit im Zuge der Erwärmung hängt von Legierungsbestandteilen ab. Bei gängigen Feinschneidstählen stabilisiert vor allem der Kohlenstoffanteil bei steigender Temperatur die Zugfestigkeit, indem Kohlenstoff in Zwangslösung geht.

Das Modell wird in Kapitel 6 für die Prognose der Abstreifkraft beim Feinschneiden einer Analogiegeometrie angewendet.

Limitierung des Modells

Das Abstreifkraftmodell wurde für eine runde Geometrie erstellt. Bei detaillierten einspringenden Geometrien müssen Wechselwirkungen zwischen gegenüberliegenden Kanten in Bezug auf die Rückfederung berücksichtigt werden. Für die Erklärung der grundlegenden Ursache-Wirkung-Zusammenhänge der Klemm- und Abstreifkraft ist das Modell jedoch hinreichend.

Für die Modellbildung zur Untersuchung des Abstreifvorgangs wurde Hartmetall als Stempelwerkstoff verwendet. Es ist davon auszugehen, dass die Klemm- und Abstreifkraft bei Werkstoffen wie PM-HSS durch die Elastizität und Querkontraktion beeinflusst werden. Beim Schneidvorgang verkleinert sich der Schneidspalt durch die elastische Querkontraktion des Schneidstempels infolge der axialen Schneid- und Gegenhalterkraft. Die Vergrößerung des Schneidstempeldurchmessers führt theoretisch zu einer Vergrößerung des Lochs im Stanzgitter und damit zu einer Verringerung der Klemmkraft nach der Entspannung des Schneidstempels. Nach dem Schneiden kann ein elastischer Schneidstempel außerdem weiter einfedern als ein starrer Schneidstempel, wodurch die Klemmkraft verringert wird. Damit ist das Modell auf Hartmetallstempel beschränkt.

5.2 Einfluss von Schnittflächenmerkmalen auf die Wechselwirkung mit dem Schneidstempel in der Abstreifphase

Effect of sheared surface characteristics on interaction with the punch during stripping phase

In Kapitel 5.1 wurde gezeigt, dass die elastische Rückfederung der Schnittfläche des Stanzgitters zu einer Klemmkraft und folglich zu einer Abstreifkraft beim Abstreifvorgang führt. Im Folgenden wurde mithilfe der FEM untersucht, welchen Einfluss Schnittflächenmerkmale nach DIN 8588 [DIN13] auf die Abstreifkraft und lokale Spannungen im Schneidstempel haben.

Simulationsmodell und Vorgehensweise

Der Einfluss des Stanzgitters auf den Spannungszustand im Schneidstempel wurde in der FE-Software FORGE NXT 2.1 zum Abstreifen mit Rundstempel mit einem Durchmesser von d_{St} = 10 mm untersucht. Der Modellaufbau ist in Abbildung 5.7 dargestellt. Schneidstempel und Stanzgitter wurden elastisch mit Coulombscher Reibung μ = 0,1 modelliert [THIP07]. Um auch den Einfluss der Stempelneigung zu untersuchen, wurde das Abstreifen in einem 3D-Modell ohne Symmetrien simuliert.

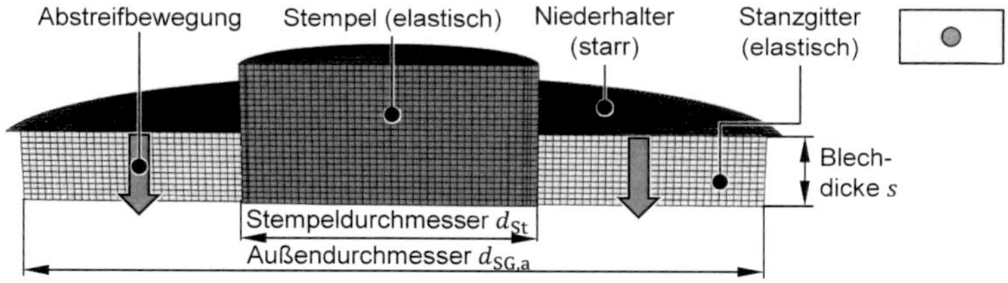

Abbildung 5.7: FE-Modell zur Analyse von Wechselwirkungen zwischen der Schnittfläche des Stanzgitters und dem Schneidstempel

FE-model for the analysis of interactions between scrap web surface and punch

Das FE-Modell wurde anhand von Versuchen von KIENZLE validiert. Daher wurden geometrische Parameter Stempel- und Stanzgitterdurchmesser, Blechhöhe und das Übermaß der Presspassung zwischen Stempel und Stanzgitter übernommen, siehe Tabelle 5.3 [KIEN59]. Stempel und Stanzgitter wurden als rein elastisch angenommen, der Niederhalter wurde als starre Oberfläche dargestellt.

Tabelle 5.3: Geometrie- und Werkstoffparameter des Validierungsmodells

Geometry and material parameters of the validation model

Parameter	Symbol	Einheit	Wert
Stempeldurchmesser	d_{St}	mm	10
Lochdurchmesser im Stanzgitter	d_{SG}	mm	25
Blechdicke	s_0	mm	3
Übermaß Stanzgitter	Δd	mm	0,035
Elementgröße (Vernetzung)	s_E	mm	0,25
E-Modul Stanzgitter	E_{SG}	GPa	210
Poissonzahl Stanzgitter	ν_{SG}	-	0,27
Dichte Stanzgitter	ρ_{SG}	$g \cdot cm^{-3}$	7,85
E-Modul Stempel (PM-HSS)	E_{St}	GPa	231
Poissonzahl Stempel (PM-HSS)	ν_{St}	-	0,28
Dichte Stempel (PM-HSS)	ρ_{St}	$g \cdot cm^{-3}$	8,1
Reibungskoeffizient (Coulomb)	μ	-	0,1
Abstreifgeschwindigkeit	v_a	$mm \cdot s^{-1}$	3

Die Abstreifgeschwindigkeit v_a wurde zur einfachen Skalierbarkeit auf 3 $mm \cdot s^{-1}$ festgelegt. Eine Verdoppelung der Abstreifgeschwindigkeit verursachte eine Änderung der Abstreifkraft F_a von 0,14 %. Der Einfluss der Abstreifgeschwindigkeit wurde daher vernachlässigt. Der Innendurchmesser des Stanzgitters war zur Abbildung der elastischen Rückfederung um das Übermaß Δd kleiner als der Außendurchmesser des Schneidstempels. Die Geometrie des Stanzgitters wurde mittels CAD aus der experimentell gemessenen Rückfederung erzeugt [KIEN59]. Eine Erzeugung des Übermaßes aus einer Schneidsimulation wurde aufgrund von Netzverzerrungen und daraus entstehenden numerischen Fehlern der Kontaktmodellierung nicht verfolgt. Im ersten Simulationsschritt wurde die Presspassung mittels der Funktion shrink-fit berechnet.

Die optimale Elementgröße wurde in einer Sensitivitätsstudie hinsichtlich der Abstreifkraft ermittelt. Die Abstreifkraft konvergierte für kleiner werdende Elemente. Ab einer Elementgröße s_{E} = 0,25 mm wurde keine merkliche Veränderung der Abstreifkraft mehr registriert. In einer zweiten Sensitivitätsstudie wurde die Abstreifkraft bei variiertem Außendurchmesser des Stanzgitters d_{SG} ausgewertet. Ab einem Außendurchmesser $d_{\mathrm{SG,a}}$ = 25 mm blieb die Abstreifkraft konstant.

Validierung

KIENZLE ET AL. untersuchten die Abstreifkraft und das Übermaß der Passung in Abhängigkeit vom Schneidspalt und der Blechdicke beim Stanzen von Baustahl mit einem Rundstempel. Das entwickelte Modell erzielte bei einer Blechdicke von s_0 = 3 mm und einem Übermaß von Δd = 0,035 mm eine Abstreifkraft F_{a} = 3,5 kN, während in den Validierungsversuchen eine Abstreifkraft von F_{a} = 3,2 kN gemessen wurde [KIEN59].

Untersuchungsraum

Mithilfe des Simulationsmodells wurden Ursache-Wirkung-Zusammenhänge zwischen der Schnittfläche des Stanzgitters und dem Schneidstempel beim Abstreifen individuell untersucht. Die Annahmen wurden nach Tabelle 5.4 getroffen. Das Übermaß des Stanzgitters gegenüber dem Stempeldurchmesser ist dabei die Konsequenz der elastischen Rückfederung und stellt die Grundlage für Wechselwirkungen dar.

Tabelle 5.4: Untersuchte Wechselwirkungen zwischen Schneidstempel und Schnittfläche des Stanzgitters

Investigated interactions between punch and sheared surface of the scrap

Parameter		Wertebereich	Modellierung
Presspassung mit Übermaß Δd [mm]		0,011–0,035	Theorie der Welle-Nabe-Verbindung
Stempelwerkstoff		Hartmetall; PM-HSS	Elastizität
Konizität der Schnittfläche k [µm·mm^{-1}]		0,0–3,9	
Kanteneinzugbreite b_{E} [mm]		0,0–3,5	
Bruchfläche	rel. Bruchhöhe p_{Bruch} [%]	0–40	Modellierung als Fase
	Bruchwinkel α_{Bruch} [°]	0–10	
Stempelneigung γ [°]		0–2	Verkanten des Stempels

Auswertemethodik der Simulationen der Abstreifphase

Schneidstempel aus Hartmetall erfahren die kritische Beanspruchung während des Abstreifvorgangs. Im Post-Prozessor wurden Vergleichsspannungen im Blech und im Schneidstempel ausgewertet. Zur Untersuchung der Kontaktsituation wurden Kontaktnormalspannungen analysiert. Die Komponente des Spannungstensors in Abstreifrichtung gibt axiale Spannungen im Schneidstempel wieder.

Nach der Erzeugung der Presspassung und vor dem Beginn des Abstreifens waren die von Mises-Vergleichsspannungen entlang der Abstreifrichtung im Stanzgitter und der Kontaktfläche mit dem Schneidstempel homogen verteilt, siehe Abbildung 5.8, bei

z = 0,0 mm. Mit Beginn des Abstreifens wurde die Vergleichsspannung an der Kontaktfläche zwischen Schneidstempel und Stanzgitter maximal und stieg gegenüber dem Ausgangszustand. An der Schneidkante des Schneidstempels wurden durch die Presspassung und die Abstreifbewegung die höchsten Vergleichsspannungen beobachtet. Mit der Spannungskomponente in Abstreifrichtung σ_z wurden Zugspannungen ausgewertet. In der Kontaktfläche zwischen Schneidstempel und Stanzgitter traten Zugspannungen auf, welche sich bis oberhalb der Kontaktfläche auf der Mantelfläche des Schneidstempels fortsetzten. Das Maximum der Zugspannung befand sich knapp oberhalb der Kontaktfläche. An der Kontaktfläche im Stanzgitter traten hingegen Druckspannungen auf, die den Zugspannungen im Schneidstempel entgegenwirkten.

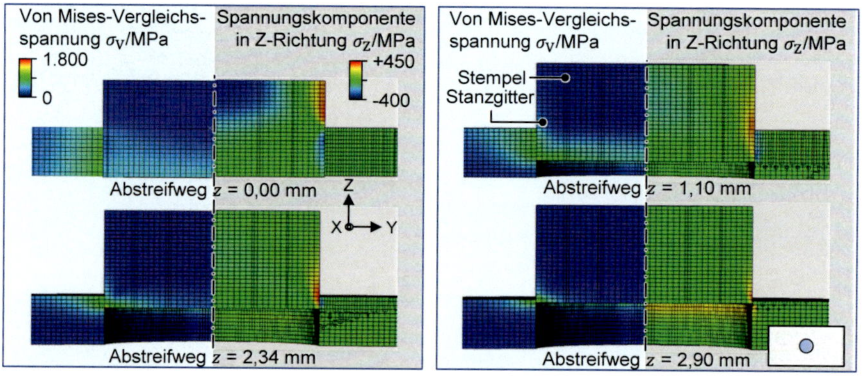

Abbildung 5.8: Spannungszustand der Presspassung nach shrink-fit und beim Abstreifen
Stress state of the assembly after shrink-fit and during stripping off

Zur Auswertung der Spannungskonzentration wurde als Kennwert das bezogene Zugspannungsmaximum ermittelt. Dazu wurde die maximale Zugspannung $\sigma_{z,\max}$ als Mittelwert aus fünf Knoten auf die mittlere Zugspannung $\bar{\sigma_z}$ im Schneidstempel bezogen. Die mittlere Zugspannung wurde aus der Abstreifkraft und der Stempelquerschnittsfläche berechnet.

Die Abstreifkraft wurde als Reaktionskraft an einem Referenzpunkt am Niederhalter ausgewertet, siehe Abbildung 5.9. Die Abstreifkraft stieg zu Anfang des Abstreifens auf ein Maximum an, wenn die Kontaktfläche noch maximal war. Als Abstreifkraft wurde das Maximum ausgewertet. Anschließend sank die Abstreifkraft annähernd linear mit dem Abstreifweg, da die Kontaktfläche linear reduziert wurde. Die maximale Spannungskomponente in z-Richtung wurde als Mittelwert der zehn höchsten Knotenwerte in dem Stempelquerschnitt mit den höchsten Zugspannungen ermittelt, um numerische Instabilitäten zu glätten. Die maximale Zugspannung stieg während des Abstreifens an, bis sie nach ca. zwei Dritteln des Abstreifwegs das Maximum erreichte und wieder absank.

Die Zugspannung nahm zunächst zu, was auf elastische Deformation an der Schnittfläche zurückgeführt wird. Die Schwankungen im Zugspannungsverlauf zu Beginn und

Ende des Abstreifens werden damit erklärt, dass Schwankungen zwischen nebenliegenden Knoten in der Querschnittanalyse nicht geglättet werden.

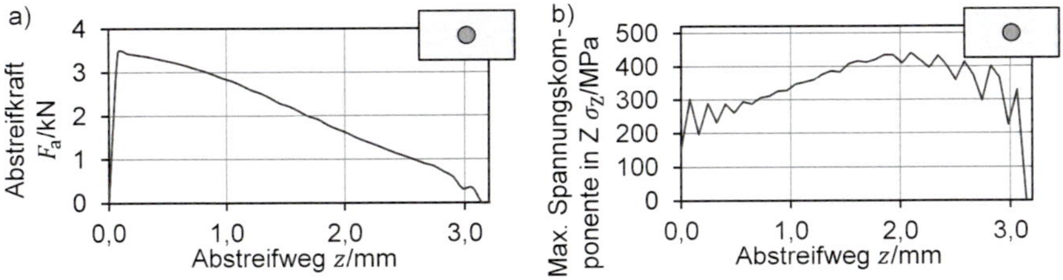

Abbildung 5.9: Entwicklung der Abstreifkraft (a) und des Zugspannungsmaximums (b) beim Abstreifen

Stripping force (a) and maximum tensile stress (b) evolution during stripping off

Die Zugfestigkeit von gängigen Hartmetallsorten liegt bei ca. R_m = 1.500 MPa und kann bei besonderen Maßnahmen für die Oberflächengüte > 2.000 MPa erreichen [CERA15b], während PM-HSS etwas höhere Zugfestigkeiten erreichen [PAVL08]. Die im Schneidstempel auftretenden Zugspannungen lagen mit σ_Z = 450 MPa deutlich unterhalb der ertragbaren Zugfestigkeit.

Wechselwirkungen mit der Presspassung

Das Übermaß durch die elastische Rückfederung ist eine Folge des Druckspannungszustands in der Scherzone während des Schneidvorgangs. Eine hohe Niederhalterkraft und ein kleiner Schneidspalt begünstigen demnach die Rückfederung. Für die Rückfederung wurde anhand von experimentellen Literaturdaten eine Annahme getroffen, die für eine Einflussanalyse zunächst ausreichend war. Das Übermaß des Stanzgitters wurde in Anlehnung an die Arbeit von KIENZLE ET AL. [KIEN59] variiert und der Einfluss auf die Abstreifkraft untersucht. Die Abstreifkräfte wurden analytisch mit dem Ansatz des Zylinderpressverbands gemäß Formeln (2.10)–(2.11) berechnet und mit dem Literaturwert nach [KIEN59] sowie mit den simulierten Kräften verglichen und in Abbildung 5.10 gegenübergestellt.

Bei einem Übermaß Δd = 0,029 mm betrug die Abweichung zwischen den Referenzversuchen, dem WNV-Berechnungsansatz und der Simulation < 3 %. Beim Feinschneiden ist die elastische Rückfederung und damit das Übermaß aufgrund des kleinen Schneidspalts und des hohen Druckspannungszustands in der Scherzone im Bereich von Δd = 0,029–0,035 mm. Mit steigendem Übermaß des Stanzgitters stieg die Abstreifkraft an. Der Zusammenhang zwischen dem Übermaß und der Abstreifkraft war linear. Die Abstreifkraft wurde somit gut mit Coulombscher Reibung und einem linearen Zusammenhang zwischen dem Übermaß und der Klemmkraft abgebildet. Das Übermaß des Stanzgitters verhielt sich wie eine lineare Feder und die Abstreifkraft stieg linear mit dem Übermaß an. Nach der Kalibrierung der Presspassung war das

Modell anwendbar zur Analyse von Wechselwirkungen von Schnittflächenmerkmalen mit der Abstreifkraft und Schneidstempelbelastung.

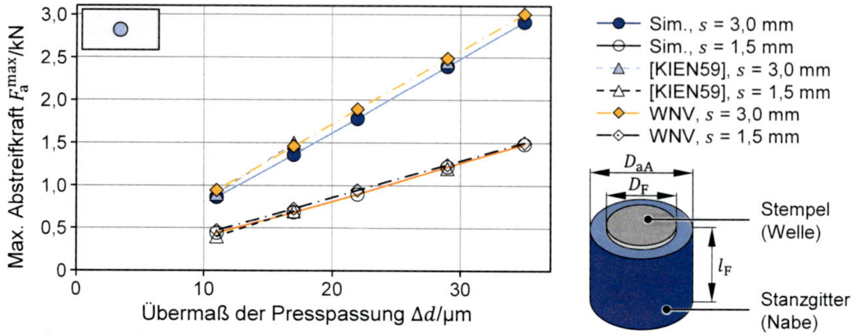

Legende: D_{aA} – Außendurchmesser der Nabe, D_F – Wellendurchmesser, l_F – Höhe der Reibfläche, WNV – Welle-Nabe-Verbindung

Abbildung 5.10: Abstreifkraft in Abhängigkeit vom Übermaß im Vergleich zwischen [KIEN59], analytischem Ansatz der Welle-Nabe-Verbindung und Simulation

Stripping force in dependence of interference fit, comparing [KIEN59], analytic approach using shaft-hub-connection theory and simulation

Wechselwirkungen mit der Elastizität des Stempelwerkstoffs

Die Elastizität des Stempelwerkstoffs beeinflusst die Presspassung zwischen Schneidstempel und Stanzgitter. Die mechanischen Kennwerte Elastizitätsmodul E, Querkontraktionszahl ν und Dichte ρ wurden variiert, um verschiedene Stempelwerkstoffe zu modellieren. Der pulvermetallurgische Schnellarbeitsstahl S390 als Referenz und Hartmetalle mit unterschiedlichem Co-Bindergehalt und mittlerer Korngröße wurden dazu ausgewählt, vgl. Tabelle 5.5.

Tabelle 5.5: Werkstoffparameter der untersuchten Hartmetalle

Material parameters of the investigated cemented carbide grades

Werkstoff	Dichte ρ/g·cm^{-3}	E-Modul E/GPa	Poisson-zahl ν/-	Co-Gehalt/ wt.-%	Mittlere Korngröße σ_Z/µm	Druck-festigkeit R_s/MPa
S390 (PM-HSS)	7,85	231	0,28	-	-	3.000
CF-F35Z	13,58	480	0,24	17,2	2,5	3.900
CF-H25S+	14,55	592	0,24	8,5	1,5	5.400
CF-S12Z	14,83	630	0,24	6,0	0,8	7.200

Die Wechselwirkungen des Stempelwerkstoffs mit der Abstreifkraft und dem Zugspannungsmaximum sind in Abbildung 5.11 dargestellt. Aus dem Spannungstensor wurden die Spannungen der z-Komponente in Abstreifrichtung ausgewertet. Positive Spannungen geben hierbei Zugspannungen an, die im Extremfall eine kritische Beanspruchung des Schneidstempels hervorrufen. Das Zugspannungsmaximum wurde als das arithmetische Mittel aus den zehn Knoten mit der höchsten Spannung ermittelt. Durch die Mittelwertbildung wurden numerische Instabilitäten einzelner Knoten geglättet. Die mittlere Zugspannung ergab sich aus dem Quotienten von der Abstreifkraft und der Querschnittsfläche des Schneidstempels.

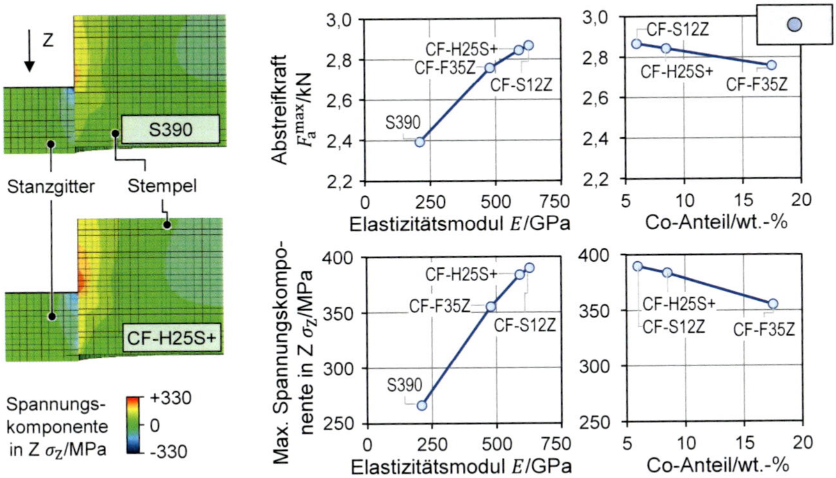

Abbildung 5.11: Abstreifkraft und Zugspannungsmaximum in Abhängigkeit vom Stempelwerkstoff

Stripping force and max. tensile stress in dependence of the punch material

Das Zugspannungsmaximum befand sich in Übereinstimmung mit einer Untersuchung zu Stempelbrüchen mit Hartmetallstempeln beim Stanzen [KROB18] oberhalb der Kontaktfläche zwischen dem Schneidstempel und dem Stanzgitter und trat nach ca. 1/3 des Abstreifweges auf. Als Ursache für das Auftreten nach 1/3 des Abstreifwegs wird Verkanten durch elastische Deformation des Stanzgitters und die Geometrie der Schnittfläche in Form von Kanteneinzug und Bruchfläche angesehen und weiter untersucht. Tabelle 5.6 fasst die Ergebnisse der Spannungsanalyse zusammen.

Tabelle 5.6: Zugspannungsmaximum, mittlere Zugspannung und Spannungsverhältnis beim Abstreifen für verschiedene Stempelwerkstoffe

Maximum tensile stress, averaged tensile stress and stress ratio during stripping off for different punch materials

	Symbol	**Einheit**	**S390 (PM-HSS)**	**CF-F35Z**	**CF-H25S+**	**CF-S12Z**
Max. Spannung in Z	σ_Z	MPa	266,4	355,2	383,7	389,7
Mittlere Spannung in Z	$\overline{\sigma_Z}$	MPa	31,1	36,8	38,0	38,3
Spannungsverhältnis	$\sigma_Z/\overline{\sigma_Z}$	-	8,6	9,7	10,1	10,2

Eine hohe Steifigkeit geht mit einer geringen Einfederung des Stempelwerkstoffs einher, sodass die Klemmkraft gegenüber einer geringeren Steifigkeit (E-Modul) ansteigt. Zudem wird das Zugspannungsmaximum während des Abstreifens bei Werkstoffen hoher Steifigkeit in Bezug auf die mittlere Zugspannung erhöht, siehe Tabelle 5.6, was mit einer reduzierten Spannungsverteilung von lokal eingebrachten Lasten erklärt wird. Die Abstreifkraft sinkt folglich für einen höheren Kobaltanteil, da der Elastizitätsmodul sinkt. Die Ergebnisse bestätigen die Annahme aus Kapitel 5.1, dass eine höhere Querkontraktion infolge eines geringen Elastizitätsmoduls unter der Wirkung der Abstreifkraft die Presspassung vermindert.

Die Analyse des Einflusses von Werkstoffeigenschaften auf die Stempelbeanspruchung hat gezeigt, dass ein hoher E-Modul hohe Spannungsmaxima und Abstreifkraft hervorruft. Dies wurde damit erklärt, dass die Presspassung durch eine geringere Einfederung des Stempelwerkstoffs verstärkt wird.

Wechselwirkungen mit der Konizität der Schnittfläche

Die Konizität der Schnittfläche wurde anhand eines Querschliffs an einem experimentell erzeugten Schnittteil gemessen. Ein aufgetrenntes Schnittteil aus dem Werkstoff S700MC mit einer Blechdicke s_0 = 6 mm und Zugfestigkeit R_m = 815 MPa wurde entlang aufgetrennt, eingebettet und geschliffen. Die Konizität der Schnittflächen zueinander wurde lichtmikroskopisch als hochauflösendes Foto erfasst und grafisch ausgewertet, vgl. Abbildung 5.12.

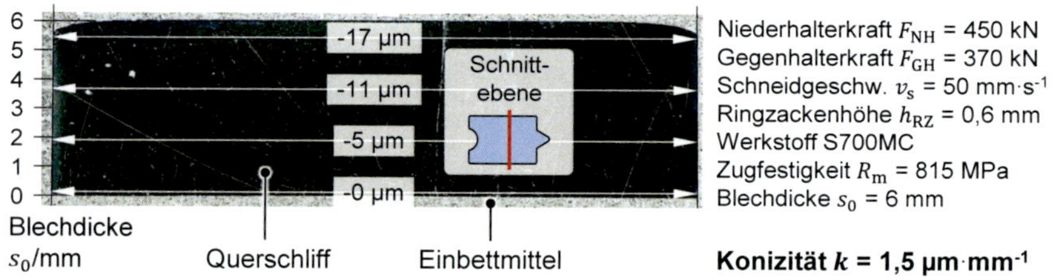

Abbildung 5.12: Auswertung der Konizität einer Schnittfläche an einem Querschliff
Evaluation of the conicity of a sheared surface on an embedded cross-section

Die gemessene Konizität k der Schnittfläche betrug 1,5 µm·mm^{-1} auf einem geraden Geometrieelement (Eckenwinkel α = 180°). Die Konizität war damit geringer als im Vergleich zu der Richtwertangabe in [SCHU98, S. 349] mit 2,6 µm·mm^{-1}. Die Konizität stieg im Bereich von Außenradien auf der Seite des Kanteneinzugs an, was mit verstärkten Zugspannungen erklärt wird, vgl. Kapitel 4.2, während sie in konkaven Radien kleiner wurde [SCHU98, S. 349]. In der simulativen Untersuchung des Effekts der Konizität wurde eine Presspassung mit einem Übermaß von Δd = 35 µm angenommen, Abbildung 5.13.

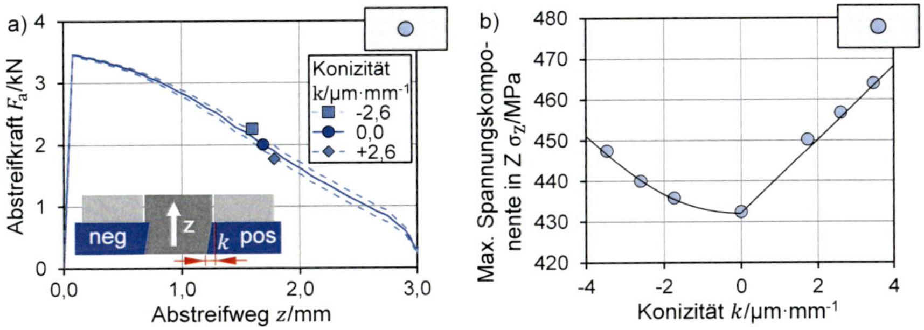

Abbildung 5.13: Abstreifkraft (a) und Zugspannung (b) im Schneidstempel mit variabler Konizität der Schnittfläche

Stripping force (a) and tensile stress (b) in punch with variable conicity of the sheared surface

Die maximale Abstreifkraft war jeweils für eine positive oder negative Konizität sowie bei einer ideal rechtwinkligen Schnittfläche nahezu gleich. Bei einer positiven Konizität der Schnittfläche sank die Abstreifkraft geringfügig schneller als bei einer negativen Konizität, siehe Abbildung 5.13a. Die maximale Zugspannung im Schneidstempel stieg jedoch besonders für die positive Konizität signifikant an (b). Das erhöhte Zugspannungsmaximum wird damit erklärt, dass ein Verkanten durch die über die Blechdicke variierende Reibschubspannung stattfindet, siehe Abbildung 5.14.

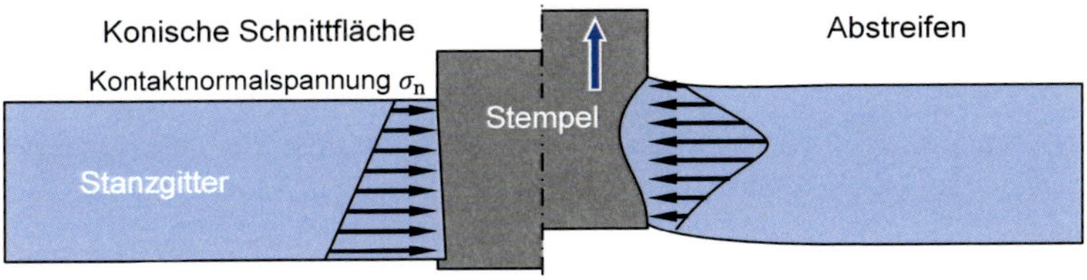

Abbildung 5.14: Wirkmechanismus des Verkantens aufgrund elastischer Deformation einer konischen Schnittfläche

Wedging mechanism due to elastic deformation of conic sheared surface

Die Analyse zur Konizität hat gezeigt, dass die Abstreifkraft und somit die mittlere Zugspannung kaum beeinflusst wurde. Lokale Spannungsmaxima auf der Stempelmantelfläche stiegen jedoch mit der Konizität aufgrund einer Verkantung, was mit dem Gradienten der Kontaktnormalspannung erklärt wird.

Wechselwirkung mit dem Kanteneinzug

Die Schnittfläche wurde zur Analyse der Kantengeometrie neben einem Übermaß von Δd = 35 µm und einer Konizität von k = 2,6 µm·mm^{-1} um eine synthetische Schneidkantengeometrie ergänzt. Die Kantengeometrie wurde an einem Versuchswerkstück aus dem Werkstoff 16MnCr5 mit einer Blechdicke von s_0 = 6 mm an drei verschiedenen Radien der Schnittliniengeometrie r gemessen. Die Kantengeometrie wurde anschließend für die Simulationen skaliert, Abbildung 5.15.

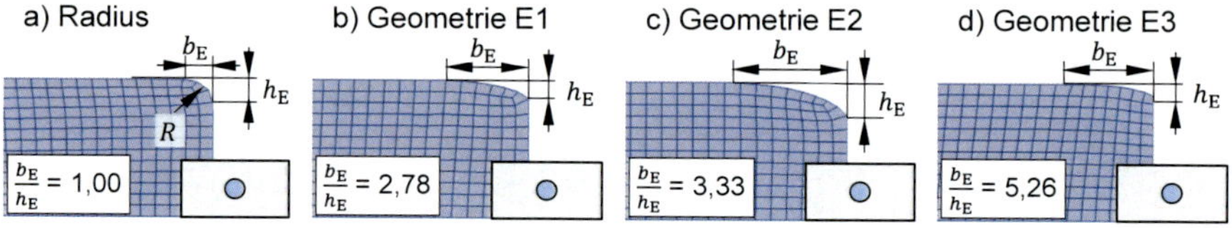

Abbildung 5.15: Synthetische, skalierbare Kanteneinzuggeometrien für Abstreifsimulationen
Synthetic, scalable die roll shapes used in stripping off simulation

Die Geometrie Radius (a) stellt eine vereinfachte Geometrie des Kanteneinzugs mit gleicher Breite und Höhe dar. Jede Geometrie (a-d) hat dabei ein konstantes Verhältnis aus Kanteneinzugbreite zu Kanteneinzughöhe. Für die Geometrien des Kanteneinzugs mit variabler Skalierung wurde die auf die Kontaktfläche bezogene Abstreifkraft und das auf die ideal rechtwinklige Geometrie bezogene Zugspannungsmaximum im Schneidstempel ausgewertet, Abbildung 5.16.

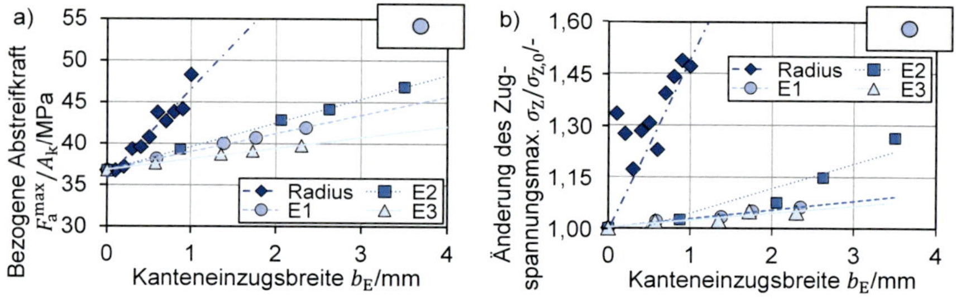

Abbildung 5.16: Abstreifkraft F_a^{max} bezogen auf die Kontaktfläche A_k (a) und Veränderung der maximalen Zugspannung in Abhängigkeit von der Kanteneinzugbreite (b)
Stripping force F_a^{max} related to contact area A_k (a) and change in maximum tensile stress in dependence of die roll width (b)

Die bezogene Abstreifkraft (a) und das bezogene Zugspannungsmaximum (b) verhielten sich in guter Näherung linear zur Kanteneinzugbreite für jede Kantengeometrie. Das Bestimmtheitsmaß R^2 für die linearen Näherungen betrug für die bezogene Abstreifkraft zwischen 0,93 und 0,99. Die Linearität für das bezogene Zugspannungsmaximum lag bei einer Bestimmtheit von 0,85 bis 0,98. Bei der Radius-Geometrie betrug die Linearität 0,66. Die geringe Linearität wird auf numerische Instabilitäten bei kleinen Geometrieänderungen zurückgeführt. Der Anstieg der Schneidstempelbeanspruchung durch den Kanteneinzug ist im Vergleich zu den anderen untersuchten Merkmalen der Schnittflächenqualität deutlich. Die Analyse des Einflusses vom Kanteneinzug auf die Schneidstempelbelastung hat gezeigt, dass das Zugspannungsmaximum stark mit der Kanteneinzughöhe korrelierte. Dies wird damit erklärt, dass der vom Niederhalter nicht unterstützte Bereich des Kanteneinzugs beim Abstreifen elastisch deformiert wird. Eine große Kanteneinzughöhe steht für eine geringe Steifigkeit der Schnittfläche.

Wechselwirkungen mit der Bruchfläche

Teilweise tritt auch beim Feinschneiden ein Bruchanteil auf der Schnittfläche auf. Zur Simulation der Bruchfläche wurde eine Fase am Stanzgitter mit einem Fasenwinkel β und einer Fasenhöhe h_{Br} modelliert und variiert. Der Fasenwinkel und der Bruchflächenanteil an der Kontaktfläche wurden variiert. Die Schnittfläche wurde mit weiteren Merkmalen aus den vorangehenden Untersuchungen ausgestattet – der Kanteneinzuggeometrie E1, einem Übermaß Δd = 35 µm und einer Konizität von k = 2,6 µm·mm^{-1}. Abbildung 5.17 zeigt die von Mises-Vergleichsspannungen in der Kontaktzone bei einem Abstreifweg von z = 0,3 mm.

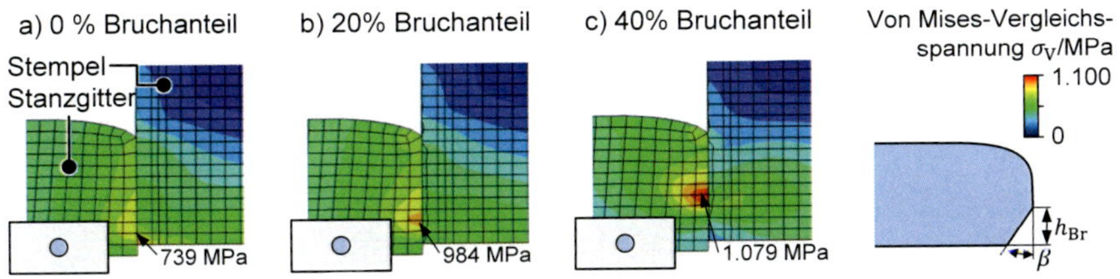

Abbildung 5.17: Verkanten für variierende Bruchanteile mit konstantem Fasenwinkel β = 1°
Wedging with varying fracture portion and constant fracture angle β = 1°

Am Übergang zwischen der Bruchfläche und der Glattschnittfläche war eine Spannungskonzentration am Stanzgitter zu beobachten. Die Spannungskonzentration weist auf Verkanten zwischen Schneidstempel und Stanzgitter durch fehlende Stützwirkung auf der Gratseite des Stanzgitters hin. Mit steigendem Bruchflächenanteil und damit reduzierter Stützwirkung am Schneidstempel steigt die Spannungskonzentration an. Wie in Abbildung 5.18 dargestellt ist, sinkt jedoch die Abstreifkraft mit erhöhtem Bruchanteil und mit erhöhtem Bruchwinkel, was mit der verringerten Klemmfläche und damit verringerten Klemmkraft erklärt wird.

Der Einfluss des Bruchanteils und des Bruchwinkels auf die maximale Spannungskomponente in Abstreifrichtung ist im Vergleich zu den Effekten von anderen Schnittflächenmerkmalen gering. Bei einem Bruchanteil von 40 % stieg die maximale Zugspannung um 4 % gegenüber einem Bruchanteil von 0 %. Der Anstieg der maximalen Zugspannung stieg auch bei verschiedenen Bruchwinkeln lediglich um 4 % an.

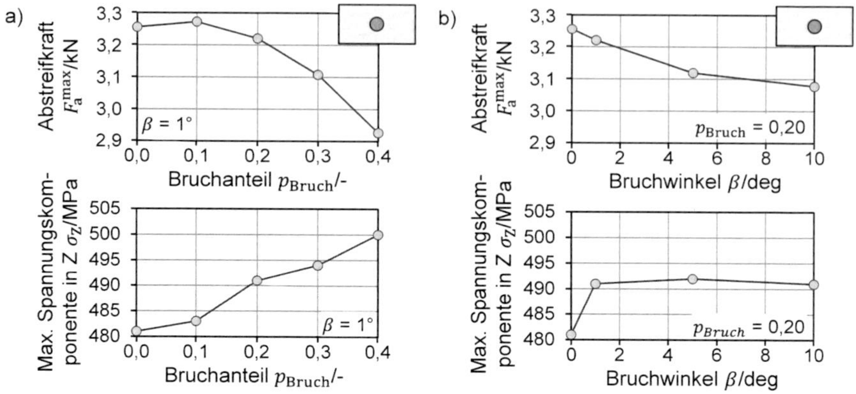

Abbildung 5.18: Einfluss des Bruchanteils (a) und des Bruchwinkels (b) auf die Abstreifkraft und Zugspannungen

Effect from fracture portion (a) and fracture angle (b) on stripping force and maximum tensile stress

Stempelneigung

Durch Fertigungstoleranzen, Montagefehler oder elastische Deformation des Feinschneidwerkzeugs in der Belastung treten Ausrichtungsfehler der Aktivelemente auf, die zu einer Stempelneigung beim Abstreifen führen können, siehe Abbildung 5.19. Für Hartmetallstempel mit einem Durchmesser von 100 µm zum Lochen von Stahlblechen einer Blechdicke von s_0 = 100 µm wurden in der Arbeit von JOO mögliche Stempelneigungen von bis zu γ = 1° in der Führung berechnet [JOO01, S. 192].

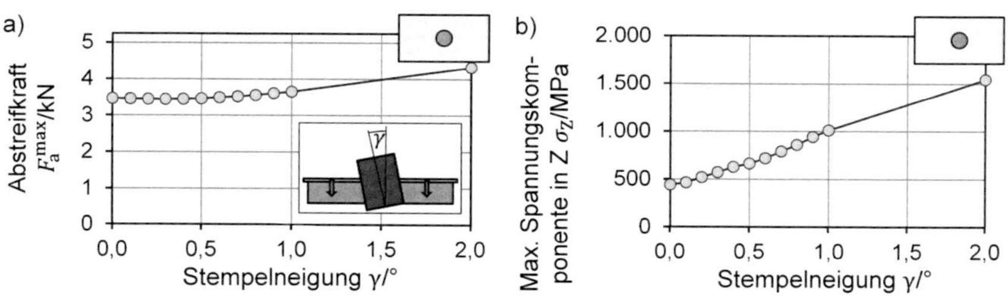

Abbildung 5.19: Einfluss der Stempelneigung auf die Abstreifkraft (a) und das Zugspannungsmaximum (b)

Influence of punch inclination on stripping force (a) and max. tensile stress (b)

Während die Abstreifkraft nur geringfügig anstieg, wurde die maximale Zugspannung im Schneidstempel mit 1° Stempelneigung bereits verdoppelt. Die Stempelneigung führte zu einer Biegebelastung im Schneidstempel, wodurch die Zugspannung beim Abstreifen einseitig anstieg. Schon geringfügige Neigungen steigerten die Beanspruchung deutlich.

Bewertung von Wechselwirkungen zwischen Schneidstempel und Stanzgitter

Die Einflüsse des Stempelwerkstoffs (Elastizitätsmodul) und der Schnittflächenmerkmale Konizität, Bruchflächenanteil, Bruchflächenwinkel, Kanteneinzuggeometrie und der Stempelneigung auf die Stempelbelastung wurden mittels der FEM analysiert. In Abbildung 5.20 sind die Ergebnisse aus den vorangehenden Analysen zur maximalen Zugspannung im Schneidstempel gegenübergestellt.

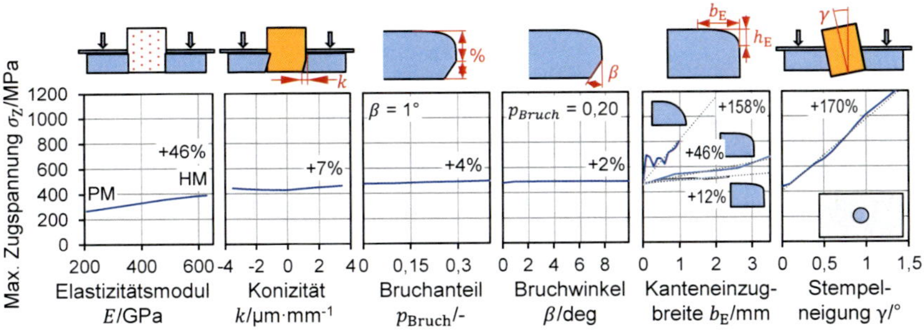

Abbildung 5.20: Gegenüberstellung der Wechselwirkungen von Schnittflächenmerkmalen mit der maximalen Zugspannung im Schneidstempel

Comparison of interactions of sheared surface characteristics with the maximum tensile stress in the punch

Den größten Einfluss auf das Zugspannungsmaximum haben die Elastizität des Stempelwerkstoffs, der Kanteneinzug und die Stempelneigung. Bei Hartmetallen steigt die Belastung im Untersuchungsraum um 46 % gegenüber PM-HSS an. Stempelneigungen bis zu 1,3° verursachen eine Steigerung der Belastung um bis zu 170 % gegenüber ideal ausgerichteten Aktivelementen. Von den Schnittflächenmerkmalen hat der Kanteneinzug den größten Effekt mit bis zu 158 % Anstieg der Belastung des Schneidstempels, wobei insbesondere die Kanteneinzughöhe für den Anstieg verantwortlich ist. Der Effekt, der zum Belastungsanstieg durch Kanteneinzug führt, wird nachfolgend tiefergehend analysiert.

Effekt durch Verkanten des Schneidstempels im Stanzgitter beim Abstreifen

Der Kanteneinzug am Stanzgitter hat aufgrund der vorangehenden Ergebnisse einen wesentlichen Einfluss auf die Belastung des Schneidstempels beim Abstreifen. Laut den durchgeführten Simulationen in Übereinstimmung mit [KROB18] traten innerhalb der Kontaktfläche knapp oberhalb der Schneidkante zwischen dem Schneidstempel und der Schnittfläche lokalkonzentrierte Zugspannungen auf. Dennoch lagen die Zugspannungen noch weit unterhalb der ertragbaren Zugspannung für Hartmetall. Erst durch eine Stempelneigung durch elastische Deformation des Werkzeugs, durch die Werkzeugsteifigkeit, Fertigungstoleranzen oder komplexe Wechselwirkungen mit dem Stanzgitter werden den Zugspannungen Biegespannungen überlagert, die lokal zu einer Werkstoffüberlastung führen können. Besonders der Kanteneinzug verursacht komplexe Kontaktbedingungen. Anhand der durchgeführten Simulationen zum Einfluss des Kanteneinzugs auf die mechanische Beanspruchung des Schneidstempels wurde ein Verkanten des Stanzgitters gegen den Schneidstempel beobachtet. Die in Abbildung 5.21a dargestellten Kontaktnormalspannungen mit und ohne Kanteneinzug nach 1 mm Abstreifweg veranschaulichen, dass am Übergang des Kanteneinzugs zur Schnittfläche eine hohe Flächenpressung vorliegt.

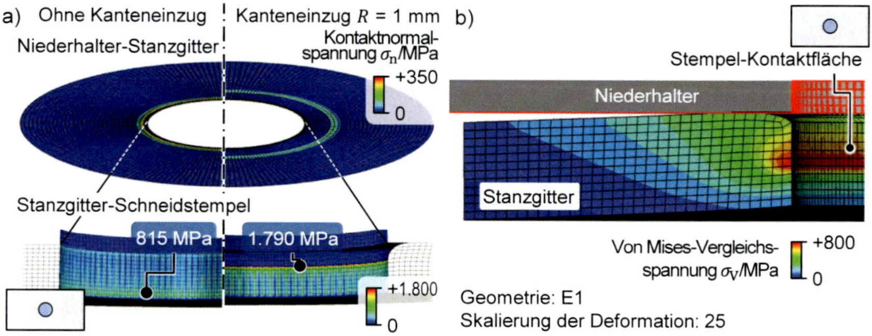

Abbildung 5.21: Kontaktnormalspannung an den Aktivelementen Stempel und Niederhalter beim Abstreifen (a) und Verkanten des Schneidstempels im Stanzgitter (b)

Contact normal stresses during stripping off (a) and die roll wedging effect (b)

Der Kanteneinzug am Stanzgitter wird während des Abstreifens aufgrund der Formabweichung nicht vom Niederhalter unterstützt, sodass die Abstreifkraft über den Hebelarm der Kanteneinzugbreite auf den Schneidstempel wirkt. Im Bereich der fehlenden Unterstützung findet elastische Deformation des Stanzgitters statt, was zu lokal hohen Kontaktnormalspannungen knapp unterhalb des Kanteneinzugs führt, Abbildung 5.21b. Das Verkanten erhöht die lokalen Zugspannungen im Schneidstempel und letztendlich die Abstreifkraft. Aus den Ergebnissen in Abbildung 5.16 wird deutlich, dass insbesondere eine hohe Kanteneinzughöhe ein Verkanten fördert. Daraus wird in Zusammenhang mit den Ergebnissen aus Kapitel 4 die Schlussfolgerung gezogen, dass konkave Geometrieelemente aus Sicht des Schnittteils mit einem kleinen Radius und kleinem Eckenwinkel oder Nuten eine hohe Beanspruchung für Schneidstempel aus Hartmetall darstellen. Kanteneinzug am Stanzgitter bei konkaven Geometrieelementen ist somit mit einer hohen Belastung des Schneidstempels verbunden.

5.3 Zwischenfazit

Intermediate conclusion

Die **Klemmung** des Stanzgitters gegen den Schneidstempel ist eine Folge der elastischen Rückfederung der Schnittfläche durch den Druckspannungszustand in der Scherzone. Die reduzierte Fließspannung infolge der Erwärmung durch dissipierte Energie in der Scherzone reduziert die elastische Rückfederung. Eine hohe Blechdicke und hohe Ersatzzugfestigkeit des erwärmten Blechwerkstoffs sowie Druckspannung in der Scherzone fördern somit die Klemmung.

Die **Abstreifkraft** wirkt infolge der Klemmung des Stanzgitters auf den Schneidstempel. Die Schnittfläche beeinflusst die Abstreifkraft und ist definiert durch die elastische Rückfederung, die Konizität, den Kanteneinzug und die Bruchfläche.

Die **maximale Zugspannung** im Schneidstempel hängt ab von der Schnittflächenqualität und dem Stempelwerkstoff. Die Schnittflächenmerkmale verursachen während des Abstreifens durch die Abweichung von einer ideal glatten, zylindrischen Schnittfläche hohe lokale Klemmung und Kontaktnormalspannungen, die während des Abstreifens Zugspannungen hervorrufen. Die lokal eingebrachten Spannungen im Schneidstempel verteilen sich über den Stempelquerschnitt in Abhängigkeit vom verwendeten Stempelwerkstoff. Das Verhältnis von maximaler Zugspannung zur mittleren Zugspannung über den Stempelquerschnitt steigt für steife Werkstoffe wie Hartmetall durch den hohen Elastizitätsmodul. Der Kanteneinzug verursacht die höchsten lokalen Spannungen im Schneidstempel.

Kanteneinzug am Stanzgitter führt zu einem **Verkantungseffekt**. Das Stanzgitter wird während des Abstreifens über die Kanteneinzugbreite nicht vom Niederhalter unterstützt. Die Kanteneinzugbreite wirkt als Hebelarm der Abstreifkraft zur Überwindung der Klemmkraft des Stanzgitters auf den Schneidstempel. Der Hebelarm führt zu einer elastischen Deformation des nicht unterstützten Kanteneinzugbereichs. Die Schnittfläche verkantet dadurch gegen den Schneidstempel, was hohe lokale Klemmkräfte und lokale Zugspannungen im Schneidstempel hervorruft.

Die Ergebnisse haben gezeigt, dass Kanteneinzug den Schneidstempel beim Abstreifen verkantet. Damit sind nach den Ergebnissen aus Kapitel 4 konkave Geometrien mit einem großen Kanteneinzug wie Radien, Ecken und Nuten **kritische Geometrieelemente** für das Feinschneiden mit Hartmetallstempeln. Daraus folgt die Hypothese, dass Kanteneinzug des Stanzgitters besonders bei asymmetrischen Geometrien einen kritischen Belastungsfall am Schneidstempel hervorrufen kann.

Die **Forschungsfrage 2**, welche Wechselwirkungen zwischen dem Schneidstempel und der Schnittfläche des Stanzgitters das Belastungskollektiv aus Zug- und Biegespannungen beim Abstreifen hervorrufen, wurde damit in Kapitel 5 beantwortet. Veränderte Kontaktbedingungen durch Kanteneinzug und eine Neigung des Schneidstempels führen zu einem Verkanten des Schneidstempels im Stanzgitter, wodurch lokale Belastungen im Schneidstempel signifikant gesteigert werden.

6 Abstreifen des Stanzgitters mit asymmetrischer Geometrie

Stripping off with asymmetric geometry

Die Untersuchungen in den Kapiteln 4 und 5 haben gezeigt, dass Kanteneinzug abhängig von lokalen Geometrieelementen ist. Außerdem wurde gezeigt, dass ein hoher Kanteneinzug zu einem Verkantungseffekt führt, sodass die Kontaktnormalspannung zwischen der Schnittfläche des Stanzgitters und dem Schneidstempel ansteigt. Im Folgenden wird die Hypothese untersucht, dass variable Kontaktbedingungen an einer Schnittkontur zu einem Biegemoment im Schneidstempel führen, was bei einem Hartmetallstempel zu einem Stempelbruch führt. Dabei werden Kontaktbedingungen durch Schnittflächenmerkmale sowie durch die Randbedingungen des Streifenlayouts wie Stegbreiten und Abstände zwischen Kavitäten bestimmt.

Für die Analyse des Belastungsfalls beim Abstreifen wurden in Kapitel 6.1 Feinschneidversuche mit asymmetrischen Hartmetallstempeln anhand des zweifach fallenden Feinschneidwerkzeugs aus Kapitel 4 durchgeführt. Das Schadensbild wurde in Kapitel 6.2 unter den Voraussetzungen des Stanzgitters anhand der Erkenntnisse zu den Wechselwirkungen in Kapitel 5 analysiert und erklärt. In Kapitel 6.3 wurde der Belastungsfall beim Stempelbruch mit einer FE-Simulation simuliert, um den Bruchhergang zu erklären. Die Ergebnisse wurden in [VOIG21a] veröffentlicht.

6.1 Abstreifversuche mit einer Analogiegeometrie

Experimental stripping tests with an analogy geometry

Für die Analyse der Stempelbelastung beim Abstreifen des Stanzgitters aus hochfestem Blechwerkstoff von Hartmetallstempeln wurde das Feinschneidwerkzeug aus Kapitel 4.1 verwendet. Die Schnittliniengeometrie und das Streifenlayout wurden gemäß Abbildung 4.1 festgelegt. Die Stegbreite wurde mit a = 10 mm definiert, um ähnlich wie in industriellen Prozessen eine hohe Schnittflächenqualität bei ausreichender Werkstoffausnutzung zu erzielen. Die Versuche wurden ohne Ringzacke durchgeführt, um die Rückfederung der Schnittfläche und somit die Abstreifkraft zu mindern.

Zur Bewertung der tribologischen Vorgänge wurde die Stempelkraft gemessen. Für die Bruchdetektion wurde ein Körperschallsensor am oberen Block des Werkzeugs angebracht, siehe Abbildung 4.2. In den beiden Phasen Schneiden und Abstreifen lieferten Prozesskräfte und Körperschall Informationen über die Wechselwirkungen und das Tribosystem zwischen dem Schneidstempel und dem Blech bzw. Stanzgitter. Während der Schneidphase wurde die Presspassung des Stanzgitters mit dem Schneidstempel gebildet, die an der Schnittfläche wirkte. Die Presspassung führte zu einer Klemmkraft und Zugspannungen in der Abstreifphase (vgl. Kapitel 5.1). Deshalb wurden beide Phasen aus dem Feinschneidzyklus analysiert. Es ist bekannt, dass durch die Umformung während der Schneidphase Körperschall emittiert wird [KÖNI92]. Ein Werkzeugbruch emittiert einen von der Drehbearbeitung bekannten

Schallstoß [JEMI98]. Es ist außerdem anzunehmen, dass das Tribosystem Körperschall emittiert, wie aus der Getriebeuntersuchung bekannt ist [RAJA07]. Der Körperschallsensor wurde außen an der oberen Grundplatte angebracht. Der Körperschall, der vom System Blech-Schneidstempel emittiert wird, propagiert also durch den Schneidstempel, die Abstimmplatte, die Druckplatte und die obere Grundplatte zum Schwingungsaufnehmer. An jeder Fügestelle zwischen den Aufbauelementen wird ein Teil des Schalls reflektiert [MÖSE10], wodurch das Körperschallsignal am Messort abgeschwächt ankommt. Für die Versuche wurde ein Sensor vom Typ KISTLER 8152C mit einem Messbereich von 50–400 kHz verwendet. Der AE-Sensor wurde mit einem M6-Gewinde mit einem definierten Drehmoment von 9 Nm am Werkzeug montiert. Die Kontaktfläche für die Schallübertragung auf der Werkzeugoberfläche war plan geschliffen und mit Ultraschallgel benetzt.

Für die Messung der Prozesskräfte Stempelkraft F_{St}, Niederhalterkraft F_{NH} und Gegenhalterkraft F_{GH} wurden piezoelektrische Messunterlagscheiben verwendet, die im Kraftnebenschluss verbaut waren. Die Kraftmessung erfolgte indirekt und wurde mittels einer hydraulischen Presse mit einer Kraftmessplattform kalibriert. Die Abstände Werkzeugoberhälfte zu Pressenstößel und Werkzeugoberhälfte zu Zwischenplatte wurden mit taktilen Messtastern vom Typ HAIDENHAIN SPECTO gemessen. Alle Messsignale wurden analog mit der Software NATIONAL INSTRUMENTS LABVIEW aufgezeichnet. Das Körperschallsignal wurde dem NYQUIST-SHANNON-Theorem entsprechend mit einer sampling-Rate von 1 MHz abgetastet, um Aliasing zu vermeiden. Die Prozesskräfte und Wegsignale wurden mit einer sampling-Rate von 10 kHz abgetastet.

Als Blechwerkstoff wurde mikrolegierter Feinkornbaustahl S700MC im kalt nachgewalzten Zustand mit den Abmessungen 68,00 × 6,00 mm eingesetzt. Der Blechwerkstoff hatte eine Streckgrenze von $R_{\mathrm{p0.2}}$ = 760 MPa und eine Zugfestigkeit von R_{m} = 815 MPa. Der Blechstreifen wurde mit chlorfreiem Feinschneidöl FUCHS WISURA FMO 5020 beölt. Das Feinschneidöl war eine Zubereitung aus hochraffinierten Mineralölen mit Additiven mit einer Dichte von ρ = 0,92 g·cm^{-3} und einer dynamischen Viskosität von η = 115 mm^{2}·s^{-1} (40 °C). Die Prozesseinstellungen an der Feinschneidpresse wurden gemäß Tabelle 6.1 gewählt.

Tabelle 6.1: Pressenparameter für die Feinschneidversuche
Press parameter for the fine blanking experiments

Parameter	Symbol	Einheit	Wert
Hubrate	n	min^{-1}	50
Niederhalterkraft	F_{NH}	kN	450
Gegenhalterkraft	F_{GH}	kN	370
Vorschub	f	mm	41
Timing Abstreifen		mm nach OT	0,0
Timing Auswerfen		mm nach OT	10,0
Schmierstoffauftragsmenge		g·m^{-2}	8,0

Das Abstreifen erfolgte federwirkend, damit die Blechklemmung und damit die Kontrolle über die Bewegung des Blechs aufrecht erhalten blieb. Die Hubrate war mit 50 min^{-1} so gewählt, dass der Hydraulikzylinder des Niederhalters nach dem Schneiden mit ausreichender Geschwindigkeit ausfährt, um die Blechklemmung nicht zu verlieren. Bei erhöhter Stößelgeschwindigkeit beim Öffnen des Werkzeugs eilt der Druckzylinder des Niederhalters dem Stößel nach, wodurch die Blechklemmung verloren geht.

Anhand der gemessenen Prozesskräfte und des Körperschallsignals wurden die tribologischen Wechselwirkungen zwischen den Schneidstempeln und dem Blech und Bruchereignisse der Schneidstempel analysiert. Die Versuchsergebnisse gaben Aufschluss über die mechanische Belastung der Schneidstempel.

6.2 Analyse von Stempelbrüchen mit asymmetrischer Geometrie

Analysis of punch fracture during stripping off

Die Klemmkraft des Stanzgitters auf dem Schneidstempel wurde nach der Formel (5.10) für einen zweifach fallenden Feinschneidprozess (Abbildung 4.1a) mit der Analogiegeometrie (Abbildung 4.1b) abgeschätzt. Mit einer Schnittlinie pro Stempel von l_s = 123 mm und einer Blechdicke von s_0 = 6 mm ergaben sich eine Spitzentemperatur in der Scherzone von T_c = 354 °C und eine Ersatzzugfestigkeit von R_m^c = 644 MPa für den Werkstoff 42CrMo4. Die resultierende Abstreifkraft F_a^{max} beträgt für zwei Schneidstempel damit 14,6 kN. Die berechnete Abstreifkraft war vergleichbar mit der gemessenen Abstreifkraft von 15 kN, vgl. Abbildung 6.3, Timing bei 5 mm nach OT. Beim federwirkenden Abstreifen (Timing Abstreifen 0 mm nach OT) wurde das Stanzgitter zwischen Matrize und Niederhalter eingespannt, sodass die Querkontraktion eine erhöhte Klemmkraft auf den Stempel ausübte. Die erhöhte Klemmkraft steigerte die Abstreifkraft auf 26 kN. Die Wechselwirkungen zwischen Schneidstempel und Stanzgitter beim Abstreifen werden nachfolgend anhand der Versuchsergebnisse analysiert.

In einem ersten Schritt wurde ein Feinschneidzyklus mit intakten Schneidstempeln aus PM-HSS Böhler S390 messtechnisch erfasst, um die Charakteristik eines Feinschneidzyklus zu analysieren. Im zweiten Schritt wurde ein Hartmetallstempel aus Ceratizit CF-H25S (Co-Gehalt: 8,5 %; Mittlere Korngröße: submicron, 0,7 µm) eingesetzt, bei dem ein Stempelbruch auftrat. Abbildung 6.1 zeigt Weg-, AE- und Kraft-Signale des Referenz-Feinschneidzyklus.

Die Prozessphasen wurden anhand des Wegsignals unterschieden, Abbildung 6.1a. Der Pressenstößel fuhr zunächst auf Kontakt (A), was im AE-Signal (Abbildung 6.1c) und im Kraftsignal von Niederhalter und Stempel (Abbildung 6.1b) als kleiner Peak sichtbar wurde. Während des Antastens (A-B) wurde der Pressenstößel abgebremst. Nach dem ersten Kontakt mit dem Blech war das Werkzeug geschlossen und wurde der Tasttisch in den Anschlag angehoben (B). Während des Anhebens des Tasttischs fand keine Relativbewegung im Werkzeug statt. Am Ende des Tastweges stieg die Niederhalterkraft an (B-C). Der Schneidstempel stand 0,1 mm hinter der Führung zurück, sodass der Stempel zeitlich versetzt Blechkontakt bekam (C). Die Stempelkraft erhöhte sich mit einem Versatz zur Niederhalterkraft (C-D).

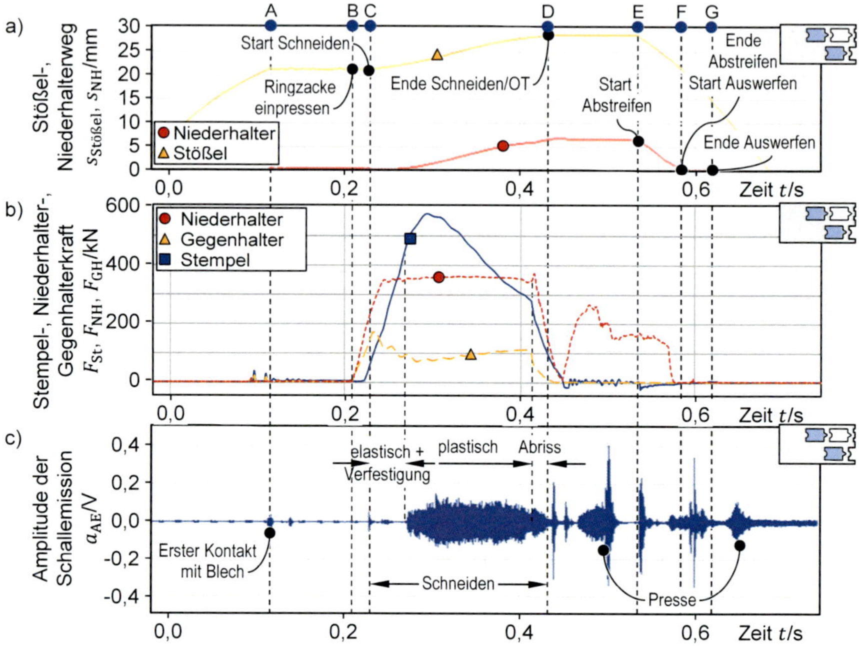

Abbildung 6.1: Wegsignal (a), Prozesskräfte (b) und AE-Signal (c) eines Feinschneidzyklus bei einer Hubrate n_{Hub} = 50 min^{-1}, Niederhalterkraft F_{NH} = 350 kN, Gegenhalterkraft F_{GH} = 300 kN, Abstreifzeitpunkt 0 mm nach OT, Ausstoßzeitpunkt 10 mm nach OT

Displacement (a), process forces (b) and AE-signal (c) of a fine blanking cycle at stroke rate n = 50 min^{-1}, blank holder force F_{NH} = 350 kN, counter holder force F_{GH} = 300 kN, stripping off 0 mm after TDC, ejecting at 10 mm after TDC

Der Stempelkraftverlauf wird mit plastischen und elastischen Effekten interpretiert und erklärt. Wenn der Schneidstempel in Kontakt mit dem Blech tritt, wirkt die Gegenhalterkraft auf den Schneidstempel und steigt die Stempelkraft näherungsweise linear auf ein Maximum an. Während des Kraftanstiegs ist die Stößelgeschwindigkeit niedrig. Die Umformung hat zu Beginn des Schneidens elastische Anteile, Kanteneinzug am Schnittteil und am Stanzgitter wird gebildet und die Scherzone wird kaltverfestigt. Zum Zeitpunkt der maximalen Stempelkraft findet überwiegend plastische Umformung in der kaltverfestigten Scherzone statt, während die zu trennende Blechdicke noch groß ist. Nach dem Erreichen der Maximalkraft sinkt die Stempelkraft näherungsweise linear, während die verbleibende Dicke der Scherzone abnimmt. Während der plastischen Blechtrennung ist ein charakteristischer Schwingungsbauch im AE-Signal sichtbar, was qualitativ mit Literaturangaben übereinstimmt und auf plastomechanische sowie tribologische Vorgänge zurückgeführt wird [KÖNI92]. Während dieser Phase wird aufgrund des hydrostatischen Druckspannungszustands in der Scherzone eine Presspassung des Stanzgitters auf den Schneidstempel erzeugt. Kurz vor dem oberen

Totpunkt (OT) entsteht ein Abriss (D) auf den Schnittflächen von Schnittteil und Stanzgitter, was zu einem schnellen Kraftabfall führt. Zudem fällt der Druck am Gegenhalter und am Niederhalter im OT ab, da die Ventile der Pressenhydraulik umgeschaltet werden. Der Abfall der Gegenhalter-Kraft wirkt sich ebenfalls auf die Stempelkraft aus. Nach dem Umkehrpunkt (D) wird der Tasttisch wieder abgesenkt (D-E), bis die Gegenkraft für das Abstreifen wirksam wird und der Niederhalter-Druck wird wieder aufgebaut, um den Blechstreifen beim Abstreifen (E-F) zu klemmen. In der unteren Endlage des Tasttischs (E) beginnt der Abstreifvorgang und die Stempelkraft steigt wieder in die Zugrichtung an. Zu Beginn des Abstreifens (E) wurde ein Schallstoß beobachtet, der auf tribologische Effekte und das Überwinden der Haftreibung und eventuellen adhäsiven Anhaftungen des Blechwerkstoffs an der Beschichtung zurückgeführt wird. Im AE-Signal sind außerhalb der tribologisch relevanten Phasen der Blechtrennung und des Abstreifens Emissionen sichtbar, die im Zusammenhang mit Schaltpunkten im Hydrauliksystem oder dem Anfahren von Endlagen bspw. des Tasttischs erklärt werden, aber keine Bedeutung für die mechanische Stempelbelastung haben.

Die Schneidstempel wurden mit Hartmetallstempeln ersetzt und ein Feinschneidhub wurde ausgeführt. Beim Stempelrückzug ist die Stirnfläche des Schneidstempels in der Kavität I vollständig abgerissen (Abbildung 6.2a).

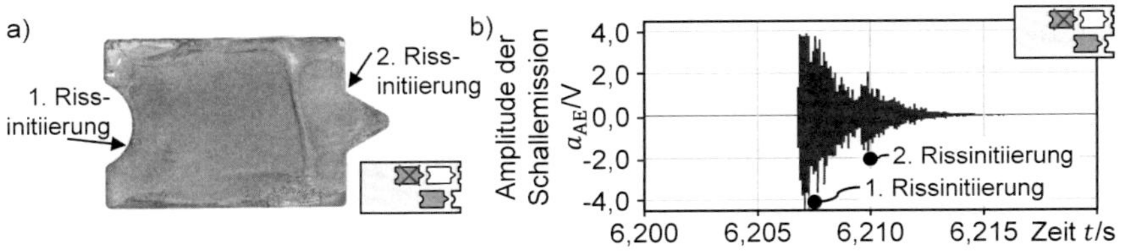

Abbildung 6.2: Bruchfläche des Hartmetallstempels (a), AE-Signal des Stempelbruchs (b)
Fractured punch rake face (CF-H25S) (a), AE-Signal of the punch fracture (b)

Das Bruchbild wurde zusammen mit dem AE-Signal interpretiert und erklärt. Anhand des AE-Signals sind zwei Bruchereignisse als zwei Schallstöße mit einem Versatz von 3 ms erkennbar (Abbildung 6.2b). Der Schallstoß ist ein bekanntes Phänomen von Bruchereignissen in der Fertigungstechnik [HUAN98], der durch elastische Wellen infolge der plötzlichen Änderung lokaler Spannungen emittiert wird [SCRU87]. Aufgrund des Bruchbildes werden zwei Rissinitiierungen an den konkaven Geometrieelementen unterschieden (Abbildung 6.2a). Es sind zwei Bruchflächen erkennbar, die durch eine prominente Linie quer zu den Rissinitiierungen voneinander getrennt sind. Die Bruchfläche auf der halbkreisförmigen Nut auf der linken Seite ist deutlich größer als die vom Verzahnungselement ausgehende Bruchfläche. Dadurch wird das zeitlich erste Rissereignis, welches mit einer höheren Lautstärke und längeren Abklingdauer gemessen wurde, der halbkreisförmigen Nut zugeordnet. Das zweite Rissereignis wird in einer Kerbe neben dem Verzahnungselement lokalisiert. Die Orthogonale zur prominenten Bruchlinie zwischen den Bruchflächen ist auf die Kerbe oberhalb des Verzahnungselements gerichtet, was für ein Rissereignis in der oberen Kerbe spricht.

Die Kraftmessung von der Abstreifphase unterstützt den Erklärungsansatz für den Bruchhergang und stimmt mit dem Körperschallsignal überein. Abbildung 6.3 stellt einen Vergleich zwischen einem Abstreifvorgang mit intakten Schneidstempeln als Referenz (a) und ein Bruchereignis während des Abstreifens (b) dar.

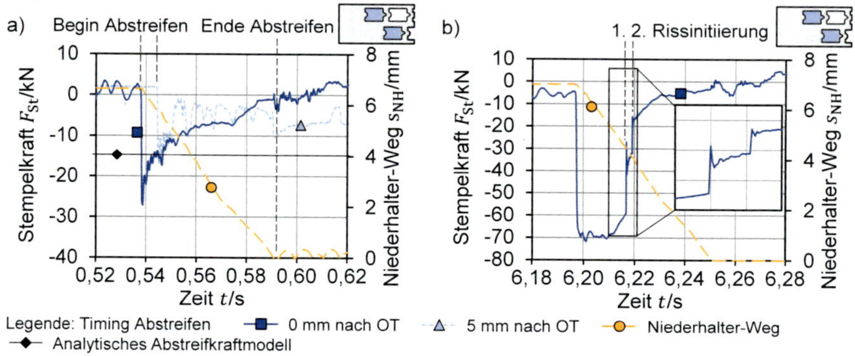

Abbildung 6.3: Stempelkraft beim Abstreifvorgang mit intaktem Schneidstempel mit unterschiedlichem Timing des Abstreifvorgangs nach OT (a) und Stempelbruch (b)

Punch force during stripping off with intact punch (a) and punch fracture (b)

Die Abstreifkraft am Schneidstempel in Abbildung 6.3a war klein im Vergleich zu den Schneidkräften. Beim federwirkenden Abstreifen mit intakten Schneidstempeln (Beginn des Abstreifens im OT) stieg die Stempelkraft kurzzeitig auf ein Maximum an. Dabei war das Stanzgitter zwischen der Matrize und dem Niederhalter geklemmt, um ein Verkanten zu vermeiden. Dann begann das Stanzgitter mit linearem Abstreifweg vom Stempel abzugleiten. Die Abstreifkraft nahm mit dem Abstreifweg ab, da die Kontaktfläche mit zunehmendem Abstreifweg abnahm. Die Stempelkraft war nahe Null, bevor das Abstreifen abgeschlossen war, was mit dem Kanteneinzug auf dem Stanzgitter erklärt wird, sodass schon vor dem Ende der Abstreifphase kein Kontakt mehr vorliegt. Der Verlauf der Abstreifkraft hatte leichte Schwingungen, was auf ein leichtes Ruckgleiten oder Verkanten hinweist. Bei verzögertem Abstreifen (Timing Abstreifen 5 mm nach OT) war die Maximalkraft geringer. Die höhere Maximalkraft beim federwirkenden Abstreifen wird mit der Querkontraktion des Stanzgitters infolge der Stauchung zwischen Matrize und Niederhalter erklärt, wodurch die Klemmkraft erhöht wird. Beim verzögerten Abstreifen war das Stanzgitter nicht geklemmt und die Abstreifkraft entsprach nach der Überwindung der Haftreibung der Erwartung aus dem Modell für die Abstreifkraft aus Kapitel 5.1, vgl. Abbildung 6.3a. Ebenfalls trat beim verzögerten Abstreifen ein starkes Ruckgleiten auf und die Abstreifkraft sank mehrfach auf 0 ab. Bei einem Stempelbruchevent in Abbildung 6.3b stieg die Abstreifkraft auf 70 kN an, bevor das Stanzgitter anfing abzugleiten. Das Kraftsignal umfasst sowohl die Abstreifkraft des intakt gebliebenen und des gerissenen Schneidstempels aus beiden Kavitäten. Der Kraftverlauf lässt sich dennoch in Bezug auf den Bruchhergang interpretieren. Die hohe Abstreifkraft weist auf das Verkanten zwischen Stanzgitter und Schneidstempel hin. Nach ca. 30 % Abstreifweg weist ein unstetiger Kraftabfall um 50 % von 60 auf

30 kN auf ein Rissereignis hin. Nach dem Kraftabfall stieg die Abstreifkraft erneut auf ca. 40 kN an (erneutes Verkanten) und ein erneutes Abgleiten war erkennbar. Kurz nach dem ersten Rissereignis war eine zweite Unstetigkeit im Kraftverlauf erkennbar, die auf das zweite Rissereignis hinweist.

Die Beobachtungen im Kraftverlauf stimmen mit den Beobachtungen an der Bruchfläche und am AE-Signal überein und deuten auf zwei Rissinitiierungen hin. Das erste Bruchereignis wird damit erklärt, dass der Stempel an der halbkreisförmigen Nut der Geometrie verkantete und Biegespannungen induziert wurden. Die Biegefestigkeit wurde lokal überschritten, was zur ersten Rissinitiierung führte. Der Bruch führte zu einer asymmetrischen Freigabe des Stempels, was zu Verkanten auf der gegenüberliegenden Seite der Geometrie führte. An den konkaven Stellen der Schnittlinie neben dem Verzahnungselement fand somit die zweite Rissinitiierung statt.

In Kapitel 5.1 wurde die Klemmkraft des Stanzgitters an Hartmetallstempeln im Feinschneidprozess mit elastischer Rückfederung des Stanzgitters beschrieben und erläutert. Bei anwendernahen Prozessen weist das Stanzgitter jedoch aufgrund geringer Stegbreiten eine variable Steifigkeit entlang der Schnittlinie sowie verschiedene Geometrieelemente auf. In Abbildung 6.4a ist die mittels 3D-Sensor GOM ATOS gemessene Deformation des Stanzgitters in Schneidrichtung (z) dargestellt. Die Deformation wird durch Kanteneinzug gebildet. Dazu wurde ein Zuschnitt des Stanzgitters vermessen und in ein STL-Netz konvertiert. Das STL-Netz wurde mit der Analysesoftware GOM INSPECT ausgewertet.

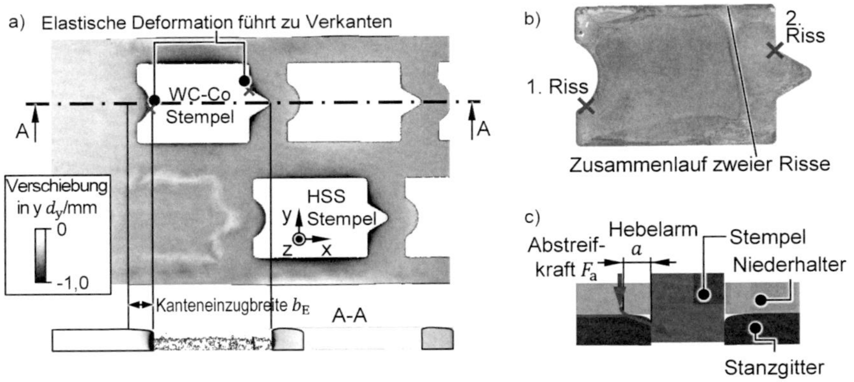

Abbildung 6.4: Deformation des Stanzgitters in Schneidrichtung durch Kanteneinzug (a), Bruchbild des Hartmetallstempels (b) und Mechanismus des Verkantens (c)

Deformation of the scrap web in blanking direction (a), fracture pattern of the corresponding cemented carbide punch face (b) and wedging mechanism (c)

Die Wechselwirkungen zwischen Schneidstempel und Stanzgitter werden anhand der Stegbreiten und des Kanteneinzugs im Stanzgitter erklärt. Die variable Steifigkeit des Stanzgitters entlastet den Stempel lokal bei **geringen Stegbreiten**, was zu einer variablen Klemmung entlang der Schnittlinie führt. Der **Verkantungseffekt durch den**

Kanteneinzug führt zu **asymmetrischen Wechselwirkungen** zwischen Schneidstempel und Stanzgitter. Auf der Bandeinlaufseite wird Werkstoff mit hoher Steifigkeit zugeführt, während das Stanzgitter auf der Bandauslaufseite in seiner Steifigkeit geschwächt ist. An den Blechrändern entfernt sich der Werkstoff im 7 mm breiten Steg von der Blechmitte und somit vom Schneidstempel. Die Klemmung wird vor allem von der Blechmitte aus aufgebracht, während die Schneidstempel sich zu den Blechrändern hin verschieben. Die konkaven Geometrieelemente in der halbkreisförmigen Nut und in den Kerben neben dem Verzahnungselement weisen eine hohe Kanteneinzugbreite auf, in der das Stanzgitter beim Abstreifen nicht vom Niederhalter unterstützt wird. Die Folge ist ein Verkantungseffekt in den konkaven Radien, Abbildung 6.4c. Die Stellen mit hohem Kanteneinzug am Stanzgitter stimmen mit den Rissinitiierungspunkten überein, Abbildung 6.4b. Da der Schneidstempel in Kavität I vom Blechrand weniger unterstützt wird, was zu einer elastischen Auslenkung zum Blechrand hin führt, ist die Klemmung an den identifizierten Rissinitiierungspunkten leicht erhöht, was den Ort für die Rissinitiierung erklärt. Abbildung 6.5 zeigt eine Übersicht über die Wechselwirkungen am Bruchstempel durch das Streifenlayout und die Schnittflächenqualität. Unausgeglichene Klemmbedingungen erzeugen ein Biegemoment im Schneidstempel.

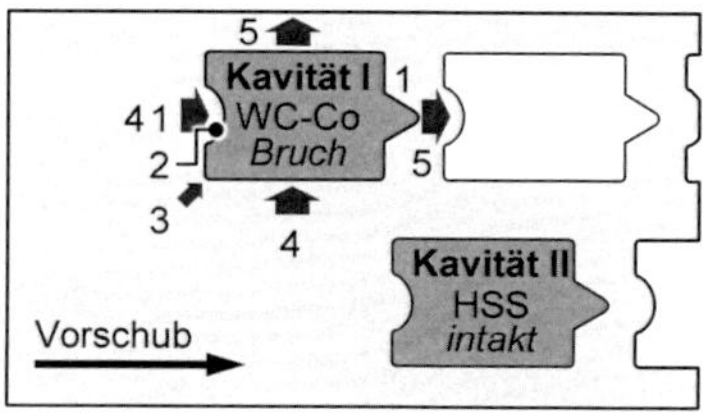

Variable Kontaktbedingungen entlang der Schnittlinie

1 Verkanten des Kanteneinzugs
2 Punkt der höchsten mechanischen Beanspruchung
3 Höchste Kontakthöhe (kein Kanteneinzug)
4 Blech mit hoher Steifigkeit (breiter Steg)
5 Geringe Klemmung (biegsamer Steg)

Abbildung 6.5: Wechselwirkungen des Stanzgitters mit dem gebrochenen Schneidstempel
Interactions of the scrap web with the fractured punch

Die Entstehung der Stempelbelastung, die zum Bruch führte, wird anhand des Streifenlayouts und des Kanteneinzugs am Stanzgitter erklärt. Die hohe Steifigkeit auf der Bandeinlaufseite (4) schiebt den Schneidstempel in Vorschubrichtung, während die geringere Steifigkeit an der Blechauslaufseite (5) ein Ausweichen in dieselbe Richtung zulässt. Derselbe Effekt tritt von der Blechmitte (4) zum Blechrand (5) hin auf. An der Bandeinlaufseite tritt zudem der Verkantungseffekt (1) auf, der die höchste Klemmung und damit die höchst belastete Stelle am Schneidstempel (2) verursacht. Somit tritt an dieser Stelle die erste Rissinitiierung ein. Durch den Stempelbruch wird der Schneidstempel vom Rissgrund ausgehend gelöst und als Folge verkantet er an der Kerbe neben dem Verzahnungselement auf der Bandaußenseite (1).

6.3 Numerische Analyse der Stempelbeanspruchung beim Abstreifen

Numerical analysis of punch loads during stripping off

Der Belastungsfall aus Kapitel 6.2, der zum Stempelbruch geführt hat, wurde mithilfe der FEM nachgebildet, um die Hypothese für den Bruchhergang zu überprüfen. Der

Abstreifvorgang wurde in einer sequenziellen FE-Simulation in der Simulationssoftware FORGE NXT 2.1 nachgebildet. Die Randbedingungen beim Abstreifen waren durch die Wechselwirkungen mit dem Stanzgitter festgelegt. Der vorangehende Schneidvorgang definierte den Spannungs-Dehnungs-Zustand im Stanzgitter. Eine Ringzacke wurde wie im Experiment nicht verwendet, um die elastische Rückfederung und damit die Klemmkraft des Stanzgitters zu reduzieren.

Modellierung

Der Spannungs-Dehnungs-Zustand und die Steifigkeit des Stanzgitters wurden in der sequenziellen Simulation realitätsgetreu modelliert, vgl. Abbildung 6.6. Das Modell wurde als Vollsimulation ohne Ausnutzung von Symmetrien aufgebaut, um die Wechselwirkungen zwischen den Schneidstempeln und dem Stanzgitter zu berücksichtigen. Das Stanzgitter wurde mittels CAD modelliert und in einer ersten Schneidsimulation mit starren Stempeln um zwei Lochungen erweitert. Durch die Simulation wurde die Geometrie des Stanzgitters in der Nähe der Schneidkanten realistisch nachgebildet und ein Spannungs-Dehnungs-Zustand im Stanzgitter erzeugt.

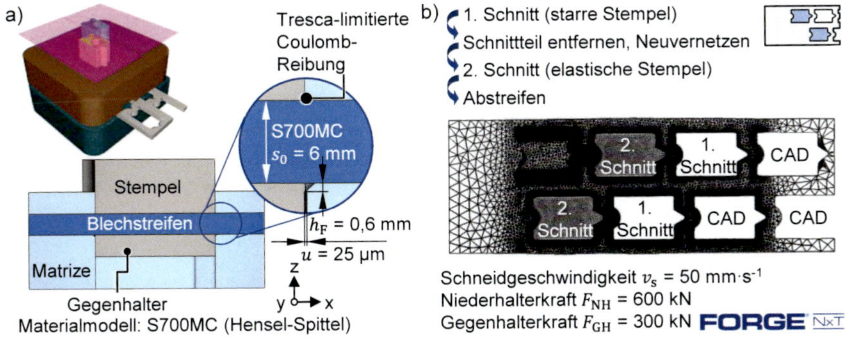

Abbildung 6.6: Modellierung (a) und sequenzielle Vollsimulation (b) zur realistischen Darstellung des Spannungs-Dehnungs-Zustands im Stanzgitter beim Abstreifen

Modelling (a) and sequential full 3d-simulation (b) for realistic representation of the stress state in the scrap web during stripping off

Das Schnittteil wurde aus dem Netz des Blechteils anschließend manuell entfernt und das Volumen neuvernetzt. Dabei blieb der Spannungs-Dehnungs-Zustand erhalten. Anschließend wurde das vorgeschnittene Stanzgitter neu positioniert und die eigentliche Schneidoperation wurde mit ideal-elastischen Schneidstempeln durchgeführt. Das Schnittteil wurde wieder manuell aus dem Stanzgitter entfernt und das Volumen wurde neu vernetzt. Im letzten Schritt wurde das Abstreifen mit ideal-elastischen Schneidstempeln simuliert. Die Werkzeugelemente Gegenhalter, Niederhalter und Matrize wurden starr modelliert. Die ideal-elastischen Schneidstempel wurden jeweils auf der Stempelfußseite an eine starre Stempelhalteplatte gefesselt. Die Prozessparameter wurden gemäß Tabelle 6.2 in Anlehnung an die Versuchsbedingungen festgelegt.

Tabelle 6.2: Prozessparameter des FE-Modells

Process parameters of the FE-model

Parameter	Einheit	Wert
Schneidspalt u	µm	25
Niederhalterkraft F_{NH}	kN	600
Gegenhalterkraft F_{GH}	kN	2 × 150
Schneidgeschwindigkeit v_s	mm·s^{-1}	50
Abstreifgeschwindigkeit v_a	mm·s^{-1}	100

Der Blechwerkstoff wurde mithilfe von Hensel-Spittel-Fließkurven elastisch-plastisch modelliert. Die Fließkurven wurden in Kapitel 4.2.1 eingeführt. Die elastischen und physikalischen Werkstoffparameter wurden gemäß Tabelle 6.3 festgelegt.

Tabelle 6.3: Physikalische und thermische Werkstoffparameter [CERA15a]; [SPRI20]

Physical and thermal material parameters

Parameter	Einheit	S700MC (1.8974)	CF-F35Z
Dichte ρ	g·cm^{-3}	7,85	13,60
Elastizitätsmodul E	GPa	210	480
Poissonzahl ν	-	0,30	0,23
Spezifische Wärmekapazität c_p	J·(kg·K)$^{-1}$	778	420
Thermische Konduktivität λ	W·(m·K)$^{-1}$	35,5	85,0
Emissionsgrad ε_T	-	0,88	0,6

Die Temperaturverteilung wurde mit einem Wärmestrommodell modelliert. Das Volumen des Blechwerkstoffs wurde in der Scherzone fein diskretisiert und gradiert, Abbildung 6.7a. Die Vernetzung des Blechwerkstoffs wurde in einer Vernetzungsstudie angepasst, Abbildung 6.7b. Die optimale Kantenlänge für den Kompromiss aus Simulationsdauer und Genauigkeit wurde für eine Kantenlänge s_E = 0,5 mm gefunden und in der Simulation angewendet. Bei weiterer Verfeinerung des Netzes um 0,1 mm stieg die Simulationsdauer stark an.

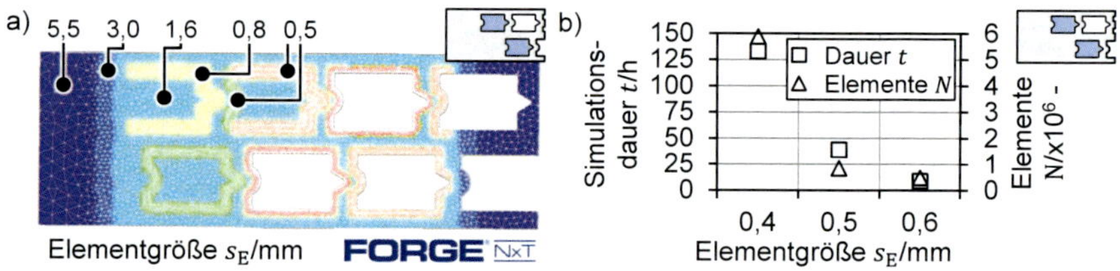

Abbildung 6.7: Elementgröße s_E des Blechs [mm] (a) und Vernetzungsstudie der Feinvernetzung (b)

Meshing parameters on sheet metal (a) and study of simulation effort (b)

Die Kontaktbedingungen wurden mit dem Tresca-limitierten Coulomb-Reibmodell modelliert [MANO11, S. 71–72]. Für die Coulomb-Reibung wurde ein Reibwert μ = 0,1 angenommen [KROB18]. Als Reibfaktor wurde der Wert m = 0,2 angenommen [DOEG07].

Die Deformation des Modells wurde anhand der Kanteneinzughöhe am Verzahnungselement des Schnittteils validiert. Die Abweichung von der gemessenen Kanteneinzughöhe von h_E = 1,25 mm betrug 3,6 %.

Mit dem Simulationsmodell wurden drei Belastungsfälle nachgebildet, um den Einfluss von Fehlstellungen auf die Spannungsverteilung im Schneidstempel zu untersuchen, Abbildung 6.8. Im idealen Fall wurde gerades Abstreifen mit zwei Kavitäten simuliert (Abbildung 6.8a). Eine Stempelneigung ist denkbar als Folge elastischer Werkzeugdeformation wegen zu geringer Steifigkeit, Fertigungstoleranzen der Aufbauelemente oder Montagefehler (Abbildung 6.8b). Die Schneidstempel wurden in zueinander entgegengesetzter Richtung zur Bandlaufrichtung um γ = 0,5° geneigt, um beide Richtungen der Stempelneigung zu modellieren. Durch das Anziehmoment der Stempelschrauben können die Schneidstempel gegen den Führungseinsatz mit einem verbleibenden Drehmoment belastet werden. Die Stempelschrauben wurden im Experiment mit einem Drehmoment T von 90 Nm befestigt (Abbildung 6.8c). Es wurde ein verbleibendes Drehmoment von 50 Nm angenommen.

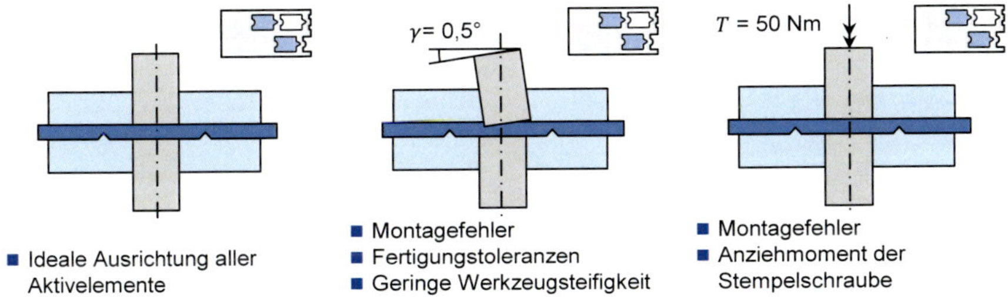

Abbildung 6.8: Beanspruchungsszenarien beim Abstreifen mit zweifach fallendem Werkzeug: ideal ausgerichtet (a), geneigte Stempel (b) und tordierte Stempel (c)

Load scenarios for stripping off with two cavities tool: ideally straight (a), inclined punches (b), applied torque (c)

Analyse von ideal ausgerichteten Schneidstempeln

Die maximale Zugspannung im Schneidstempel in Abhängigkeit vom relativen Abstreifweg beim ideal geraden Abstreifen ist in Abbildung 6.9a dargestellt. Nach ca. einem Drittel des Abstreifwegs wurde in Übereinstimmung mit den Ergebnissen zur Rundstempelgeometrie in Kapitel 5.2 ein Spannungsmaximum erreicht. Der Verlauf der Abstreifkraft wurde ebd. bereits beschrieben und erklärt. Das Zugspannungsmaximum nach einem Drittel des Abstreifwegs stimmt außerdem mit der experimentellen Beobachtung überein, vgl. Kapitel 6.2. Die 1. Hauptspannung infolge der Wechselwirkungen mit dem Stanzgitter nach einem Drittel des Abstreifwegs ist in Abbildung 6.9b abgebildet.

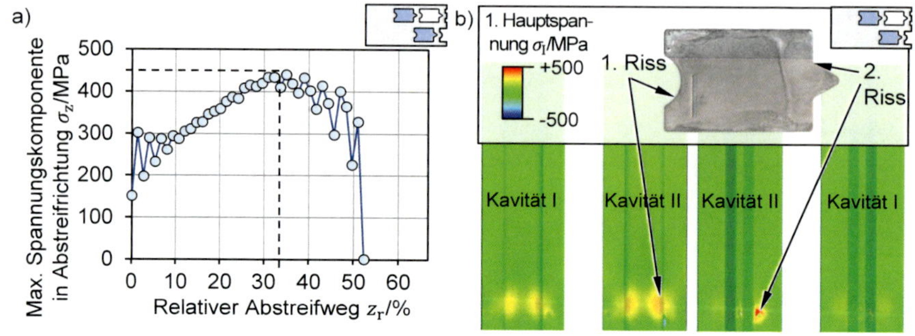

Abbildung 6.9: Stempelbeanspruchung beim Abstreifen: maximale Zugspannung (a) und Klemmung gegen das Stanzgitter nach 33 % relativem Abstreifweg z_r (b)

Punch load during stripping off: maximum tensile stress (a) and clamping against scrap web after 33 % relative stripping path z_r (b)

An den konkaven Radien der Schnittlinie, auf der Höhe kurz oberhalb der Kontaktfläche mit dem Kanteneinzug, war die 1. Hauptspannung maximal. Auch diese Beobachtung stimmt mit dem Abriss am Schneidstempel überein. Die Bereiche mit den Spannungsmaxima wurden als Rissinitiierungspunkte am Bruchstempel identifiziert. Der Spannungszustand an der Kontaktfläche zwischen Stanzgitter und Schneidstempel für das ideal gerade Abstreifen ist in Abbildung 6.10 nach 33 % relativem Abstreifweg z_r abgebildet.

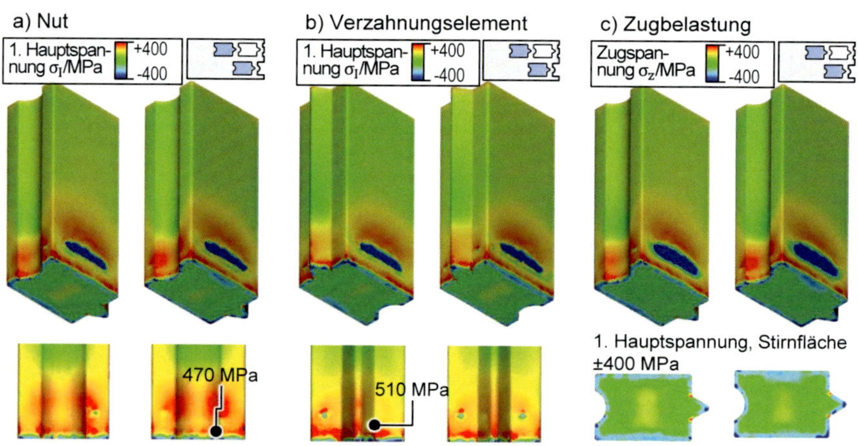

Abbildung 6.10: FE-Analyse des ideal ausgerichteten Abstreifens

FE-analysis of ideally aligned stripping off

Die Spannungsverteilung in den konkaven Radien korrelierte mit den experimentellen Ergebnissen in Kapitel 6.2. Die hohe Klemmung in den konkaven Radien wirkte sich durch eine hohe 1. Hauptspannung von ca. 500 MPa aus (Abbildung 6.10a, b). Spannungsspitzen traten an den Orten der experimentell beobachteten Rissinitiierung auf.

In den Bereichen war auch die Zugspannungskomponente in Abstreifrichtung maximal (Abbildung 6.10c), was dafür spricht, dass die 1. Hauptspannung überwiegend Zugspannungen darstellt.

Analyse von geneigten Schneidstempeln

In einer weiteren Untersuchung wurde ein Schneidstempel um 0,5° in Bandlaufrichtung geneigt, während der andere Schneidstempel entgegen der Bandlaufrichtung um 0,5° geneigt wurde, Abbildung 6.11. Mit der Stempelneigung wurde die in Kapitel 6.2 antizipierte Belastungssituation durch Verkanten des Stanzgitters modelliert.

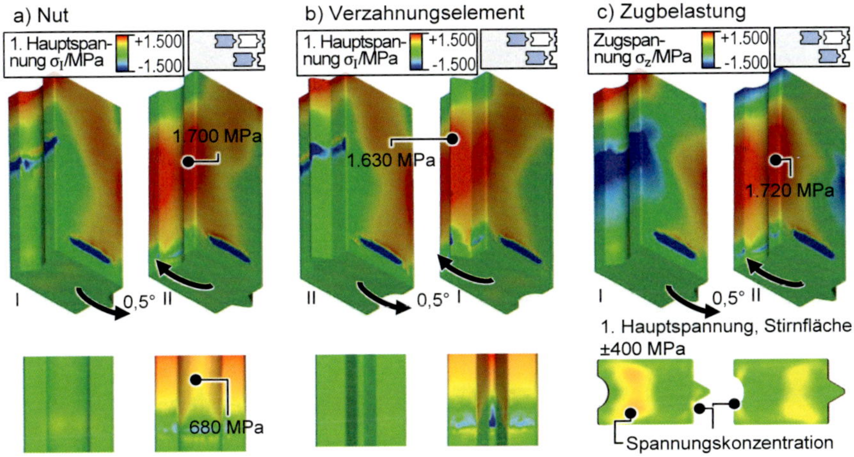

Abbildung 6.11: FE-Analyse des Abstreifens mit geneigten Schneidstempeln
FE-analysis of stripping off with inclined punches

Die Schneidstempel erfahren durch die Neigung einen Belastungsfall, der in einer abstrakten Darstellungsform einen Biegebalken mit fester Einspannung beschreibt, wobei das Stanzgitter eine Kraft ausübt. Dementsprechend wirken einseitig Zugspannungen im Schneidstempel, Abbildung 6.11c. In der Ansicht der Stirnfläche stellt sich ein Spannungsbild ein, das den Bruchhergang reproduziert. Im Belastungsfall II ist der Schneidstempel zur Bandeinlaufseite an der halbrunden Nut geneigt und tritt an der Nut verstärkt in Wechselwirkung mit dem Stanzgitter. Dadurch bildet der Belastungsfall II den Fall der ersten Rissinitiierung in der Nut ab. Das Spannungsbild der 1. Hauptspannung auf der Stirnfläche, siehe Abbildung 6.11c unten rechts, weist eine Spannungskonzentration im experimentell beobachteten Rissgrund auf. Der Belastungsfall der Stempelneigung kam nach diesem Erklärungsansatz im Experiment durch das Verkanten am Kanteneinzug zustande und wurde in der Simulation durch die Stempelneigung verstärkend dargestellt. Demnach tritt der Belastungsfall I ein, nachdem eine Rissinitiierung stattgefunden hat und die Klemmkraft bzw. das Verkanten im Stanzgitter von der Bandauslaufseite her zum Tragen kommt und überwiegt. Im Belastungsfall I wird eine Spannungskonzentration in den Kerben neben dem Verzahnungselement beobachtet. Die Spannungskonzentration in Abbildung 6.11c stimmt mit dem Ort der zweiten Rissinitiierung im Experiment überein.

Analyse von tordierten Schneidstempeln

Im dritten Szenario waren die Schneidstempel durch das Anziehmoment der Stempelschraube gegen die Stempelführung mit 50 Nm tordiert, Abbildung 6.12. Der Belastungsfall beschreibt die Auswirkungen des Anziehmoments auf die Spannungsverteilung im Schneidstempel. Betrachtet wurden insbesondere die beim Schneidvorgang tribologisch wirksamen Flächen an der Schneidkante.

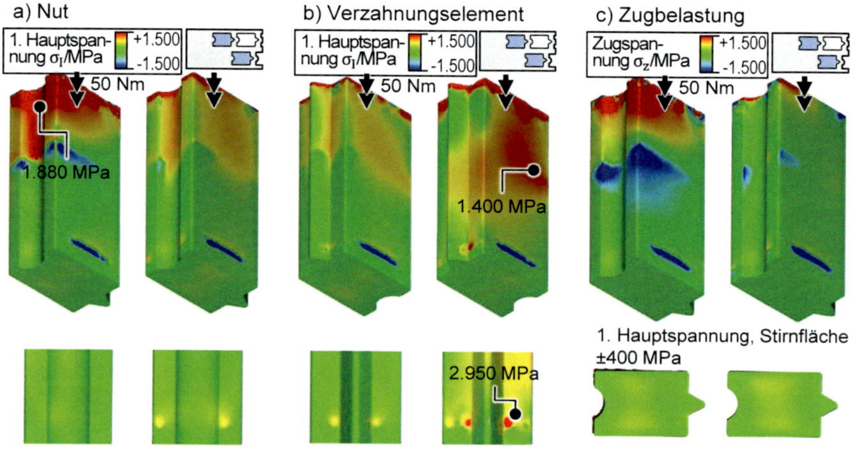

Abbildung 6.12: FE-Analyse des Abstreifens mit tordierten Schneidstempeln
FE-analysis of stripping off with torqued punches

Die Torsion wirkte im Schneidstempel nur in der freien Führungslänge und wurde von der Führung aufgefangen. Im tribologisch relevanten Bereich der Rissinitiierung und der Schneidkanten war von der Torsion keine Wirkung mehr im Vergleich zum Szenario mit ideal ausgerichteten Elementen beobachtbar.

Bewertung

Der Belastungsfall, der zum Stempelbruch (Kapitel 6.2) geführt hat, wurde in der FE-Simulation mit **geneigten Schneidstempeln** reproduziert. Die Neigung der Schneidstempel bildet den Fall nach, dass der **Schneidstempel im Stanzgitter verkantet**. Im Spannungsbild auf der Stirnfläche des Schneidstempels sind durch den Belastungsfall Spannungsspitzen aufgetreten, die mit der Rissinitiierung im Experiment in Kapitel 6.2 übereinstimmen. Zur Vermeidung des Verkantens muss das Feinschneidwerkzeug ausreichend steif ausgelegt werden, sodass eine Neigung von Schneidstempeln während des Abstreifens unterbunden wird.

6.4 Zwischenfazit

Intermediate conclusion

Der Werkstoff um die Schnittlinienkontur bestimmt die Steifigkeit des Stanzgitters während der Stanz- und Abstreifphase. **Schmale Stege im Stanzgitter** sind nachgiebig und können seitlichen Abweichungen des Stempels nicht widerstehen, sodass der Schneidstempel sich in Richtung des Stegs abdrücken kann. Ein asymmetrisches Stanzgitter mit einer steifen Abstützung auf der einen Seite und geringer Abstützung auf der anderen Seite führt zu einer Auslenkung des Schneidstempels in Richtung des kleinen Stegs.

Eine **asymmetrische Schnittliniengeometrie** oder asymmetrische Randbedingungen durch die **Steifigkeit des Blechs** bzw. Stanzgitters führen dazu, dass an gegenüberliegenden Geometrieelementen unterschiedliche Kontaktbedingungen vorliegen. Unterschiedliche Kontaktbedingungen resultieren zwangsläufig in einer einseitigen Beanspruchung des Schneidstempels, die ein Biegemoment und hohe lokalkonzentrierte Spannungen hervorruft.

Die **Belastungsfälle, die zu einer Rissinitiierung geführt haben**, wurden durch eine Stempelneigung nachmodelliert. Die Neigung stellt ein Verkanten des Schneidstempels im Stanzgitter dar und kann als Folge des Verkantens gegen den Kanteneinzug am Stanzgitter aufgefasst werden. Die Neigung des Schneidstempels führt zu einem Spannungsbild, das mit der experimentell beobachteten Rissinitiierung übereinstimmt.

Es wurde nachgewiesen, dass das **Verkanten des Kanteneinzugs** den Stempel verkantet und unter **asymmetrischen Bedingungen** hohe Biegespannungen verursacht. Die Rissinitiierung fand am konkaven Radius der Nut der Schnittliniengeometrie statt, wo der Kanteneinzug im Stanzgitter groß war. Der große Kanteneinzug führte zu hohen Kontaktspannungen, wie Simulationen der Abstreifphase zeigten. Schließlich verursachte die Keilwirkung ein Biegemoment im Schneidstempel, das zur Rissinitiierung führte.

Die **Forschungsfrage 3**, wie das Belastungskollektiv, das in der Abstreifphase bei einer asymmetrischen Schnittliniengeometrie zum Stempelbruch führt, anhand der Wechselwirkungen zwischen Stanzgitter und Schneidstempel erklärt werden kann, wurde beantwortet. Kanteneinzug und variable Blechsteifigkeiten entlang der Schnittlinienkontur führen zu asymmetrischen Klemmbedingungen, wodurch Verkanten des Schneidstempels mit den bekannten Wirkmechanismen aus der Beantwortung von Forschungsfrage 2 auftritt. Das Verkanten resultiert schließlich in einer Überlastung des Hartmetalls an hochbelasteten konkaven Geometrieelementen.

7 Reduzierung von Biegespannungen im Schneidstempel beim Abstreifen

Reduction of flexural stress in punches during the stripping off phase

Die Ergebnisse in Kapitel 5.2 haben gezeigt, dass Schnittflächenmerkmale des Stanzgitters beim Abstreifen lokalkonzentrierte Zugspannungen im Schneidstempel hervorrufen. Kanteneinzug führt zu einem Verkantungseffekt und hat neben einer Stempelneigung den größten Einfluss auf das Belastungskollektiv des Schneidstempels. Dabei kann die Stempelneigung als Folge von asymmetrischen Kontaktbedingungen mit dem Stanzgitter aufgefasst werden. In Kapitel 6 wurden die Wechselwirkungen der Schnittflächen des Stanzgitters mit dem Schneidstempel mit asymmetrischer Schnittliniengeometrie untersucht. Asymmetrische Kontaktbedingungen mit den Schnittflächen des Stanzgitters verursachen ein Verkanten des Schneidstempels und rufen lokal erhöhte Zugspannungen hervor. Im Extremfall führt das Verkanten zu Biegespannungen bis zur Rissinitiierung im Schneidstempel.

Für den erfolgreichen Einsatz von Hartmetall beim Feinschneiden wurde der Feinschneidprozess ganzheitlich unter Einbezug des Werkzeugkonzepts, des Streifenlayouts, der Prozesskräfte und der Stempelfertigung in Kapitel 7.1 analysiert und auf Basis der Erkenntnisse aus den vorangehenden Kapiteln modifiziert. Das Werkzeugkonzept wurde mit einer hohen Steifigkeit des Gesamtaufbaus ausgelegt, sodass Verkanten behindert wird. Die Prozesskräfte und das Streifenlayout wurden ebenfalls zugunsten von geringen Zugspannungen im Schneidstempel ausgelegt. Zusätzlich wurde die Biegebruchfestigkeit des Schneidstempels durch die Oberflächenintegrität während der Stempelfertigung optimiert. Mit einem modifizierten Feinschneidwerkzeug wurde in Kapitel 7.2 eine Versuchsreihe mit einem Hartmetall- und als Referenz einem pulvermetallurgischen Stahlstempel durchgeführt. Die Validierungsversuche bestanden aus 10.000 Feinschneidzyklen mit hochfestem Stahl S700MC in einer Blechdicke von s_0 = 6 mm. Die Ergebnisse wurden teilweise in [VOIG21b] und [VOIG21c] veröffentlicht.

7.1 Werkzeugkonzept zur Reduzierung von Biegespannungen in Hartmetallstempeln beim Abstreifen

Tool concept for the reduction of flexural stresses in punches during the stripping phase

Das in Kapitel 6 verwendete Feinschneidwerkzeug und der Feinschneidprozess wurden auf Grundlage der bisher gewonnenen Erkenntnisse zu den Ursachen von Stempelbrüchen bewertet, um Hartmetallstempel prozesssicher zu verwenden. In Kapitel 7.1.1 wurden Maßnahmen für ein modifiziertes Feinschneidwerkzeug abgeleitet, welche die Steifigkeit und Führungsgenauigkeit in der Abstreifphase verbessern. In Kapitel 7.1.2 wurden das Streifenlayout und Details der Aktivelemente analysiert. Die Prozessführung wurde in Kapitel 7.1.3 analysiert und Optimierungspotenziale wurden abgeleitet. Die Oberflächenintegrität von Hartmetallstempeln für die Versuchsdurchführung wurde in Kapitel 7.1.4 bewertet.

7.1.1 Steife Werkzeugkonstruktion zum Feinschneiden mit Hartmetallstempeln

Rigid tool design for fine blanking with cemented carbide punches

Das Feinschneidwerkzeug aus den Kapiteln 4 und 6 wurde auf Basis der vorangehenden Untersuchungen bewertet. Aus der Bewertung wurden Maßnahmen für die Verwendung von Hartmetallstempeln abgeleitet. Im Fokus stand, dass das Belastungskollektiv in Schneidstempeln reduziert und Stempelneigung infolge des Verkantens verhindert wird. Zur Vermeidung von Biegespannungen in Schneidstempeln wurde die Hypothese untersucht, dass eine exakte Prozessführung Biegespannungen vermeidet und eine hohe Werkzeugsteifigkeit das Verkippen des Feinschneidwerkzeugs auffängt. Dazu wurde eine exakte Stempelführung und Werkzeugverriegelung sichergestellt, die insbesondere unter Abstreifbedingungen funktioniert. Das modifizierte Feinschneidwerkzeug basierte auf einem Standard-Säulenführungsgestell eines Gesamtschnittwerkzeugs. Folgende Punkte wurden adressiert:

- Die **Führungslänge** war im konventionellen Feinschneidwerkzeug durch die Druckplatte des Führungseinsatzes limitiert. Ein vergrößerter Durchbruch der Druckplatte ermöglicht im modifizierten Feinschneidwerkzeug die Verwendung eines Absatzes am Führungseinsatz für maximale Führungslänge. Damit wird die Steifigkeit der Führung erhöht und Verkanten behindert.
- Die **Abstützung der Schneidstempel** wurde durch einen gehärteten Obersatz gegenüber der weichen Grundplatte verbessert. Damit wird verhindert, dass die Druckplatte sich in der Grundplatte eindrückt. Die Abstützung wird sowohl in der Schneid- als auch in der Abstreifphase versteift.
- Um Stempelneigungen durch ein Verkippen des Feinschneidwerkzeugs zu verhindern, wird im modifizierten Feinschneidwerkzeug eine vierfache **Werkzeugverriegelung** verwendet. Die Verriegelung nimmt Querkräfte und Biegemomente auf.
- Die **Streifenführung** wird am oberen Block befestigt anstatt an der Zwischenplatte, um Bandschwingungen in Relation zum Schneidstempel während der Pressenhübe zu minimieren. Im Bereich der Aktivelemente werden Führungsstifte verwendet, um Querkräfte auf die Schneidstempel zu minimieren.
- Der **Schneidspalt** wird an den Radien mit hohen zu erwartenden Klemmkräften vergrößert, um Druckspannungen auf der Seite des Stanzgitters und somit elastische Rückfederung und die Klemmkraft zu mindern.

Stempelführung

In konventionellen Feinschneidwerkzeugen ist die Länge der Stempelführung limitiert durch die Niederhalter-Druckplatte und die vorgesehenen Abstimmhöhen, Abbildung 7.1a. An der Niederhalter-Druckplatte wird die Stempelführung mit einer Schraubenverbindung montiert und die Lage wird gesichert. Die Druckbolzen für die Kraftübertragung des Hydraulikzylinders im Pressenkopf wirken auf der Oberseite der Niederhalter-Druckplatte zur Kraftübertragung auf den Niederhalter.

a) Konventionelles Werkzeug b) Modifiziertes Werkzeug

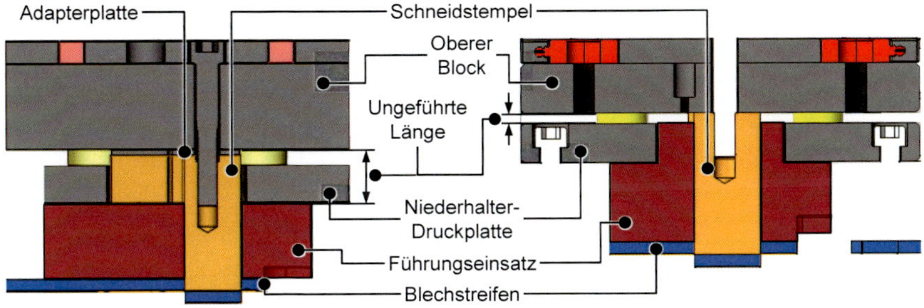

Abbildung 7.1: Verbesserte Stempelführungslänge mittels eines Führungsabsatzes
Increased guide length using a guidance ledge

In der modifizierten Werkzeugkonstruktion wurde der Führungseinsatz um einen Absatz erweitert, der die Niederhalter-Druckplatte durchbricht, Abbildung 7.1b. Es wurde zudem eine reduzierte mögliche Abstimmhöhe von 3 mm vorgesehen, um die Höhe der Führung zu maximieren. Der Führungsabsatz wurde so ausgelegt, dass Blechdicken s_0 bis zu 6 mm feinschneidbar sind, ohne dass der Führungseinsatz mit der Stempeldruckplatte oder Abstimmplatte kollidiert.

Abstützung der Schneidstempel

In konventionellen Feinschneidwerkzeugen wird die Stempeldruckplatte gegen die weiche obere Grundplatte verschraubt, die für viele Anwendungen eine ausreichende Steifigkeit aufweist, Abbildung 7.2a.

a) Konventionelles Werkzeug b) Modifiziertes Werkzeug

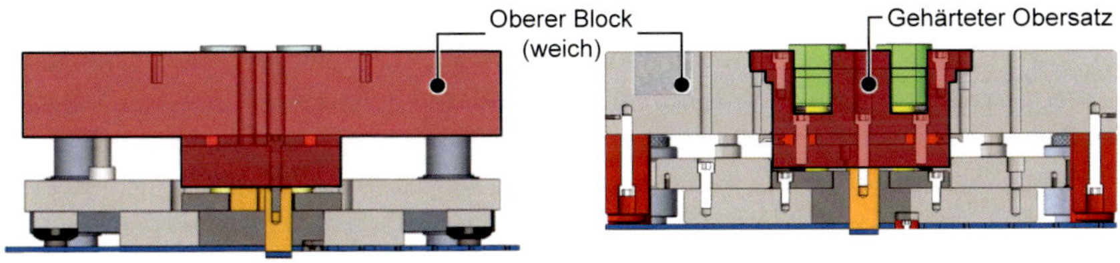

Abbildung 7.2: Durchgängig gehärtete Elemente im Kraftfluss mit gehärtetem Obersatz
Hardened elements in the flux of force using a hardened insert in the top shoe

Zur Vermeidung von Setzeffekten oder Deformationen in der Stempelabstützung wurden im modifizierten Werkzeugkonzept die im Kraftfluss liegenden Aufbauelemente durchgängig gehärtet. In der konstruktiven Umsetzung wurde dazu ein Obersatz verwendet, der in die obere Grundplatte eingefügt wurde. Damit wurde beim Schneiden und insbesondere beim Abstreifen eine hohe Steifigkeit der Stempelabstützung sichergestellt, sodass eine Neigung des Schneidstempels infolge von Verkanten im Stanzgitter unterbunden wird. Der Schneidstempel wurde mit dem gehärteten Obersatz zentral abgestützt.

Werkzeugverriegelung

Die Säulenführung ist nicht in der Lage, die Führung des Werkzeugs im Feinschneidprozess zu gewährleisten, da der Abstand der Säulen vom Zentrum zu groß ist und der Aufbau keine ausreichende Steifigkeit aufweist. Stattdessen ist die Säulenführung für die Vorausrichtung bei der Werkzeugmontage notwendig. Die Positionierung von der Werkzeugoberhälfte zur Werkzeugunterhälfte wird im Feinschneidprozess mit Verriegelungsbolzen gelöst, Abbildung 7.3a.

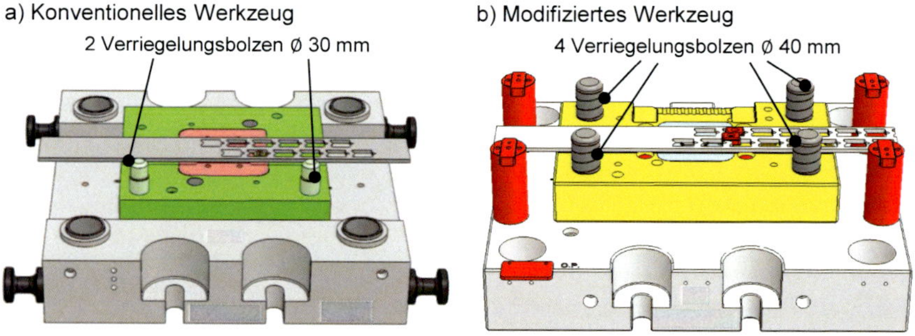

Abbildung 7.3: Verdoppelung der Anzahl Verriegelungsbolzen mit größerem Durchmesser
Use of four solid locking bolts with increased diameter

Im konventionellen Feinschneidwerkzeug wurden zwei einseitige Verriegelungsbolzen mit einem Durchmesser d_{vb} = 30 mm verwendet. Durch die Anordnung der Verriegelungsbolzen war eine gute Zugänglichkeit des Werkzeugraums für Räumertechnologien sowie ausreichend Platz für komplexere Folgeverbünde möglich. Allerdings war die Steifigkeit der Werkzeugverriegelung in den Versuchen nicht ausreichend, um eine Werkzeugverkippung beim Abstreifen zu verhindern. Die Führungsgenauigkeit in den Schneid- und Abstreifphasen wurde durch die Verwendung von vier Verriegelungsbolzen mit einem vergrößerten Durchmesser von d_{vb} = 40 mm verbessert (b). Die steife Verriegelung nimmt Querkräfte besser auf und verhindert das Verkippen des Feinschneidwerkzeugs während des Abstreifens.

Streifenführung

Der Blechstreifen läuft im konventionellen Feinschneidwerkzeug in einer Rollenbandführung, Abbildung 7.4a. Im modifizierten Feinschneidwerkzeug wurde die Rollenbandführung am oberen Block befestigt (b) und es wurden innerhalb des Werkzeugs zusätzliche Streifenführungen verwendet.

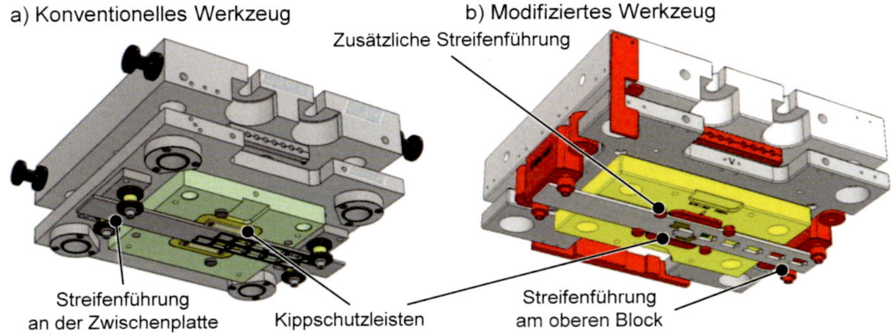

Abbildung 7.4: Steife, schwingungsarme Streifenführung mit Befestigung am oberen Block
Stiff, low-vibration strip roller guidance attached to the top shoe

Die Befestigung der Rollenbandführung am oberen Block bewirkt, dass der Streifen während des Stößelhubs nicht mit der Zwischenplatte mitschwingt. Die Streifenführung innerhalb des Werkzeugs verhindert seitliche Bewegungen des Streifens. Die Streifenführung übernimmt gleichzeitig die Funktion von Druckabnehmern zur außermittigen Stabilisierung des Gesamtaufbaus beim Schneidvorgang. Zusätzlich unterstützen auf die Blechdicke abgestimmte Kippschutzleisten die Werkzeugstabilität.

Schneidspalt

An der Schnittliniengeometrie wurden die kleinsten Radien von r_a = 0,8 mm auf r_a' = 1,0 mm erhöht, um Kanteneinzug und Rückfederung zu mindern, Abbildung 7.5. Der Schneidspalt wurde mit 0,5 % der Blechdicke zu u = 30 µm unverändert festgelegt. An den konkaven und konvexen Radien r_a' und r_b wurde der Schneidspalt auf u = 60 µm verdoppelt. Mit der Vergrößerung der Radien als auch der Schneidspaltvergrößerung an den Radien wurde ein lokaler verminderter Druckspannungszustand angestrebt. Reduzierte Druckspannung vermindert die elastische Rückfederung und somit die Klemmkraft an den Radien während des Abstreifens.

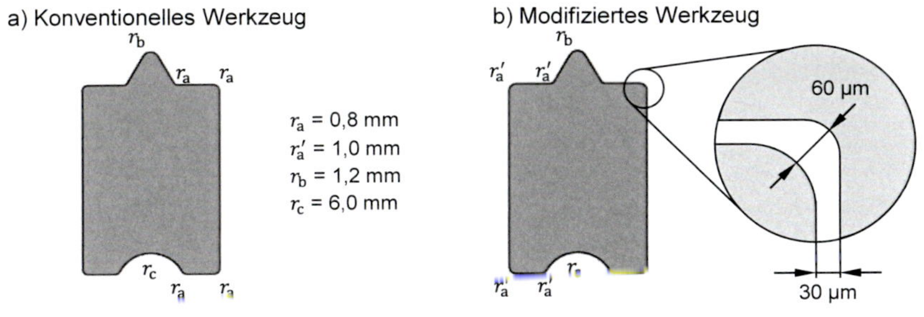

Abbildung 7.5: Anpassung der Schnittliniengeometrie und des Schneidspalts an Radien
Adjust of the cutting line geometry and the die clearance at small radii

7.1.2 Streifenlayout für eine balancierte Klemmkraft des Stanzgitters

Strip layout for a balanced scrap web clamping

Zur Maximierung der Werkstoffausnutzung und der Ausbringung werden Kavitäten in mehrfach fallenden Werkzeugen verschachtelt angeordnet. Dabei entstehen schmale Stege im Stanzgitter, während auf der Bandeinlaufseite Vollmaterial vorliegt. Die Ergebnisse zur Untersuchung des Bruchhergangs, vgl. Kapitel 6, haben gezeigt, dass Wechselwirkungen im Stanzgitter aufgrund der unterschiedlichen Steifigkeit des Stanzgitters entlang der Schnittlinie das Verkanten von Schneidstempeln begünstigen. Im modifizierten Feinschneidwerkzeug wurde das Streifenlayout so ausgelegt, dass an der Schnittkontur umlaufend eine hohe Blechsteifigkeit vorliegt, um eine gleichmäßige Klemmkraft zu ermöglichen, Abbildung 7.6.

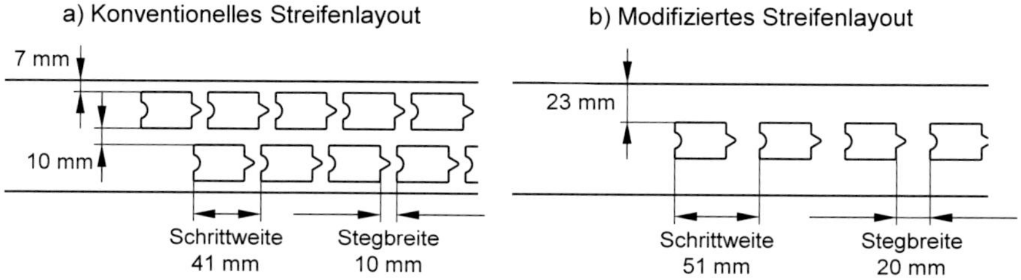

Abbildung 7.6: Modifiziertes balanciertes Streifenlayout für die Vermeidung von asymmetrischen Wechselwirkungen im Stanzgitter

Improved balanced strip layout with low asymmetric interactions with the scrap web

Wechselwirkungen zwischen Kavitäten wurden mit einer einfach fallenden Kavität unterbunden. Die Stegbreiten a wurden mittels eines längeren Vorschubintervalls von 10 auf 20 mm vergrößert. Mit dem modifizierten Streifenlayout wird angestrebt, ein Ausweichen und letztendlich Verkanten des Schneidstempels aufgrund von asymmetrischen Kontaktbedingungen zu verhindern. Der breite Steg gegenüber der halbkreisförmigen Nut soll eine Rissinitiierung in der Nut durch eine ausreichende entgegengesetzte Klemmung des Schneidstempels verhindern.

7.1.3 Prozessführung für einen kontrollierten Abstreifvorgang

Process control for regulated stripping

Das Abstreifen beim Einsatz von Hartmetallstempeln wurde federwirkend betrieben, um ein Verkanten des Stanzgitters gegen den Schneidstempel zu verhindern. In Abbildung 6.4 wurde bereits gezeigt, dass bei Verlust der Blechklemmung durch verspätetes Abstreifen ein Stick-Slip-Effekt auftritt. Es wurde auch gezeigt, dass die Abstreifkraft mit geklemmtem Blech etwas erhöht ist, was auf eine höhere Klemmkraft infolge der Querkontraktion des geklemmten Blechstreifens zurückgeführt wurde. Hohe Klemmkräfte waren somit ebenfalls konträr zum Ziel einer geringen Stempelbeanspruchung beim Abstreifen. Weitergehend wurde das Verhalten der hydraulischen Abstreifkraft untersucht, Abbildung 7.7. Die verwendete Feinschneidpresse FEINTOOL XFT

2500 SPEED bietet die Option eines zweistufigen Kraftverlaufs, die genutzt wird, um eine konstante Blechklemmung über die Prozessdauer zu erhalten.

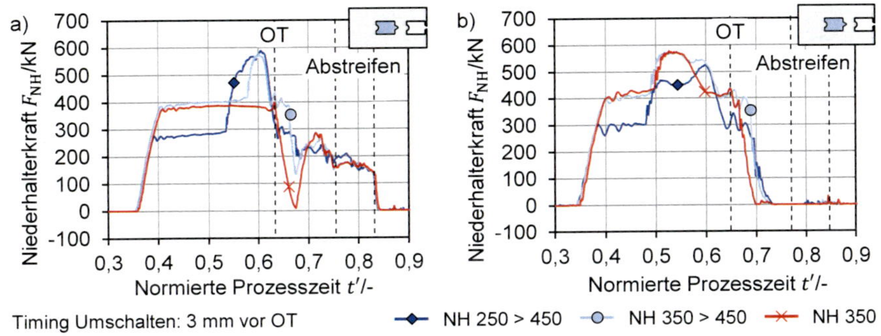

Abbildung 7.7: Blechklemmung bei variablem Umschalten der Niederhalterkraft bei einer Hubrate von 50 (a) und 100 min^{-1} (b)

Sheet metal clamping at variable blank holder force force switching before TDC at stroke rates 50 (a) and 100 min^{-1} (b)

Als Niederhalterkraft wurde in einer Referenzmessung eine konstante Niederhalterkraft F_{NH} von 350 kN eingestellt und mit der Kraftsensorik des Feinschneidwerkzeugs bei Hubraten n_{Hub} von 50 min^{-1} (a) und 100 min^{-1} (b) gemessen. Bei 50 min^{-1} ist erkennbar, dass nach dem Schneiden im OT der Druckzylinder kurzzeitig drucklos geschaltet wurde. Der Druckverlust am Niederhalter bewirkte, dass die Blechklemmung kurzzeitig verloren ging und potenzielle Querkräfte vom Stanzgitter auf den Schneidstempel wirkten. Ein Umschalten der Niederhalterkraft beim Stößelhub 3 mm vor OT auf eine höhere Kraft bewirkte, dass der Kraftverlust im OT geglättet wurde und die Blechklemmung kontinuierlich aufrechterhalten bleibt. Eine höhere Differenz zwischen den Kraftniveaus (250 auf 450 kN) sorgte dabei für eine bessere Glättung. Bei einer höheren Hubrate von 100 min^{-1} eilte die Hydraulik dem Pressenstößel nach, sodass keine Blechklemmung aufrechterhalten wurde. Der Grund dafür liegt in der langsameren Geschwindigkeit des Hydraulikzylinders gegenüber dem Pressenstößel. Bei hohen Hubraten war somit kein Klemmen beim Abstreifen möglich. Für prozesssicheres Abstreifen wurde die Niederhalterkraft bei niedriger Hubrate hochgeschaltet, um die Blechklemmung über die Prozessdauer bis zum Abstreifvorgang aufrechtzuerhalten. Damit wurden potenzielle Querkräfte vom Blechstreifen vermieden.

7.1.4 Fertigung von Schneidstempeln für Validierungsversuche

Manufacturing of blanking punches for validation experiments

Die Biegebruchfestigkeit von Hartmetallen wird neben den Werkstoffeigenschaften durch die Oberflächenintegrität bestimmt, siehe Kapitel 2.2. Die Oberflächenintegrität ist eine Folge der Fertigungshistorie durch die Hartmetallherstellung, die Drahtfunkenerosion und die Schneidkantenpräparation.

Für einen Validierungsversuch wurden Feinschneidstempel aus Hartmetall und PM-HSS verwendet. Ein Schneidstempel wurde aus der Hartmetallsorte CERATIZIT CF-F35Z (mittlere Korngröße 1,3 µm, Co-Gehalt 17,5 %) gefertigt. Als Referenz wurde ein Schneidstempel aus PM-HSS ZAPP Z-WEAR mit einer Härte von 63±1 HRc gefertigt. Die Hartmetallsorte mit relativ hohem Binderanteil und großer mittlerer Korngröße wurde aufgrund der Biegebruchfestigkeit gewählt, um im Falle des Verkantens einen ausreichenden Widerstand gegen Stempelbruch zu bieten. Der Referenzwerkstoff war ein Standardwerkstoff für industrielle Feinschneidanwendungen. Die Fertigungsroute für die Schneidstempel orientierte sich an den vorangehenden Untersuchungen. Der Erodierblock wurde gesägt (PM-HSS) bzw. mit Gewinden gesintert (Hartmetall). Die Anlageflächen für die Drahtfunkenerosion wurden flachgeschliffen. Im PM-HSS-Erodierblock wurden die Gewinde und Startlochbohrungen im geschliffenen Block angebracht. Der Erodierblock wurde anschließend auf eine Härte von 63±1 HRc gehärtet.

Formgebung der Schneidstempel

Die Formgebung der Schneidstempel erfolgte durch Drahtfunkenerosion im Ölbad mit acht Nachschnitten. Die Erodierparameter sind im Anhang 11.2 aufgeführt. Anschließend wurden die Schneidstempel beidseitig auf Maß flachgeschliffen. Die scharfen Schneidkanten wurden durch Bürstpolieren mit einer Bürstpoliermaschine GERBER BP-SMART und einer Tellerbürste vom Typ GERBER DIAFLEX mit eingebettetem Diamantpoliermittel verrundet. Beim Beschichtungsunternehmen (PLATIT AG, Schweiz) wurden die Oberflächen als Vorbehandlung nassgestrahlt und mit einer 2 µm dicken AlCrN-PVD-Beschichtung versehen. Die Rauheit der erodierten Oberfläche wurde nach dem Erodieren mittels Laserscanning-Mikroskop KEYENCE VK-X100 gemessen. Die Rauheitswerte wurden anhand von 60 horizontalen und vertikalen virtuellen Profilschnitten bestimmt, Abbildung 7.8.

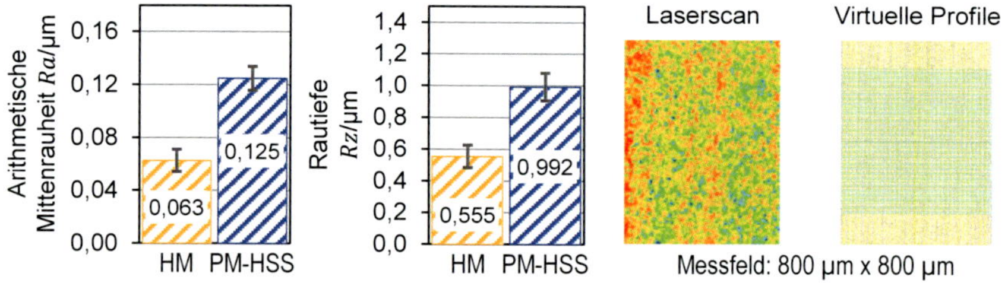

Abbildung 7.8: Rauheit auf der erodierten Oberfläche der Versuchsstempel
Roughness on the eroded surface of test punches

Die arithmetische Mittenrauheit war mit Ra = 0,063 µm beim Hartmetallstempel geringer als beim PM-HSS-Stempel mit Ra = 0,125 µm. Die höhere Rauheit des PM-HSS-Stempels wird auf die höhere Entladeenergie gegenüber Hartmetall zurückgeführt. Die bei der Erosionsbearbeitung entstandene Randzone wurde in Querschliffen anhand von analog gefertigten Mitlaufproben im REM begutachtet, Abbildung 7.9.

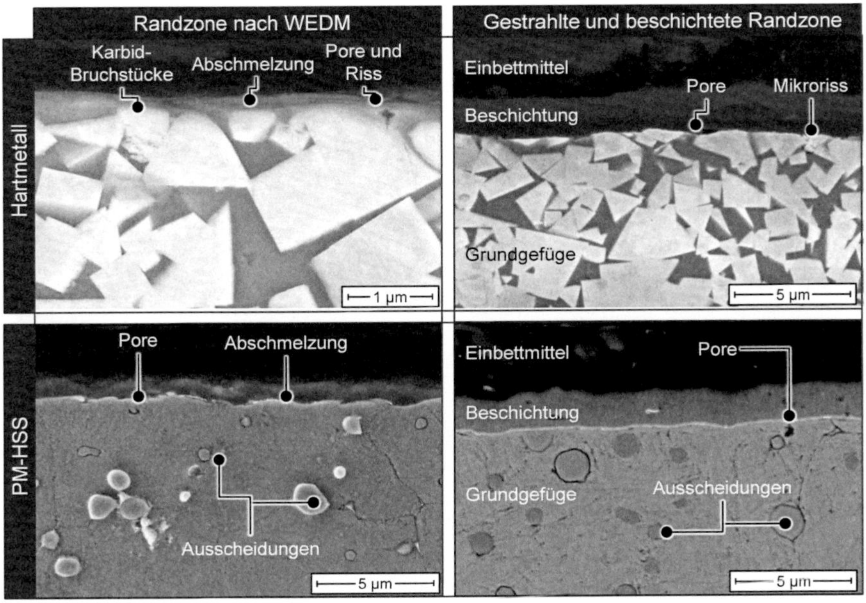

Abbildung 7.9: Randzone von Hartmetall und PM-HSS nach der Erosion und nach dem Nassstrahlen und Beschichten

Wire eroded boundary zone of cemented carbide and PM-HSS after WEDM and after wet blasting and coating

Die Randzone hatte bei beiden Werkstoffen eine Dicke von 1–2 µm, also im Bereich der Karbidgröße des Hartmetalls. In der Randzone des Hartmetalls (a) sind typische thermische Schädigungen sichtbar. Die Karbide der obersten Lage wurden durch Abschmelzung eingeebnet. Vereinzelt waren direkt unterhalb der Oberfläche Poren erkennbar. Einige Karbide waren durch den Wärmeeintrag beim Erodieren zerbrochen oder wiesen Mikrorisse auf. Alle Schädigungen waren jedoch auf die dünne Randzone begrenzt. Die Oberfläche des PM-HSS war gleichmäßig abgeschmolzen. Durch den Werkstoffaufwurf in den Entladekratern bildeten sich zwischen Entladekratern in der Randzone Poren. Infolge der Vorbehandlung vor dem Beschichten durch Nassstrahlen nach [BOCC16] wurde die verbleibende Randzone weiter abgetragen, sodass nahezu keine Schädigungen mehr vorlagen. Die Schichthaftung wurde lediglich durch vereinzelte Poren zwischen Schicht und Substrat gestört.

Schneidkantenpräparation

Die Schneidkanten werden aus der erodierten Mantelfläche und der geschliffenen Stirnfläche gebildet. In Abbildung 7.10a sind die Schneidkanten für beide Werkstoffe in REM-Aufnahmen dargestellt. Die Schneidkanten wurden durch Bürstpolieren verrundet, um die Schneidkantenstabilität zu erhöhen (b).

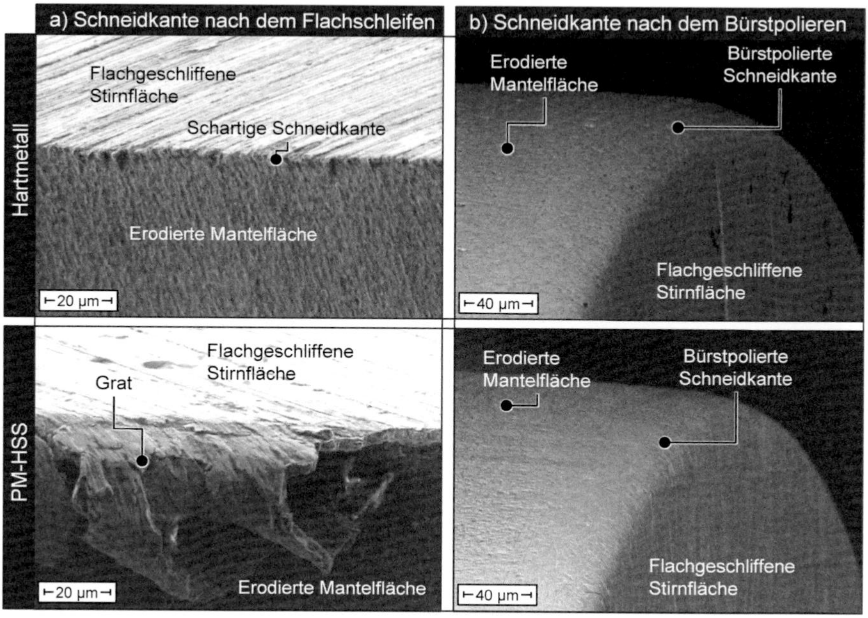

Abbildung 7.10: Schneidkantenpräparation an PM-HSS- und HM-Versuchsstempel

Cutting edge preparation on PM-HSS and cemented carbide test punches

Die Schneidkante des Hartmetalls vor der Kantenpräparation wies eine sichtbare Schartigkeit auf. Beim duktilen PM-HSS wurde ein Grat aufgeworfen, sodass keine definierte Schneidkante bestand. Die Kantenpräparation wurde mit einem angestrebten Schneidkantenradius r_s von 25 µm bei einem gleichmäßigen Geometriefaktor $K = 1$ angestrebt. Nach der Schneidkantenpräparation waren die Schneidkanten bei beiden Werkstoffen gleichmäßig verrundet und optisch einwandfrei. Die Schneidkanten wurden mit dem Schneidkantenmessgerät ALGONA MIKROCAD vermessen, siehe Abbildung 7.11.

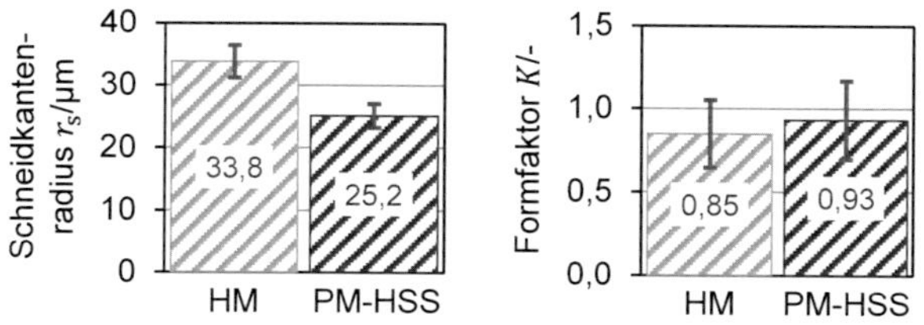

Abbildung 7.11: Schneidkantengeometrie der Versuchsstempel

Cutting edge geometry of test punches

Die Verrundung r_s war beim Hartmetall mit 33,8 µm etwas größer als beim PM-HSS mit 25,2 µm. Der Geometriefaktor wies mit $K < 1$ auf eine leichte Wasserfallgeometrie hin. Die Schneidstempel waren durch die Bearbeitung in einem vergleichbaren Ausgangszustand für das Feinschneiden von hochfestem Stahlblech.

7.2 Experimentelle Validierung von Maßnahmen zum prozesssicheren Abstreifen

Experimental validation of measures for safe stripping-off

Die in Kapitel 7.1 entwickelten und diskutierten Maßnahmen zur Reduzierung von Biegespannungen im Schneidstempel beim Abstreifen wurden in einer Versuchsreihe von 10.000 Prozesssyklen validiert. Als Blechwerkstoff wurde hochfester Stahl S700MC mit einer Zugfestigkeit R_{m} = 820 MPa mit einer Blechdicke von s_0 = 6 mm verwendet. Die Versuchsreihe wurde mit einem Hartmetallstempel CF-F35Z und einem PM-HSS-Schneidstempel durchgeführt. Als Beschichtung wurde eine PVD-Verschleißschutzschicht aus AlCrN (Platit FeinAl) verwendet. Die Schneidstempel wurden nach definierten Hubzahlen ausgebaut und die Schneidkanten wurden im REM auf Verschleißmerkmale untersucht. Im nächsten Schritt wurden die beobachteten Verschleißmechanismen im Vergleich zwischen Hartmetall und PM-HSS bewertet. Die Stempelbelastung wurde anhand der gemessenen Stempelkraftverläufe beurteilt.

Vergleich von Verschleißmerkmalen zwischen Hartmetall und PM-HSS

Abbildung 7.12 zeigt die Verschleißentwicklung an einem Hartmetallstempel und einem PM-HSS-Stempel als Referenz. Dargestellt ist die beim Schneidvorgang höchstbeanspruchte Geometrie am Verzahnungselement. Weitere Aufnahmen sind im Anhang 11.3 aufgeführt. Die REM-Aufnahmen wurden mit einem EBSD-Detektor erzeugt, der einen Werkstoffkontrast herstellt. Durch den Werkstoffkontrast war adhäsiver Blechwerkstoff und die Freilegung des Substrats bei Schichtablösungen sichtbar.

Die Schneidkanten waren im Initialzustand frei von Defekten. An der Beschichtung des Hartmetallstempels waren schon nach 1.000 Prozesszyklen kleine Anhaftungen des Blechwerkstoffs an der Mantelfläche sichtbar. Die Schneidkante war nicht von Anhaftungen betroffen. Der Hartmetallstempel wies nach 10.000 Prozesszyklen keine Verschleißmerkmale auf. Die Beschichtung zeigte leichte Abrasionsmerkmale an der Schneidkante. Am Stahlstempel waren nach 1.000 Prozesszyklen kleine delaminierte Bereiche erkennbar, die im weiteren Verlauf größer wurden. Auf der Oberfläche des freigelegten Substrats wurden Zerrüttungsmerkmale sichtbar, die zunehmend stärker ausgeprägt wurden. Nach 7.500 Prozesszyklen trat ein beginnender Kantenbruch auf.

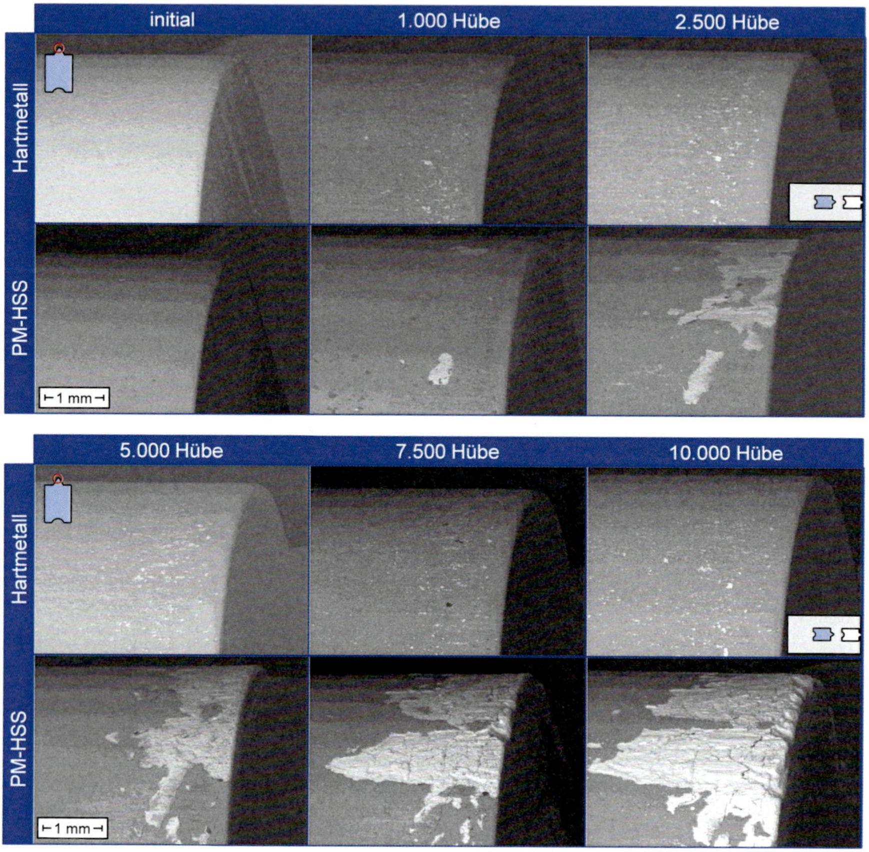

Abbildung 7.12: Verschleißentwicklung des Hartmetall- und PM-HSS-Schneidstempels an Position 1 mittels REM-Analyse mit EBSD-Detektor

Wear evolution in cemented carbide and PM-HSS punch in position 1 using SEM-analysis with EBSD-detector

Bewertung der Verschleißmechanismen

Zur Analyse der Verschleißmechanismen wurden zusätzliche REM-Aufnahmen mit großer Vergrößerung gemacht, Abbildung 7.13. Auf der Mantelfläche des Hartmetallstempels unterhalb der Schneidkante lagerte sich Blechwerkstoff in den Rauheitstälern der Beschichtung ab (a und b). Der Effekt von Ablagerungen auf beschichteten Hartmetallen wurde bereits in der Literatur beschrieben [KLÜN16a]. Als Gegenmaßnahme wird von KLÜNSNER ET AL. eine Politur der Beschichtung vorgeschlagen. Knapp unterhalb der Schneidkante waren auf der Beschichtung Riefen durch Abrasionsverschleiß sichtbar. Der Abrasionsverschleiß wird damit erklärt, dass der Werkstoff, der sich auf der Mantelfläche anlagert, durch die Scherung kaltverfestigt ist und während des Schneidens von der Schnittfläche aufgrund der höheren Adhäsionsneigung zu

Stahl wieder mitgerissen wird. In der Relativbewegung findet auf diese Weise eine Dreikörperabrasion mit kaltverfestigten Spänen statt. An einer Stelle des Schneidstempels wurde nach 2.500 Prozesszyklen ein Grübchen mit einem Durchmesser von 30–40 µm beobachtet (c).

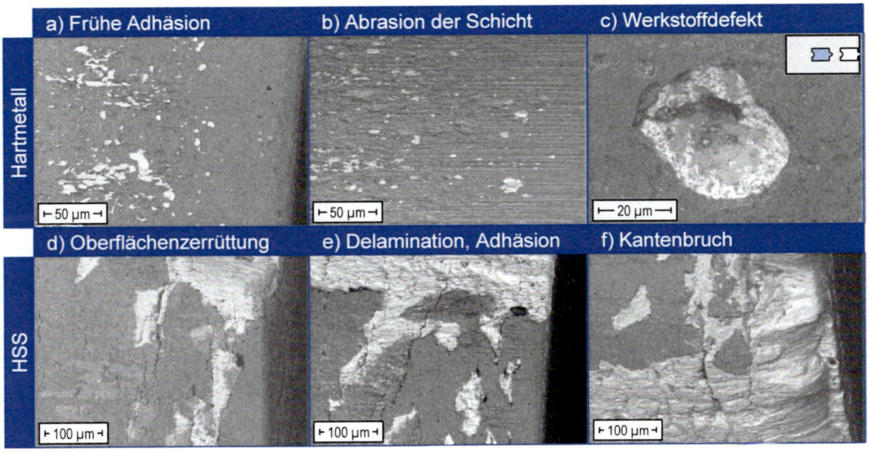

Abbildung 7.13: Verschleißmechanismen von Hartmetall und PM-HSS-Schneidstempeln
Wear mechanisms of cemented carbide and PM-HSS punches

Der Defekt wird auf eine Werkstoffinhomogenität des Hartmetallsubstrats zurückgeführt, die einen Ausbruch eines Karbidclusters verursacht hat. Der Defekt hat sich im weiteren Verlauf nicht weiterentwickelt und die Beschichtung ist nicht delaminiert. Aufgrund der hohen Härte des Hartmetallsubstrats ist der Härtegradient zur Beschichtung gering, sodass eine gute Schichtunterstützung vorliegt. Durch den hohen Elastizitätsmodul federt der Schneidstempel wenig ein, was sich ebenfalls positiv auf die Schichtunterstützung auswirkt.

Am Referenzstempel aus PM-HSS wurde im frühen Verschleißstadium Oberflächenzerrüttung beobachtet. Die im Vergleich zu Hartmetall hohe Elastizität und geringe Druckfestigkeit begünstigte die Verschleißform der Oberflächenzerrüttung. In der Hartstoffbeschichtung bildeten sich als Folge des Härteunterschieds Risse (Eierschaleneffekt). Ausgehend von den Rissen in der Beschichtung delaminierte die Beschichtung zunächst lokal, da die Unterstützung durch das Substrat nicht mehr ausreichte. Im weiteren Verlauf wurden delaminierte Flächen größer und der Substratwerkstoff wurde freigelegt (b). Fortschreitender Verschleiß wird damit erklärt, dass die hohe Adhäsionsneigung des Blechwerkstoffs mit dem Substrat Adhäsionsverschleiß fördert und Oberflächenzerrüttung verstärkt wird. Mikrorisse im Substrat werden zunehmend größer, verbinden sich und erreichen eine größere Tiefe. Im letzten Verschleißstadium kommt es letztendlich zum Kantenbruch (c).

Bewertung der Schneidstempelbelastung anhand der Stempelkraft

Der Abstreifvorgang wurde anhand der Stempelkraft im Vergleich zum konventionellen Feinschneidwerkzeug bewertet, siehe Abbildung 7.14. Die Messunterlagscheiben zur Kraftmessung wurden im modifizierten Feinschneidwerkzeug in einem Kraftnebenschluss verbaut. Die Sensoren wiesen jedoch ein nichtlineares Verhalten auf. Die Verläufe wurden daher qualitativ bewertet.

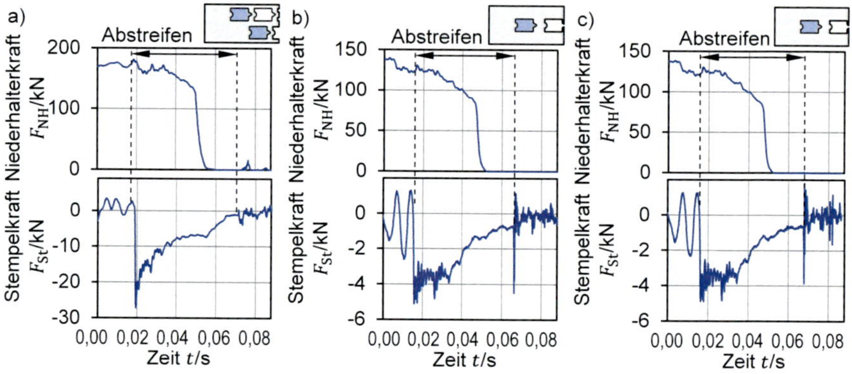

Abbildung 7.14: Abstreifkraft mit dem konventionellen Werkzeug und Hartmetallstempeln (a), und im modifizierten Werkzeug mit Hartmetall- (b) und PM-HSS-Stempel (c)

Stripping force with the standard die and cemented carbide punches (a), and with the modified die with cemented carbide (b) and PM-HSS punch (c)

Beim Abstreifvorgang mit Hartmetallstempeln im konventionellen Feinschneidwerkzeug entstand zu Beginn ein ausgeprägter Kraftpeak. Der Peak wird mit dem beobachteten Verkanten aufgrund der geringeren Werkzeugsteifigkeit im Vergleich zum modifizierten Werkzeug erklärt. Durch das Verkanten steigt die Stempelkraft zunächst an, bis das Stanzgitter anfängt, von den Stempeln abzugleiten, was eine Überlastung des Schneidstempels hervorrufen kann, siehe Kapitel 6.2. Die Kraftverläufe von Hartmetall- (b) und PM-HSS-Stempeln (c) im modifizierten Werkzeug waren qualitativ vergleichbar. Die Abstreifkraft wies zu Beginn des Abstreifvorgangs eine Schwingung auf und verringerte sich mit einer annähernd linearen Degression bis zum Ende des Abstreifvorgangs. Die Schwingung zu Beginn des Abstreifvorgangs wird mit einem Ruckgleiten infolge von Adhäsion (s. o.) in Übereinstimmung mit den Arbeiten von Klünsner et al. [KLÜN16a] und Welm et al. [WELM19] erklärt. Ein weiterer Erklärungsansatz für das Ruckgleiten ist unterbundenes Verkanten des Schneidstempels gegen den Kanteneinzug am Stanzgitter durch die hohe Werkzeugsteifigkeit. Nach ca. zwei Dritteln des Abstreifwegs fiel die Niederhalterkraft ab und die Blechklemmung ging zum Ende des Abstreifvorgangs verloren. Der Verlust der Blechklemmung zum Ende des Abstreifvorgangs wird als unkritisch bewertet, da die Klemmhöhe der Schnittfläche des Stanzgitters, durch den Kanteneinzug bedingt, zu diesem Zeitpunkt bereits gering ist.

7.3 Zwischenfazit

Intermediate conclusion

Stempelbrüche und Chipping beim Feinschneiden mit Hartmetallstempeln sind eine Folge von Verkanten des Schneidstempels im Stanzgitter. Auf Grundlage der Erkenntnisse wurden Gestaltungsmaßnahmen für einen steifen Werkzeugaufbau abgeleitet, um Neigungen und damit eine Biegebelastung des Schneidstempels zu verhindern. Insbesondere eine steife **Abstützung** und **Werkzeugverriegelung** sind für ein prozesssicheres Abstreifen erforderlich. Das **Streifenlayout** wurde modifiziert, um Wechselwirkungen zwischen Kavitäten und mit dem Stanzgitter zu vermeiden. Die Prozesseinstellungen wurden dahingehend optimiert, dass die **Blechklemmung** über die Prozessdauer kontinuierlich erhalten bleibt. Die Schneidkanten wurden durch Drahtfunkenerosion mit geringem Energieeintrag und anschließender Bürstpolitur gefertigt. In zwei Versuchsreihen wurden ein Hartmetall- und ein PM-HSS-Stempel als Referenz zum Feinschneiden von hochfestem, mikrolegiertem Stahlblech S700MC mit industriell relevanten 10.000 Prozesszyklen angewendet. Mit den Versuchsreihen wurden die getroffenen Maßnahmen zur Vermeidung des Verkantens von Schneidstempeln im Stanzgitter validiert.

Die **Verschleißmechanismen** lassen Rückschlüsse auf die Schneidstempelbeanspruchung zu. Die **PM-HSS**-Stempel wurden aufgrund einer nicht ausreichenden Druckfestigkeit im Zusammenhang mit der wechselnden Zug-Druck-Beanspruchung durch Oberflächenzerrüttung ermüdet. Der hohe Härtegradient und unterschiedliche Elastizitäten von Substrat und Beschichtung führten zu einem Eierschaleneffekt, der an Rissen durch die Oberflächenzerrüttung auftritt. Die Schichthaftung ist lokal an den Rissen durch die Deformation des Substrats herabgesetzt, sodass die Schicht im Zuge der weiteren tribologischen Beanspruchung delaminierte. Das freigelegte Substrat war aufgrund der hohen Adhäsionsneigung zum Stahlblech anfällig für Adhäsionsverschleiß. Die erhöhte Reibung durch Adhäsion verstärkte das Risswachstum und führte letztendlich zu Kantenausbrüchen. Bruchstücke, abblätternde Beschichtung und kaltverfestigte Späne des Blechwerkstoffs förderten zudem die Dreikörperabrasion am freigelegten Substrat.

Der **Hartmetallstempel** bot aufgrund der hohen Druckfestigkeit, der hohen Härte und geringen Elastizität eine gute Schichtabstützung. Durch die gute Schichtabstützung erfüllte die Beschichtung ihre Funktion dauerhaft. Am Hartmetallstempel wurden keine Oberflächenzerrüttung oder andere Verschleißformen beobachtet. Die Beschichtung wies Riefen unterhalb der Schneidkante auf, die auf einen geringen Abrasionsverschleiß an der Schichtoberfläche hinwiesen. Der Abrasionsverschleiß wird durch eine Dreikörperabrasion mit kaltverfestigten Mikrospänen, die sich in Rauheitstälern ablagern, erklärt. Weiterhin begünstigte die Reibung mit der kaltverfestigten Schnittfläche am Stanzgitter eine Zweikörperabrasion. Durch den leichten Verschleiß an der Beschichtung wurde das Substrat jedoch nicht beeinträchtigt.

Die **Forschungsfrage 4**, wie Belastungen des Schneidstempels während des Abstreifens des Stanzgitters vom Schneidstempel durch eine wissensbasierte Werkzeug- und Prozessauslegung reduziert werden können, wurde damit beantwortet. Der Validierungsversuch hat gezeigt, dass prozesssicheres Feinschneiden mit Hartmetallstempeln durch die modifizierte Werkzeugkonstruktion, die Prozessführung, das Streifenlayout und die Stempelfertigung möglich ist. Die Maßnahmen haben ein Verkanten des Schneidstempels im Stanzgitter verhindert und das mechanische Beanspruchungskollektiv des Schneidstempels wirksam reduziert. Im Vergleich von Hartmetall zu konventionellem PM-HSS wird zudem der Vorteil der hohen Druckfestigkeit von Hartmetall hervorgehoben. Am Hartmetallstempel waren nach einer industriell relevanten Produktionsreihe von 10.000 Prozesszyklen keine Verschleißmerkmale sichtbar. Bei beobachteten Defekten des Hartmetalls ist keine Entwicklung mit zunehmender Hubzahl sichtbar geworden. Mit Beantwortung der Forschungsfrage 4 wurde auch die **Forschungshypothese** verifiziert:

Durch eine wissensbasierte Gestaltung eines Feinschneidwerkzeugs kann das Belastungskollektiv aus Zug- und Biegespannungen im Schneidstempel beim Abstreifvorgang von hochfestem Stahlblech soweit reduziert werden, dass prozesssicheres Feinschneiden mit Hartmetallstempeln möglich ist.

8 Wirtschaftlichkeitsbewertung des Feinschneidens mit Hartmetallstempeln

Profitability assessment of fine blanking with cemented carbide punch

In Kapitel 7 wurde gezeigt, dass prozesssicheres Feinschneiden mit Hartmetallstempeln möglich ist. Durch gezielte Maßnahmen zur Prozessführung, Werkzeugkonstruktion, Streifenlayout und Stempelfertigung wurde die Stempelbelastung in Form von Biegespannungen beim Abstreifen reduziert. Der prozesssichere Einsatz von Hartmetall ermöglicht es aufgrund höherer Standmengen verglichen mit PM-HSS, den Wartungsaufwand zu vermindern. Daraus entstehen Vorteile durch geringere Wartungskosten, eine höhere Anlagenverfügbarkeit und geringere Opportunitätskosten. In Kapitel 8.1 wurde ein Kostenmodell entwickelt, um die Wirtschaftlichkeit von Hartmetallstempeln gegenüber PM-HSS-Stempeln anhand der Herstellkosten je Werkstück zu bestimmen. Als Referenzprozess dient der Analogieprozess aus Kapitel 6. In Kapitel 8.2 wurden die Wirtschaftlichkeit von Hartmetallstempeln und die Sensitivität für Prozess- und Werkstückparameter wie Werkstoffausnutzung, Standmenge, Losgrößen und Hubraten analysiert.

8.1 Entwicklung des Kostenmodells

Cost model development

Für die Berechnung der Wirtschaftlichkeit von Hartmetallstempeln beim Feinschneiden wurde ein Kostenmodell erstellt, mit dem die Herstellkosten als Summe der Fertigungs- und Materialkosten berechnet werden. Die Entwicklung des Kostenmodells für die Herstellkosten ist aus der Vorgehensweise in der Zerspanungstechnik nach KLOCKE abgeleitet [KLOC18, S. 444-448]. Die kostenbestimmenden Parameter wurden in Kapitel 8.1.1 ermittelt und aufgeschlüsselt sowie in Kapitel 8.1.2 in ein mathematisches Modell überführt. Das Modell wurde in der Skriptsprache PYTHON 3 implementiert, um die Herstellkosten in Abhängigkeit der Anzahl produzierter Werkstücke zu simulieren.

8.1.1 Kostenbestimmende Parameter

Cost driving parameters

Zur Bewertung der Kostenstruktur beim Feinschneiden mit Hartmetall- gegenüber PM-HSS-Stempeln wurden wirtschaftliche und technische Annahmen getroffen. Die kostenbestimmenden Parameter wurden anhand von Experten- und Literaturangaben quantifiziert. Die kostenbestimmenden Parameter der Herstellkosten wurden in die fertigungs- und materialbezogenen Parameter unterteilt.

Fertigungsbezogene Parameter

Die fertigungsbezogenen Parameter beinhaltet alle Größen, die mit der physischen Realisierung der Fertigung assoziiert sind. Dazu zählen alle Parameter, die sich auf die Werkzeugkosten K_{WZ}, Maschinenkosten K_{MZ} und Personalkosten K_{PN} auswirken.

Die Fertigungskosten hängen von der Bearbeitungsdauer je Werkstück ab. Die Bearbeitungsdauer je Werkstück t_{B}^{i} ist die durchschnittliche Dauer für die Fertigung eines Werkstücks und ist die Summe der Hauptzeit t_{h}, Nebenzeit t_{n} und der anteiligen Rüstzeit t_{R} [KLOC18, S. 446].

Die Hauptzeit t_{h} ist die Dauer, in der die Aktivelemente im Eingriff sind. Hubraten mit einer servomechanischen Presse liegen im Bereich n_{Hub} = 30..100 min^{-1} bei der Blechdicke s_0 = 6 mm. Aufgrund der Ergebnisse in Kapitel 7.1.3 wird eine Hubrate von n_{Hub} = 50 min^{-1} angenommen, da bei höheren Hubraten die Blechklemmung beim Abstreifen verloren geht und Werkzeugverschleiß begünstigt. Als Hauptzeit ergibt sich bei einer mittleren Schneidgeschwindigkeit v_{s} = 50 mm·s^{-1} eine Dauer von t_{h} = 0,24 s. Bei einer Grundzeit pro Feinschneidhub t_{g} = 1,2 s beträgt die Nebenzeit t_{n} = 0,96 s. Die Rüstzeit t_{R} enthält die Aufbauzeit des Werkzeugs t_{AZ} und unter der Annahme, dass keine Ersatzstempel vorhanden sind, die Dauer für die Nacharbeit von Stempel t_{NSt} und Matrize t_{NMa}. Die Aufbauzeit für das Ausbauen aus dem Pressenraum, Transport zur Werkbank, Demontage und den Wiederaufbau mit Einbau in den Pressenraum wird nach Expertenangaben mit t_{AZ} = 2 h angenommen. Die Dauer für das Nachsetzen des Stempels wird mit t_{NSt} = 2 h festgelegt. In der Zeit wird der Stempel flachgeschliffen und die Schneidkante wird präpariert. An der Matrize ist die zu schleifende Fläche größer und es muss ggf. eine Ringzacke gefräst werden, sodass die Dauer zu t_{NMa} = 3 h definiert wird.

Unterschiedliche Standmengen von Hartmetall- und PM-HSS-Stempeln führen zu erheblichen zeitlichen Aufwandsunterschieden, sodass die Produktion eines Loses mit geringer Standmenge der Aktivelemente wesentlich länger dauert. Um die Kosten des Zeitaufwands und der Reservierung der Anlage darzustellen, werden Opportunitätskosten infolge entgangener Gewinne während der Rüst- und Wartungszeiten gesondert eingeführt. Da es keine verlässlichen Informationen zu Gewinnmargen gibt, wird der Verkaufspreis je Werkstück P_{WS} im Kostenmodell anhand der Herstellkosten mit einem Aufschlag auf die Herstellkosten mit PM-HSS-Stempeln berechnet.

Die Werkzeugkosten K_{Wz} enthalten Investitionskosten für das Gestell und die Aufbauelemente sowie für die Aktivelemente. Für die Kostenermittlung wurde ein Experteninterview mit der FEINTOOL TECHNOLOGIE AG durchgeführt. Aufgrund der Fertigungskosten für das weiterentwickelte Feinschneidwerkzeug in Kapitel 7.1.1 werden Werkzeug-Investitionskosten in Höhe von K_{Wkz} = 80.000 EUR festgelegt, die jedoch auf die Gesamtnutzungsdauer bezogen werden. Bei der Annahme eines Auftrags über ein Produktionsprogramm von PP = 1 Mio. Werkstücken und fünf Folgeaufträgen mit gleichem Volumen werden die Werkzeugkosten auf K_{Wkz} = 10.000 EUR reduziert. Die Fertigung von einem Hartmetallstempel kostet ca. $K_{\mathrm{Wz,St}}$ = 1.200 EUR, ein PM-HSS-Stempel $K_{\mathrm{Wz,St}}$ = 700 EUR und eine Matrize $K_{\mathrm{Wz,Ma}}$ = 1.500 EUR. Hartmetallstempel sind aufgrund der höheren Werkstoffkosten und Erodierkosten teurer in der Fertigung.

Aus Erfahrungsberichten in der Industrie [KOLB18] und aus Expertenangaben ist bekannt, dass die Standmenge von einem Hartmetallstempel das bis zu 15-fache der

Standmenge von einem PM-HSS-Stempel beträgt. Es wird eine zehnfache Standmenge angenommen. Die Standmenge N_{Sz} bis zu einem Verschleißgrad mit Einfluss auf die Werkstückqualität wird entsprechend den Ergebnissen aus Kapitel 7.2 für PM-HSS mit $N_{Sz,St}$ = 10.000 Hüben gewählt, da bereits fortgeschrittener Schneidkantenverschleiß vorlag, während der Hartmetallstempel keine sichtbaren Verschleißmerkmale aufwies. Für Hartmetall wird die zehnfache Standmenge mit $N_{Sz,St}$ = 100.000 Hüben festgelegt. Nach Expertenangaben hält eine Matrize durchschnittlich viermal so lange wie PM-HSS-Stempel, was eine Standmenge von $N_{Sz,Ma}$ = 40.000 Hüben ergibt. Für die Matrize im Hartmetallwerkzeug wird jedoch die selbe Standmenge wie für den Hartmetallstempel von $N_{Sz,Ma}$ = 100.000 Hüben angenommen. Es wird davon ausgegangen, dass auch die Standmenge der Matrize erhöht werden kann. Dadurch werden Stempel und Matrize beim Hartmetallwerkzeug gleichzeitig gewechselt.

Die Maschinenkosten K_{MZ} umfassen die ökonomische Kalkulation, Betriebskosten sowie weitere Kosten, die für die Nutzung der Feinschneidanlage anfallen. Im Einzelnen sind dies Abschreibungen K_{Ab} und Zinsen K_{Zi}, Betriebskosten K_{Btr} inkl. Der Energiekosten K_{En}, Gebäudekosten K_{Geb}, Wartungs- und Instandhaltungskosten $K_{Btr,W}$ durch Fremd- und Eigenwartung sowie eine Maschinenkostenpauschale.

Der Anschaffungspreis einer servomechanischen Feinschneidanlage inkl. Bandanlage wird auf Basis eines Experteninterviews mit FEINTOOL TECHNOLOGIE AG mit $K_{FP,A}$ = 1.500.000 EUR festgelegt. Die wirtschaftliche Lebensdauer der Feinschneidanlage wird gemäß Buchhaltungsempfehlungen auf TWL_{FP} = 15 Jahre gesetzt [DATE17]. Der Zinssatz richtet sich nach dem aktuellen gesetzlichen Zinssatz von p = 5 % [FLEI20].

Die elektrische Nennleistung der Feinschneidpresse beträgt P_{el} = 180 kW laut Datenblatt. Nach statistischen Daten betragen die durchschnittlichen Stromkosten für ein Industrieunternehmen mit einem Verbrauch zwischen 160 und 20.000 MWh p_{el} = 0,1504 EUR/kWh [BUND17]. Die Kosten für die Anlagenwartung und -instandhaltung werden nach dem Aufwand im Maschinenhandbuch berechnet und ergeben sich aus den Wartungszyklen für Fremdwartung und Selbstwartung [FEIN16], siehe Tabelle 8.1.

Tabelle 8.1: Berechnung der Wartungskosten der Feinschneidanlage
Calculation of maintenance costs of the fine blanking machine tool

Wartungs-zyklus h	**Wartungs-aufwand h**	**Personal-kosten EUR/h**	**Material-kosten EUR**	**Wartungskosten je Betriebsstunde EUR/h**
100	1,75	19,75	0	0,3456
500	4,75	19,75	0	0,1876
2.000	4	19,75	750	0,4145
10.000	8	125	0	0,1000
				1,0477

Die jährliche Maschinenkapazität wird mit 250 Werktagen im Dreischichtbetrieb zu jeweils acht Stunden angenommen. Daraus ergibt sich eine Anlagenverfügbarkeit von MK = 250·3·8 h = 6.000 h pro Jahr.

Die Maschinenkostenpauschale $K_{\mathrm{M,Pausch}}$ enthält Kosten für die Betriebsmittel Druckluft und Hydrauliköl. Bei einem Querschnitt der Luftdüsen von 100 mm^2 und einem Systemdruck von 7 bar beträgt der Druckluftstrom 109 m^3/h [TRIM21]. Die Dauer eines Druckluftimpuls zum Ausblasen der Werkstücke ist 0,2 s und die Hubrate von 50 min^{-1} (1,2 s pro Hub) führen zu einem Druckluftverbrauch von 18,2 m^3/h. Mit Kosten in Höhe von 0,02 EUR/m^3 [LANS16] betragen die Druckluftkosten 0,36 EUR/h. Laut dem Wartungsplan wird das Hydrauliköl alle 2.000 h ersetzt [FEIN16]. Dabei werden jeweils 0,6 m^3 Hydrauliköl ausgetauscht zu jeweils ca. 1.000 €. Damit ergeben sich Kosten in Höhe von 0,50 EUR/h für Hydrauliköl. Der Schmierstoffverbrauch bei beidseitiger Beölung ergibt sich bei einer Auftragsmenge von 8 g/m^2 und einem Vorschub von 41 mm je Hub sowie einer Streifenbreite von 68 mm bei der angesetzten Hubrate zu 150 g/h. Aufgrund der Dichte des Feinschneidöls FMO 5020 von der Firma Fuchs Wisura von 0,92 g/ml [FUCH14] werden bei laufendem Betrieb 0,145 l/h verbraucht. Das ergibt bei einer Preisannahme für chlorfreie Feinschneidöle von 12,5 EUR/l Schmierstoffkosten in Höhe von 1,81 EUR/h. Hinzu kommen Gebäudekosten, die über die Standfläche von A_{FP} = 84 m^2 bei einer Annahme für Mietnettokosten von 7,50 EUR/m^2 [SCHN20, S. 23] zzgl. Nebenkosten pauschal mit 12 EUR/m^2 definiert werden.

Die Personalkosten für *Maschinenbediener/Werkzeugmacher* beinhalten die Parameter Lohnsatz und Bedienverhältnis. Nach dem Entgeltrahmenvertrag für Bayern wird der Bedienerlohnsatz für das Feinschneiden mit K_{PN} = 19,75 EUR/Stunde angenommen [IGME20]. Der Einfachheit halber wird davon ausgegangen, dass ein Bediener für eine Maschine verantwortlich ist, was zu einem Betriebsverhältnis von RB = 1 führt. Zur Vereinfachung wird auch angenommen, dass der Lohnsatz für den Werkzeugmacher gleich dem Bedienerlohnsatz ist.

Das Produktionsprogramm PP richtet sich nach dem Fertigungsauftrag. Aufgrund eines Experteninterviews mit FEINTOOL TECHNOLOGIE AG ist ein Produktionsprogramm von PP = 1.000.000 für ein high runner-Werkzeug plausibel. Ein Feinschneidwerkzeug wird außerdem nach der Abwicklung eines Auftrags häufig in Folgeaufträgen weiterverwendet.

Materialbezogene Parameter

Die Werkstoffkosten K_{Mt} beinhalten Kosten für Bandstahl K_{S700MC} und den Erlös für den Restwert vom Stanzabfall K_{Schrott}. Als Preis für den niedriglegierten Feinkornbaustahl S700MC als Band wird der Stahlpreisindex angewendet mit K_{S700MC} = 800 EUR/t [VOIT20]. Ein realistischer Schrottwert ist K_{Schrott} = 150 EUR/t [SCHR20]. Aus der Werkstoffausnutzung der Analogiegeometrie mit η_{Mt} = 0,49, siehe Abbildung 8.1, wird der Schrottwert berechnet.

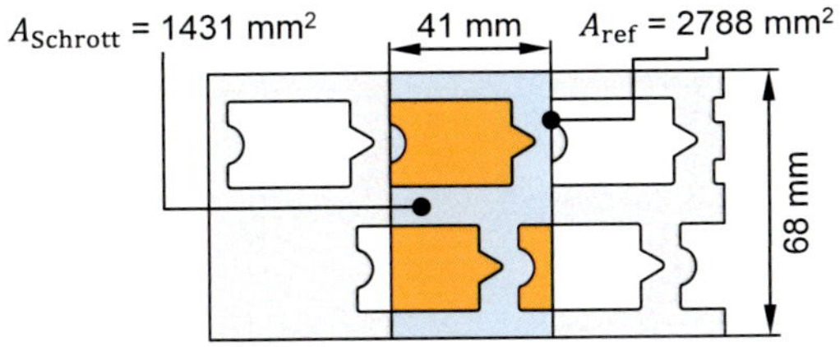

Abbildung 8.1: Streifenlayout und Werkstoffausnutzung des Referenzprozesses
Strip layout and material utilization of the reference process

8.1.2 Mathematische Formulierung
Mathematical formulation

Zur Beschreibung der Zusammenhänge zwischen den Annahmen aus Kapitel 8.1.1 wurde ein Kostenmodell für die Herstellkosten entwickelt. Die Kostenstruktur der Herstellkosten besteht aus Kosten, die während der Grundzeit t_g und der Rüstzeit t_r entstehen. Die Unterscheidung wurde vorgenommen, um die Abhängigkeiten beim Vergleich zwischen Hartmetall und PM-HSS-Stempeln zu entschlüsseln und darzustellen.

Einen wesentlichen Einflussfaktor auf die Herstellkosten stellt die Fertigungsdauer je Werkstück dar, die aus Grundzeit und Rüstzeit zusammengesetzt ist. Die Summe der Rüstzeit ist dabei wiederum abhängig von der Standmenge der Aktivelemente. Die Opportunitätskosten sind gesondert aufgeführt und werden durch entgangene Produktion in der Nebenzeit aus der Gewinnmarge berechnet. Durch die Trennung der Kosten in Anteile aus der Grund- und Rüstzeit werden Personal- und Maschinenkosten zusätzlich in die Rüstkosten eingerechnet. Die Herstellkosten für ein Werkstück K^i werden mit Gleichung 8.1 ermittelt.

$$K^i = K^i_{Wz} + K^i_{MZ} + K^i_{RZ} + K^i_{PN} + K^i_{Mt} + K^i_{O} \tag{8.1}$$

K^i_{Wz} [EUR] sind Werkzeugkosten, K^i_{MZ} [EUR] sind Maschinenkosten, K^i_{RZ} [EUR] sind Rüstkosten, K^i_{PN} [EUR] sind Personalkosten, K^i_{Mt} [EUR] sind Werkstoffkosten und K^i_{O} [EUR] sind Opportunitätskosten je Werkstück und werden nachfolgend detailliert aufgeschlüsselt.

Die Werkzeugkosten je Bauteil K^i_{Wz} sind die Summe der werkstückbezogenen Kosten für die Aktivelemente und den Werkzeugaufbau und werden nach Gleichung 8.2 berechnet.

$$K^i_{Wz} = \frac{K^{ges}_{Wz,St} + K^{ges}_{Wz,Ma} + K_{Wkz}}{PP} \tag{8.2}$$

Die Werkzeugkosten je Bauteil K^i_{Wz} [EUR] bestehen aus den Kosten für die benötigten Schneidstempel $K^{ges}_{Wz,St}$ [EUR] und Matrizeneinsätze $K^{ges}_{Wz,Ma}$ [EUR] sowie das Feinschneidwerkzeug K_{Wkz} [EUR], bezogen auf das Produktionsprogramm PP [-]. Die gesamten Stempelkosten $K_{\mathrm{Wz,St}}^{\mathrm{ges}}$ ergeben sich aus Gleichung 8.3, wobei die Gaußklammer „⌈ ⌉" ganzzahlig aufrundet.

$$K_{\mathrm{Wz,St}}^{\mathrm{ges}} = K_{\mathrm{Wz,St}} \cdot n_{\mathrm{Kav}} \cdot \left\lceil \frac{PP}{t_{\mathrm{Sz,St}}} \right\rceil \tag{8.3}$$

Die Kosten für die benötigten Schneidstempel $K_{\mathrm{Wz,St}}^{\mathrm{ges}}$ [EUR] sind die Stempeleinzelkosten $K_{\mathrm{Wz,St}}$ [EUR] für die Anzahl Kavitäten n_{Kav} [-] des Werkzeugs und werden nach jeder Standmenge eines Stempels $t_{\mathrm{Sz,St}}$ [-] ausgetauscht. Auf die gleiche Art werden die gesamten Matrizenkosten $K_{\mathrm{Wz,Ma}}^{\mathrm{ges}}$ in Gleichung 8.4 berechnet.

$$K_{\mathrm{Wz,Ma}}^{\mathrm{ges}} = K_{\mathrm{Wz,Ma}} \cdot \left\lceil \frac{PP}{t_{\mathrm{Sz,Ma}}} \right\rceil \tag{8.4}$$

Die Matrizeneinzelkosten $K_{\mathrm{Wz,Ma}}$ [EUR] fallen nur einmal an, da sie die Kavitäten n_{Kav} für die Stempel enthalten. Nach jeder Standmenge $t_{\mathrm{Sz,Ma}}$ [-] innerhalb des Produktionsprogramms PP [-] wird der Matrizeneinsatz getauscht.

Die Maschinenkosten K_{MZ}^{i} in Gleichung 8.5 sind die maschinenbezogenen Kosten je Werkstück.

$$K_{\mathrm{MZ}}^{i} = (K_{\mathrm{Ab}} + K_{\mathrm{Zi}} + K_{\mathrm{Btr}} + K_{\mathrm{Geb}} + K_{\mathrm{En}}) \cdot \frac{t_{\mathrm{B}}^{i}}{MK} \tag{8.5}$$

Die Abschreibungskosten K_{Ab} [EUR], Zinsen K_{Zi} [EUR], Betriebskosten K_{Btr} [EUR], Gebäudekosten K_{Geb} [EUR] und Energiekosten K_{En} [EUR] werden addiert und von der Maschinenkapazität MK [h/a] auf die Bearbeitungszeit t_{B}^{i} [s] skaliert. Die Abschreibungskosten K_{Ab} [EUR] werden nach Gleichung 8.6 berechnet.

$$K_{\mathrm{Ab}} = \frac{K_{\mathrm{A}} - E_{\mathrm{V}}}{TWL_{\mathrm{FP}}} \tag{8.6}$$

Die Differenz zwischen Anschaffungswert K_{A} [EUR] und Verkaufserlös E_{V} [EUR] wird auf die Nutzungsdauer TWL_{FP} [a] bezogen. Die Zinsen K_{Zi} [EUR] werden nach Gleichung 8.7 mit dem Zinssatz p [-] ermittelt.

$$K_{\mathrm{Zi}} = \frac{K_{\mathrm{A}} + E_{\mathrm{V}}}{2} \cdot p \tag{8.7}$$

Zur Ermittlung der Betriebskosten K_{Btr} [EUR] werden Hersteller-Wartungskosten $K_{\mathrm{Btr,W}}$ [EUR], der Selbst-Wartungsanteil $p_{\mathrm{Btr,W}}$ [-] und eine Pauschale in Gleichung 8.8 addiert.

$$K_{\mathrm{Btr}} = \left(K_{\mathrm{Btr,W}} + p_{\mathrm{Btr,W}} \cdot K_{\mathrm{PN}} + K_{\mathrm{M,Pausch}}\right) \cdot MK \tag{8.8}$$

Die Personalkosten K_{PN} [EUR] werden mit dem Selbst-Wartungsanteil $p_{\mathrm{Btr,W}}$ verrechnet.

Die Rüstkosten in Gleichung 8.9 bestehen aus maschinenbezogenen $K_{\mathrm{RZ,MZ}}$ und personalbezogenen Kosten $K_{\mathrm{RZ,PN}}$.

$$K_{\mathrm{RZ}}^{i} = \frac{K_{\mathrm{RZ,MZ}} + K_{\mathrm{RZ,PN}}}{PP} \tag{8.9}$$

Die maschinenbezogenen Rüstkosten $K_{\mathrm{RZ,MZ}}$ [EUR] in Gleichung 8.10 hängen von der Rüstzeit t_{R} [h] ab.

$$K_{\mathrm{RZ,MZ}} = \frac{t_{\mathrm{R}}}{MK} \cdot K_{\mathrm{MZ}} \tag{8.10}$$

Die personalbezogenen Rüstkosten $K_{\mathrm{RZ,PN}}$ [EUR] in Gleichung 8.11 sind zusammengesetzt aus der Aufbauzeit t_{AZ} [h] und der Nachsetzzeit für Schneidstempel t_{NSt} [h] und Matrizeneinsatz t_{NMa} [h] sowie dem Personalaufwand K_{PN} [EUR].

$$K_{\mathrm{RZ,PN}} = \left(t_{\mathrm{AZ}} \cdot \left(\frac{PP}{t_{\mathrm{Sz,St}}} + \frac{PP}{t_{\mathrm{Sz,Ma}}}\right) + t_{\mathrm{NSt}} \cdot \frac{PP}{t_{\mathrm{Sz,St}}} + t_{\mathrm{NMa}} \cdot \frac{PP}{t_{\mathrm{Sz,Ma}}}\right) \cdot K_{\mathrm{PN}} \tag{8.11}$$

Die Rüstzeiten fallen dabei jedes Mal an, wenn die Standmenge der Schneidstempel $t_{\mathrm{Sz,St}}$ oder des Matrizeneinsatzes $t_{\mathrm{Sz,Ma}}$ erreicht wird.

Die Personalkosten je Bauteil K_{PN}^{i} [EUR] werden nach Gleichung 8.12 berechnet.

$$K_{\mathrm{PN}}^{i} = t_{\mathrm{B}}^{i} \cdot K_{\mathrm{PN}} \cdot RB \tag{8.12}$$

RB [-] ist das Bedienverhältnis. Die Werkstoffkosten K_{Mt}^{i} [EUR] hängen von der Werkstoffausnutzung η_{Mt} [-] ab.

$$K_{\mathrm{Mt}}^{i} = \frac{K_{\mathrm{S700MC}} + K_{\mathrm{Schrott}} \cdot (1 - \eta_{\mathrm{Mt}})}{n_{\mathrm{WR}}} \tag{8.13}$$

K_{S700MC} [EUR] sind die Kosten für einen Ring Bandstahl, n_{WR} [-] ist die Anzahl an Bauteilen, die aus einem Ring gefertigt werden und K_{Schrott} [EUR/t] ist der Schrottwert.

Während der Rüstzeit fallen Opportunitätskosten K_{O}^{i} [EUR] an.

$$K_{\mathrm{O}}^{i} = t_{\mathrm{R}} \cdot \frac{P_{\mathrm{WS}}}{t_{\mathrm{B}}^{i}} \tag{8.14}$$

Die entgangenen Gewinne P_{WS} [EUR] fallen während der Rüstzeit t_{R} [h] an.

Die gesamte Produktionsdauer t_{PP} [h] wird nach Gleichung 8.15 berechnet.

$$t_{\mathrm{PP}} = t_{\mathrm{R}} + \frac{PP \cdot t_{\mathrm{B}}^{i}}{3600\, h^{-1}} \tag{8.15}$$

Die Bearbeitungszeit je Bauteil t_{B}^{i} [s] ergibt sich gemäß Gleichung 8.16 aus der Hubrate n_{Hub} [min^{-1}] und der Anzahl an Kavitäten n_{Kav} [-].

$$t_{\mathrm{B}}^{i} = \frac{1}{60 \cdot n_{\mathrm{Hub}} \cdot n_{\mathrm{Kav}}} \tag{8.16}$$

Das Kostenmodell, definiert durch die Gleichungen 8.1–8.16, wird in der Programmiersprache PYTHON 3 implementiert und mit den Definitionen in Kapitel 8.1.1 ausgeführt. Der Programmcode ist im Anhang 11.4 aufgeführt. Nachfolgend wird die Verwendung von Hartmetall- und PM-HSS-Stempeln beim Feinschneiden ökonomisch anhand des Kostenmodells verglichen.

8.2 Szenarien für die Bewertung der Wirtschaftlichkeit von Hartmetallstempeln

Szenarios for evaluating the profitability of cemented carbide punches

Das implementierte Kostenmodell aus dem vorherigen Kapitel wird angewendet, um die Kostenstruktur der Herstellkosten K^i für die Stempelwerkstoffe Hartmetall (HM) und PM-HSS zu vergleichen. Für den Vergleich wird das Standard-Szenario für die Produktionsbedingungen nach Kapitel 8.1.1 simuliert. Die Annahmen für die Parameter Gewinnmarge und Standmenge nehmen direkten Einfluss auf die Werkzeug- und Opportunitätskosten und werden in einer Sensitivitätsanalyse untersucht. Die Kostenentwicklung und die Kostenstruktur für das Standard-Szenario sind in Abbildung 8.2 abgebildet.

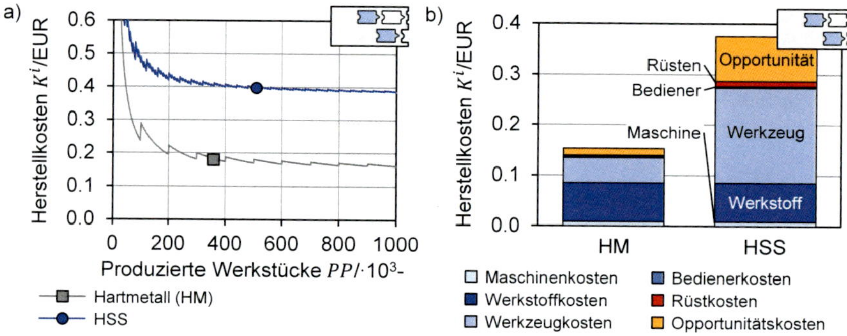

Abbildung 8.2: Kostenentwicklung (a) und Kostenstruktur (b) für den Standard-Parametersatz mit einer Gewinnmarge von 10 %

Cost development (a) and cost structure (b) for the standard parameter set with a profit margin of 10 %

Die Ausgangskosten für ein Hartmetallwerkzeug sind höher als für ein PM-HSS-Werkzeug, sodass die Herstellkosten K^i zu Beginn höher sind. Die Gewinnschwelle von Hartmetall ggü. PM-HSS wird aber schon frühzeitig während des Anlaufs bei den ersten Wartungsintervallen erreicht, siehe Abbildung 8.2a. Die Herstellkosten steigen unstetig an, wenn eine Werkzeuginstandsetzung durchgeführt wird. In Abbildung 8.2b ist die Kostenstruktur aufgeschlüsselt. Die Maschinen- und Werkstoffkosten sind unabhängig. Die Werkzeug- und Opportunitätskosten treiben die Herstellkosten mit PM-HSS-Stempeln. Opportunitätskosten hängen von der Gewinnmarge und der Stillstandzeit für die Werkzeuginstandsetzung ab, daher sind die Opportunitätskosten bei PM-HSS-Stempeln deutlich erhöht. Für die Berechnung der Opportunitätskosten wurde davon ausgegangen, dass Kapazität in der restlichen wertschöpfenden Fertigungskette vorhanden ist. Im Standard-Parametersatz sind die Herstellkosten mit HM-Stempeln 52 % geringer als mit PM-HSS-Stempeln.

Die Kostenstruktur ist in Abbildung 8.3 in die relativen Anteile aufgeschlüsselt. Die Kosten mit Hartmetallstempeln werden von den fixen Kosten für Werkstoff und den Betrieb der Maschine mit insgesamt 56 % dominiert. Die Werkzeugkosten machen fast ein weiteres Drittel der Herstellkosten aus. Beim Einsatz von PM-HSS-Stempeln machen die Werkstoff- und Maschinenkosten 22 % aus, während die Werkzeugkosten für 50 % verantwortlich sind. Die Werkzeugkosten werden durch den hohen Bedarf an Schneidstempeln aufgrund der geringeren Standmenge bestimmt. Die Opportunitätskosten nehmen bei PM-HSS-Stempeln wegen längerer Stillstandszeiten deutlich zu und machen ein Viertel der Kosten aus. Die Kosten für Personal und die Instandsetzung an sich sind jeweils gering, wenn eine hohe Produktivität erzielt wird.

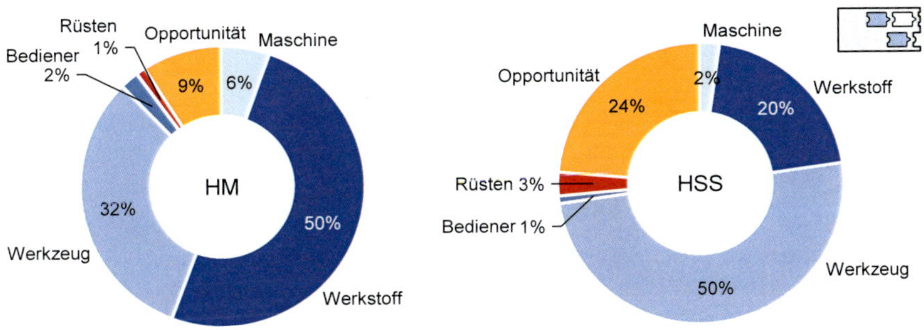

Abbildung 8.3: Kostenanteile an den Herstellkosten für den Standard-Parametersatz
Cost shares in the production costs for the standard parameter set

Die Gewinnmargen sind abhängig vom Verkaufserlös und den Herstellkosten. Da eine verlässliche Aussage zu den Gewinnmargen beim Feinschneiden aufgrund von wettbewerblicher Sensibilität kaum möglich ist, wird eine Sensitivitätsanalyse mit Annahmen von verschiedenen Gewinnmargen angenommen und in Abbildung 8.4 dargestellt. Anhand der Analyse wird der Einfluss der Gewinnmarge auf die Kostenstruktur ermittelt.

Gewinnmargen haben aufgrund der Opportunitätskosten durch entgangene Gewinne einen besonders hohen Anteil an den Herstellkosten. Bei einer Gewinnmarge von 30 % steigen die Herstellkosten mit PM-HSS-Stempeln um 93 % gegenüber einer Gewinnmarge von 0 % an. Bei HM-Stempeln beträgt der Kostenzuwachs hingegen 30 %. Bei einer 30 %-Gewinnmarge sinken die Herstellkosten mit Hartmetall gegenüber PM-HSS um 67 %.

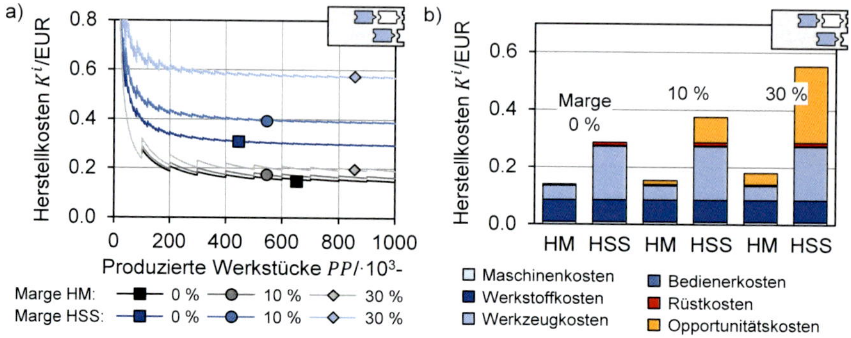

Abbildung 8.4: Kostenentwicklung (a) und Kostenstruktur (b) für variable PM-HSS-bezogene Gewinnmargen

Cost development (a) and cost structure (b) for variable PM-HSS-related profit margin

Das Standmengenverhältnis von Hartmetall- gegenüber PM-HSS-Stempeln wurde in Experteninterviews mit der CERATIZIT EMPFINGEN GMBH und FEINTOOL TECHNOLOGIE AG mit acht- bis 15-facher Standmenge angegeben. Da jedoch bislang wenige industrielle Anwendungsfälle vorhanden sind und insbesondere keine Anwendungsfälle zum Feinschneiden von hochfestem Stahlblech bekannt sind, ist die Standmenge im Kostenmodell mit einer Unsicherheit behaftet. Das Standmengenverhältnis wird in einer weiteren Sensitivitätsanalyse zwischen 5-facher und 20-facher Standmenge variiert, siehe Abbildung 8.5. PM-HSS hat ein einfaches Standmengenverhältnis zu PM-HSS und dient als Referenz. Für die Analyse wurde eine Gewinnmarge von 10 % bezogen auf PM-HSS gewählt.

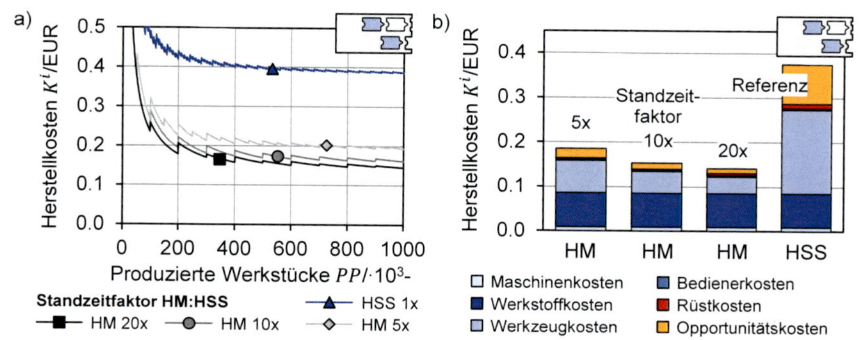

Abbildung 8.5: Kostenentwicklung (a) und Kostenstruktur (b) für variable Standmengenverhältnisse zwischen HM und PM-HSS mit einer Gewinnmarge von 10 %

Cost development (a) and cost structure (b) for variable service life ratio between cemented carbide and PM-HSS with a profit margin of 10 %

Die Werkzeugkosten werden maßgeblich von den Kosten für die Aktivelemente Stempel und Matrizen bestimmt. Eine höhere Standmenge mindert die Herstellkosten signifikant. Schon eine fünffache Standmenge birgt ein Einsparpotenzial von 51 %. Eine weitere Erhöhung des Standmengenverhältnisses auf 20 ermöglicht eine Einsparung von 59 % der Herstellkosten, was eine weitere Kostensenkung von 17 % gegenüber fünffacher Standmenge bedeutet. Die Werkzeugkosten werden also maßgeblich von der Standmenge der Aktivelemente bestimmt.

8.3 Zwischenfazit

Intermediate conclusion

Es wurde ein Kostenmodell parametriert und mit Angaben aus Experteninterviews und recherchierten Angaben implementiert. Das Kostenmodell wurde zur Berechnung der Herstellkosten an der Analogiegeometrie aus Kapitel 6 angewendet. Hartmetall bietet gegenüber PM-HSS aufgrund von wesentlich höheren Standmengen Vorteile bei den Herstellkosten durch signifikant geringere Werkzeugkosten und Zeitaufwand für die Instandsetzung. Die **Produktionsdauer** beträgt mit Hartmetallstempeln mit dem Standard-Parametersatz **41 %** der gesamten Produktionsdauer mit PM-HSS-Stempeln bei einer **Kosteneinsparung von 52 %.** Damit steht die Feinschneidpresse früher wieder für einen Folgeauftrag zur Verfügung.

Die Gewinnmarge konnte wegen der wirtschaftlichen Sensibilität nur ohne Datenbasis angenommen werden. Der Einfluss der Gewinnmarge für die Herstellkosten wurde durch eine Sensitivitätsstudie bewertet. Je profitabler eine Produktion ist, desto höher sind die **Opportunitätskosten** durch Stillstandzeiten bei der Werkzeuginstandsetzung. Opportunitätskosten nehmen einen hohen Kostenanteil an. Hartmetallstempel verursachen aufgrund von geringen Stillstandzeiten wesentlich geringere Opportunitätskosten.

Die **Standmenge** von Hartmetallstempeln kann aufgrund von fehlenden Erfahrungen zum Feinschneiden von hochfestem Stahlblech nur geschätzt werden. Der Einfluss der Standmenge auf die Herstellkosten wurde ebenfalls in einer Sensitivitätsanalyse untersucht. Unter der Annahme einer 20-fachen Standmenge werden die Werkzeugkosten und Opportunitätskosten soweit gesenkt, dass die Herstellkosten gegenüber einem PM-HSS-Stempel als Referenz um 59 % geringer ausfallen.

Mit den Ergebnissen aus Kapitel 1 wurde das **wirtschaftliche Problem** gelöst. Die Ergebnisse weisen ein wirtschaftliches Potenzial für das Feinschneiden von hochfestem Stahlblech mit Hartmetallstempeln auf, da Werkzeugkosten signifikant reduziert werden können bei gleichzeitig erhöhter Anlagenverfügbarkeit. Insbesondere Opportunitätskosten bieten ein hohes Einsparpotenzial für die Fertigungstechnologie Feinschneiden.

9 Zusammenfassung und Ausblick

Summary and outlook

Die zunehmende Verwendung von hochfestem Stahl für Leichtbauanwendungen stellt die Fertigungstechnologie Feinschneiden vor die Herausforderung der Anwendung von Stempelwerkstoffen. Der gestiegene Schneidkraftbedarf gegenüber weichen Stählen führt herkömmliche pulvermetallurgische Schnellarbeitsstähle als Stempelwerkstoff an die Grenze der Druckfestigkeit. Damit verbunden steigt der Verschleiß an Schneidstempeln und die Standmengen sinken. Hartmetall als Stempelwerkstoff bietet aufgrund der hohen Druckfestigkeit das Potenzial zum prozesssicheren Feinschneiden von hochfestem Stahl. Allerdings treten bei Hartmetallstempeln unvorhersehbare Stempelbrüche in der Abstreifphase aufgrund eines mechanischen Belastungskollektivs aus Zug- und Biegespannungen auf. Aus diesem Grund wurde mit dieser Forschungsarbeit ein Beitrag zum Abstreifvorgang beim Feinschneiden mit Hartmetallstempeln geleistet. Der Forschungsarbeit liegt die Forschungshypothese zugrunde, dass **das Belastungskollektiv aus Zug- und Biegespannungen im Schneidstempel beim Abstreifvorgang von hochfestem Stahlblech durch eine wissensbasierte Gestaltung eines Feinschneidwerkzeugs soweit reduziert werden kann, dass prozesssicheres Feinschneiden mit Hartmetallstempeln möglich ist**.

Im ersten von fünf Schritten wurde die Entstehung von Schnittflächenmerkmalen untersucht, die für die Kontaktbedingungen im Tribosystem zwischen Schneidstempel und Stanzgitter verantwortlich sind. Dazu wurde die Forschungsfrage beantwortet: *Wie kann die Entstehung der Schnittflächengeometrie in Form des Kanteneinzugs am Stanzgitter anhand von oberflächennahen Zugspannungen und Druckspannungen in der Scherzone erklärt werden?* Schnittflächenmerkmale wurden dazu auf Geometrieelemente bezogen, die durch den Radius, Eckenwinkel und die Stegbreite im Stanzgitter beschrieben wurden. Es wurde gezeigt, dass konvexe Geometrieelemente der Schnittlinie oberflächennahe Zugspannungen verstärken, weil Spannungsfelder von gegenüberliegenden Schenkeln des Geometrieelements sich überschneiden. Bei Geometrieelementen mit kleinem Radius und Eckenwinkel wird daher Kanteneinzug verstärkt. Druckspannungen in der Scherzone, die durch Prozesskräfte induziert werden, wirken der Entstehung von Kanteneinzug entgegen. Eine hohe Fließspannung des Blechwerkstoffs sowie eine hohe Druckspannung in der Scherzone führen zu einer hohen elastischen Rückfederung der Schnittfläche und somit zu Klemmkräften.

Im zweiten Schritt wurde untersucht, wie das Stanzgitter mit dem Schneidstempel interagiert. Dazu wurde die Forschungsfrage beantwortet: *Welche Wechselwirkungen zwischen dem Schneidstempel und der Schnittfläche des Stanzgitters rufen ein Belastungskollektiv im Schneidstempel aus Zug- und Biegespannungen in der Abstreifphase hervor?* Durch elastische Rückfederung der Schnittfläche entsteht eine Klemmkraft, die beim Abstreifen unter Reibung zu einer Abstreifkraft führt. Es wurde ein analytisches Abstreifkraftmodell entwickelt. Dem Modell liegt zugrunde, dass in der Scherzone ein Spannungszustand vorliegt, der direkt von der Fließspannung abhängt. Die

Fließspannung wird während des Schneidvorgangs durch dissipierte Wärme herabgesetzt. Von der Fließspannung hängt wiederum der elastische Umformanteil ab, der eine Klemmkraft verursacht. Eine geringe Elastizität des Stempelwerkstoffs wie bei Hartmetall führt zu höheren Klemmkräften im Vergleich zu PM-HSS, weil der Stempel unter der Wirkung der Klemmkraft weniger einfedert. Dabei steigt die maximal auftretende Zugspannung im Schneidstempel um 50 % an. Die maximale Zugbelastung tritt jedoch lokal an der Stempelmantelfläche auf. Es wurde gezeigt, dass Kanteneinzug zum Verkanten führt, sodass lokale Zugspannungen um bis zu 160 % ansteigen. Dies wurde damit erklärt, dass die Kanteneinzugbreite vom Niederhalter nicht unterstützt wird und beim Abstreifen elastisch deformiert wird. Außerdem wurde eine Neigung zwischen Schneidstempel und Stanzgitter analysiert, wobei lokale Zugspannungen durch Verkanten um 150 % bei 1° Stempelneigung auftreten.

Im dritten Schritt wurden Abstreifversuche mit Hartmetallstempeln durchgeführt, um die Forschungsfrage zu beantworten: *Wie kann das Belastungskollektiv, das in der Abstreifphase bei einer asymmetrischen Schnittliniengeometrie zum Stempelbruch führt, anhand der Wechselwirkungen zwischen Stanzgitter und Schneidstempel erklärt werden?* Es wurde anhand eines beobachteten Stempelbruchs gezeigt, dass Biegespannungen mit der Schnittliniengeometrie und dem Streifenlayout zusammenhängen. Eine Rissinitiierung fand an konkaven Geometrieelementen statt, also wo hoher Kanteneinzug am konvexen Stanzgitter vorlag. Das Verkanten verursachte eine Stempelneigung, wodurch der Stempel letztlich brach. Einseitig schmale Stege im Stanzgitter ermöglichen die Stempelneigung durch einseitig hohe Klemmkräfte.

Im vierten Schritt wurden Maßnahmen abgeleitet, um Verkanten zu verhindern. Dazu wurde die Forschungsfrage beantwortet: *Wie können Belastungen des Schneidstempels während des Abstreifens des Stanzgitters vom Schneidstempel durch eine wissensbasierte Werkzeug- und Prozessauslegung reduziert werden?* In einer Versuchsreihe von 10.000 Feinschneidhüben wurden die Maßnahmen an einem modifizierten Feinschneidwerkzeug validiert. Durch einen gehärteten Obersatz, eine maximierte Führungslänge des Schneidstempels und eine steife Werkzeugverriegelung wurde Verkanten und eine Stempelneigung beim Abstreifen erfolgreich verhindert. Die Prozessführung wurde modifiziert, um eine kontinuierliche Blechklemmung und damit Blechkontrolle sicherzustellen. Damit wurde die Forschungshypothese verifiziert.

Das Forschungsziel **prozesssicheres Feinschneiden mit Hartmetallstempeln durch Reduzierung des Belastungskollektivs auf den Schneidstempel beim Abstreifvorgang mit einem modifizierten Feinschneidprozess in Bezug auf die Werkzeugauslegung, die Prozesskräfte und das Streifenlayout** wurde erreicht.

Anhand des Analogieversuchs wurde zuletzt eine Wirtschaftlichkeitsbetrachtung durchgeführt. Unter der Annahme einer zehnfachen Standmenge von Hartmetall- gegenüber PM-HSS-Stempeln können die Herstellkosten um ca. 52 % verringert werden. Damit wurde das **wirtschaftliche Problem** gelöst.

Ausblick

Die Machbarkeit des Feinschneidens mit Hartmetallstempeln wurde in dieser Arbeit für einen industrienahen Analogieprozess gezeigt. Dazu wurden umfassende Maßnahmen getroffen, die die Prozessführung, die Werkzeugkonstruktion, das Streifenlayout und die Stempelfertigung betreffen. Für die Umsetzung in der industriellen Praxis bleibt zu klären, wie diese Maßnahmen sinnvoll umgesetzt werden können. Dazu ist eine Bewertung aller Maßnahmen notwendig, um festzustellen, welche Maßnahmen eine vordergründige Bedeutung für den Erfolg des Feinschneidens mit Hartmetallstempeln haben. Es ist davon auszugehen, dass insbesondere eine steife Verriegelung mit vier Verriegelungsbolzen und eine präzise Stempelführung sowie eine stabile Stempelabstützung ausschlaggebend sind, da dadurch ein selbstverstärkendes Verkanten des Schneidstempels gegen das Stanzgitter unterbunden wird.

In dieser Arbeit wurde das Verkanten des Schneidstempels durch die Prozessführung und den Werkzeugaufbau verhindert. Die Ursachen für das Verkanten wurden jedoch im Wesentlichen nicht abgestellt. Um die Prozesssicherheit des Feinschneidens zu erhöhen, müssen die Ursachen für das Verkanten und für den Verschleiß in weitergehenden Arbeiten aufgegriffen und behoben werden. Daraus ergibt sich ein Forschungsbedarf zur gezielten Beeinflussung von Schnittflächenmerkmalen, die ein Verkanten begünstigen.

Verschleißminderung kann dadurch erzielt werden, dass die Schnittflächenmerkmale, die ein Verkanten begünstigen oder eine tribologische Belastung für den Schneidstempel darstellen, behoben werden. Durch die Ausnutzung des Verständnisses der Ursache-Wirkung-Zusammenhänge bei der Entstehung von Kanteneinzug und elastischer Rückfederung auf Basis der Spannungsanalyse aus der vorliegenden Arbeit kann Kanteneinzug und elastische Rückfederung kontrolliert werden. Ein möglicher Ansatz zur Kontrolle von Schnittflächenmerkmalen bei schmalen Stegen, wie sie bei hoher Materialausnutzung beim Feinschneiden auftreten, ist die Verwendung eines Prägeeinsatzes, mit dem die Lochung des vorherigen Schnitts anprägt und die geschwächte Steifigkeit des Stegs unterstützt. Mit dem Ansatz eines Prägewerkzeugs kann die Stegbreite weiter minimiert und die Materialausnutzung maximiert werden. Eine weitere Möglichkeit zur Verhinderung des Verkantens ist, die Abstreifkraft in direkter Nähe der Schneidstempelmantelfläche aufzubringen, ohne dass der Kanteneinzug als Hebelarm wirksam wird. Dazu müssen werkzeugbauliche Lösungsansätze erarbeitet werden. Durch die gezielte Anwendung von variablen Werkzeugfeatures wie Ringzackenparameter, Schneidspalt und Schneidkantengeometrie entlang der Schnittlinie können Schnittflächenmerkmale kontrolliert beeinflusst werden, um ein Verkanten zu verhindern. Dazu ist weitere Grundlagenforschung zum Spannungszustand in der Scherzone notwendig.

Summary and Outlook

The increasing use of high-strength steel for lightweight applications poses the challenge of applying punch materials to fine blanking technology. The increased shearing force requirement compared to soft steels is pushing conventional powder-metallurgical high-speed steels as punch materials to the limit of compressive strength. This results in increased wear on punches and reduced tool life. Due to its high compressive strength, cemented carbide as a punch material offers the potential for process-reliable fine blanking of high-strength steel. However, unpredictable punch fractures occur in the stripping phase of cemented carbide punches due to a mechanical load spectrum consisting of tensile and bending stresses. For this reason, this research work has made a contribution to the stripping phase during fine blanking with cemented carbide punches. The research work is based on the research hypothesis that **the load spectrum of tensile and bending stresses in the punch during the stripping phase of high-strength steel sheet can be reduced by a knowledge-based design of a fine blanking tool to such an extent that process-reliable fine blanking with cemented carbide punches is possible**.

In the first of five steps, the development of sheared surface features responsible for the contact conditions in the tribological system between the punch and the scrap web was investigated. For this purpose, the research question was answered: *How can the formation of the sheared surface geometry in the form of the die roll on the scrap web be explained on the basis of near-surface tensile stresses and compressive stresses in the shear zone?* Sheared surface features were related to geometry elements described by the radius, corner angle and bridge width in the scrap web. It was shown that convex geometry elements of the cutting line amplify near-surface tensile stresses because stress fields from opposite edges of the geometry element overlap. Therefore, die roll is amplified for geometry elements with small radius and corner angle. Compressive stresses in the shear zone induced by process forces counteract the formation of die roll. A high yield stress of the sheet material and a high compressive stress in the shear zone lead to a high elastic springback of the sheared surface and thus to clamping forces.

The second step was to investigate how the scrap web interacts with the punch. The research question was answered: *Which interactions between the punch and the sheared surface of the scrap web cause a load collective of tensile and bending stresses in the punch during the stripping phase?* Elastic springback of the sheared surface creates a clamping force, which leads to a tensile force during stripping under friction. An analytical stripping force model was developed. The model is based on the assumption that a stress state exists in the shear zone that directly depends on the yield stress. The flow stress is reduced by dissipated heat during the shearing phase. The yield stress, in turn, determines the elastic springback, which causes clamping force. A low elasticity of the punch material, as in the case of cemented carbide, leads to higher clamping forces compared to PM-HSS, because the punch deflects less under the effect of the clamping force. In this case, the maximum tensile stress occurring in the punch increases by 50%. However, the maximum tensile stress occurs locally at the punch flank surface. It was shown that die roll leads to wedging, so that local tensile stresses increase by up to 160 %. This was explained by the fact that the die roll width is not supported by the blank holder and is elastically deformed during stripping. In addition, an inclination between the punch and the scrap web was analyzed, with local tensile stresses due to wedging occurring by 150 % at 1° punch inclination.

In the third step, stripping tests with cemented carbide punches were performed to answer the research question: *How can the load spectrum leading to punch breakage in the stripping phase with an asymmetric cutting line geometry be explained on the basis of the interactions between the scrap web and the punch?* It was shown from an observed punch breakage that bending stresses are related to the cutting line geometry and the strip layout. Crack initiation occurred at concave geometry elements, i.e. where there was high die roll on the convex scrap web. The wedging caused a punch tilt, which ultimately caused the punch to break. Narrow bridge widths on one side of the scrap web allow the punch to tilt due to high one-sided clamping forces.

In the fourth step, measures were derived to prevent tilting. To this end, the research question was answered: *How can loads on the punch during stripping of the scrap web from the punch be reduced by a knowledge-based tool and process design?* In a test series of 10,000 fine blanking strokes, the measures were validated on a modified fine blanking die. A hardened die insert, a maximized guide length of the punch and stiff locking pins successfully prevented wedging and punch tilt during stripping. The process control was modified to ensure continuous sheet clamping and thus sheet control. The successful test verified the research hypothesis.

The research objective of **process-reliable fine blanking with cemented carbide punches by reducing the load collective on the punch during the stripping phase with a modified fine blanking process in terms of tool design, process forces and strip layout** was achieved.

Finally, an economic analysis was carried out on the basis of the analogy test. Assuming a tenfold tool life of cemented carbide versus PM-HSS punches, the manufacturing costs can be reduced by approx. 52 %. This solved the **economic problem**.

Outlook

The feasibility of fine blanking with cemented carbide punches has been demonstrated in this work for an industry-oriented analog process. For this purpose, comprehensive measures were taken concerning process control, tool design, strip layout and punch manufacturing. For the implementation in industrial practice, it remains to be clarified how these measures can be implemented in a meaningful way. For this purpose, an evaluation of all measures is necessary in order to determine which measures are of primary importance for the success of fine blanking with cemented carbide punches. It can be assumed that, in particular, a rigid locking system with four locking pins and a precise punch guide as well as a stable punch support are decisive, since this prevents self-reinforcing tilting of the blanking punch against the scrap web.

In this work, the wedging of the cutting punch was prevented by the process guidance and the tool design. However, the causes of wedging were essentially not eliminated. In order to increase the resilience of fine blanking, the causes of wedging and wear must be addressed and eliminated in future work. This results in a need for research into the targeted influencing of sheared surface characteristics that promote wedging or cause tribological stress.

Wear reduction can be achieved by eliminating the sheared surface features that promote wedging or represent a tribological load for the blanking punch. By exploiting the understanding of the cause-and-effect relationships in the formation of die roll and elastic springback based on the stress analysis from the present work, die roll and elastic springback can be controlled. One possible approach to controlling sheared surface characteristics in narrow bridges, as occurs with high material utilization in fine blanking, is to use an embossing insert to emboss the perforation of the previous cut and thus press the bridge against the blanking punch. A V-ring is of limited effectiveness with narrow bridges anyway, because the material can yield. With the addition of an embossing tool, the bridge width can even be further minimized and the material utilization maximized. Another possibility for preventing wedging is to apply the stripping force directly at the cutting punch without the die roll acting as a lever arm. For this purpose, tool design solutions must be developed. In addition, tool features such as V-ring parameters, die clearance and cutting edge geometry can be made variable along the cutting line in order to control the sheared surface characteristics.

10 Literaturverzeichnis

Bibliography

[ÅKES83] Åkesson, L.: An experimental and thermodynamic study of the Co-W-C system in the temperature range 1470–1700 K. In: Viswanadham, R. K.; Rowcliffe, D. J.; Gurland J. (Hrsg.): Science of Hard Materials. Boston, MA: Springer, S. 71–82.

[AL-H15] Al-Hazmi, M. W.: Computer-aided nesting of 2D shaped for press tool design. In: International Journal of Emerging Trends & Technology in Computer Science, Vol. 4, No. 1, 2015, S. 99–103.

[ALMO82] Almond, E. A.; Roebuck, B.: The origin of WC substructure and the effect of processing on the microstructure of WC-Co hardmetals. In: High Temperatures – High Pressures, Vol. 14, 1982, S. 143–154.

[AOKI03] Aoki, I.; Takahashi, T.: Material flow analysis on shearing process by applying Fourier phase correlation method—analysis of piercing and fine-blanking. In: Journal of Materials Processing Technology, Vol. 134, No. 1, 2003, S. 45–52.

[BAER19] Baer, O.; Feuerhack, A.; Voigts, H.; Bergs, T.: Investigation of the mechanical punch loads during fineblanking of high-strength steels with cemented carbide. In: Procedia Manufacturing, Vol. 34, No. 1, 2019, S. 90–100.

[BAI08] Bai, Y.; Wierzbicki, T.: A new model of metal plasticity and fracture with pressure and Lode dependence. In: International Journal of Plasticity, Vol. 24, No. 6, 2008, S. 1071–1096.

[BAPT17] Baptiste, R.; Clark, D.; Matin, P.: Designing a strain measurement system based on circle grid analysis for sheet metal forming applications. In: ASEE Annual Conference & Exposition.

[BASA10] Basaran, M.; Wölkering, S.; Feucht, M.; Neukamm, F.; Weichert, D.: An extension of the GISSMO damage model based on Lode angle dependence. In: 9. LS-DYNA Anwenderforum. Bamberg.

[BERG19] Bergs, T.; Bletek, T.; Lakner, T.; Seelbach, T.; Seimann, M.; Voigts, H.: PM-Werkzeuge in der Fertigungstechnik - Anwendungen und Potentiale. In: Pulvermetallurgie in Wissenschaft und Praxis.

[BIRZ14] Birzer, F.: Feinschneiden und Umformen. Wirtschaftliche Fertigung von Präzisionsteilen aus Blech. 3. vollständig überarb. Aufl. Unter Mitarbeit von Christian Maurer, München: Verl. Moderne Industrie, 2014; Rh. Die Bibliothek der Technik, Bd. 134.

[BLEC12] Bleck, W.: Spezielle Werkstoffkunde der Stähle für Studium und Praxis, Aachen, Mainz: Mainz, 2012.

[BOCC16] Boccardo, M.; Klünsner, T.: Senk- und Drahterodieren von höchstlegierten Werkzeugstählen hoher Härte und von WC-Co-Hartmetallen. In: Kolaska, H.; Danninger, H.; Biermann, D. (Hrsg.): Zerspanung von und mit pulvermetallurgischen Werkstoffen [35. Hagener Symposium Pulvermetallurgie mit Fachausstellung. 24./25. November 2016]. Hagen: Heimdall-Verlag, S. 43–58.

[BONN09a] Bonny, K.; De Baets, P.; Ost, W.; Vleugels, J.; Huang, S.; Lauwers, B.; Liu, W.: Influence of electrical discharge machining on the reciprocating sliding wear response of WC-Co cemented carbides. In: Wear, Vol. 266, No. 1-2, 2009, S. 84–95.

[BONN09b] Bonny, K.; Baets, P. de; Vleugels, J.; Huang, S.; van der Biest, O.; Lauwers, B.: Impact of Cr3C2/VC addition on the dry sliding friction and wear response of WC–Co cemented carbides. In: Wear, Vol. 267, No. 9-10, 2009, S. 1642–1652.

[BUND17] Bundesministerium für Wirtschaft und Energie: BDEW Strompreisanalyse 2016, 2017. Online verfügbar unter https://www.bmwi.de/Redaktion/DE/Infografiken/Energie/durchschnittlicher-strompreis-industrieunternehmen.html, zuletzt geprüft am 20.12.2020.

[BUND19] Bundesministerium für Wirtschaft und Energie: Schlüsseltechnologien. Leichtbau. Herausgegeben von Bundesministerium für Wirtschaft und Energie, 2019. Online verfügbar unter https://www.bmwi.de/Redaktion/DE/Dossier/leichtbau.html, zuletzt geprüft am 21.09.2019.

[CAO16] Cao, C.; Zhang, X.: Effect of different machining processes on the tool surface integrity and fatigue life. In: Journal of Mechanical Science and Technology, Vol. 30, No. 8, 2016, S. 3785–3792.

[CERA14] Ceratizit Deutschland GmbH: Standard grade data sheet. Grade CTS12L, 2014.

[CERA15a] Ceratizit Deutschland GmbH: Standard grade data sheet. Grade CF-F35Z, 2015.

[CERA15b] Ceratizit Deutschland GmbH: Innovation. Die neue CF-Sortenfamilie, 2015.

[CERA18] Ceratizit Deutschland GmbH: Hartmetall ist Vertrauenssache - Broschüre. Herausgegeben von Ceratizit Deutschland GmbH, 2018.

[CHEN08] Chen, P.; Koç, M.; Wenner, M. L.: Experimental investigation of springback variation in forming of high strength steels. In: Journal of Manufacturing Science and Engineering, Vol. 130, No. 4, 2008.

[CZIC20] Czichos, H.; Habig, K.-H.: Tribologie-Handbuch. Tribometrie, Tribomaterialien, Tribotechnik: Springer Vieweg, 2020.

[DATE17] DATEV e.G.: Tabellen und Informationen für die steuerliche Beratung 2017. 17. Aufl., München: Hanser, 2017.

[DEMM15] Demmel, P.; Hoffmann, H.: Feinschneiden. In: Siegert, K. (Hrsg.): Blechumformung. Berlin, Heidelberg: Springer, S. 241–256.

[DENG14] Deng, M.; Ma, Y.-I.; Lv, L.: Development of Closed Extruding Fine Blanking Technology. In: Procedia Engineering, Vol. 81, 2014, S. 1157–1162.

[DIET16] Dietrich, J.: Praxis der Zerspantechnik. Verfahren, werkzeuge, Berechnung, Wiesbaden: Springer Vieweg, 2016.

[DIET18] Dietrich, J.: Praxis der Umformtechnik, Wiesbaden: Springer Fachmedien Wiesbaden, 2018.

[DIN13] Deutsches Institut für Normung DIN 8588 (August 2013): Fertigungsverfahren Zerteilen - Einordnung, Unterteilung, Begriffe.

[DOEG07] Doege, E.; Behrens, B.-A.: Handbuch Umformtechnik. Grundlagen, Technologien, Maschinen. Unter Mitarbeit von Eckart Doege und Bernd-Arno Behrens, Berlin, Heidelberg, New York: Springer, 2007; Rh. VDI.

[DOI70] Doi, H.; Fujiwara, Y.; Miyake, K.; Oosawa, Y.: A systematic investigation of elastic moduli of WC-Co alloys. In: Metallurgical Transactions, Vol. 1, No. 5, 1970, S. 1417–1425.

[DREY01] Dreyer, K.; Kassel, D.; Schaaf, G.: Feinst- und Ultrafeinkornhartmetalle. Tendenzen und Anwendungen. In: Materialwissenschaft und Werkstofftechnik, Vol. 32, No. 3, 2001, S. 238–248.

[DUNA14] Dunand, M.; Mohr, D.: Effect of Lode parameter on plastic flow localization after proportional loading at low stress triaxialities. In: Journal of the Mechanics and Physics of Solids, Vol. 66, 2014, S. 133–153.

[DUSZ83] Dusza, J.; Parilák, L'.; Diblḱ, J.; Šlesár, M.: Elastic and plastic behaviour of WC - Co composites. In: Ceramics International, Vol. 9, No. 4, 1983, S. 144–146.

[ELYA13] Elyasi, M.: An investigation on the parametric analysis of V-ring indenter mechanism in fine-blanking process. In: International Journal of Mechanics and Applications, Vol. 3, No. 4, 2013, S. 76–80.

[ESCH04] Escher, C.; Henke, T.: Werkzeugwerkstoffe für die Verarbeitung von hochfesten Stahlblechwerkstoffen. In: Siegert, K. (Hrsg.): Neuere Entwicklungen in der Blechumformung. Vortragstexte zur Veranstaltung in Fellbach am 11. und 12. Mai 2004. Frankfurt (Main), Deutschland: MAT-INFO, Werkstoff-Informationsges, S. 105–124.

[ESPI13] Espinosa-Fernández, L.; Borrell, A.; Salvador, M. D.; Gutierrez-Gonzalez, C. F.: Sliding wear behavior of WC–Co–Cr3C2–VC composites fabricated by conventional and non-conventional techniques. In: Wear, Vol. 307, No. 1-2, 2013, S. 60–67.

[EXNE68] Exner, H. E.: The influence of sample preparation on the surface stress state and Palmqvist's method for toughness testing of cemented carbides. In: Materials Science, 1968.

[EXNE79] Exner, H. E.: Physical and chemical nature of cemented carbides. In: International Metals Reviews, Vol. 24, No. 1, 1979, S. 149–173.

[FEIN16] Feintool Technologie AG: Betriebsanleitung XFT 2500 speed, 2016.

[FEIN21] Feintool Technologie AG: Applications, 2021. Online verfügbar unter https://www.feintool.com/, zuletzt geprüft am 31.01.2021.

[FEIS17] Feistle, M.; Krinninger, M.; Paetzold, I.; Stahl, J.; Golle, R.; Volk, W.: Design and conceptualization of a cutting tool to investigate the influence of the shear cutting process on edge crack sensitivity. In: Journal of Physics: Conference Series, Vol. 896, 2017.

[FEUE16] Feuerhack, A.; Shirobokov, A.; Mattfeld, P.; Klocke, F.: Wissensbasierte Auswahl und Auslegung von Hartmetall-Feinschneidstempeln in Abhängigkeit zur Schneidaufgabe und Blechgüte. In: Prozesstechnik in der Blechverarbeitung - Interaktion Maschine | Werkzeug, Vol. 42, No. 1, 2016, S. 239–247.

[FINU20] Finus, F.: Standzeit erhöhen: Das passende Hartmetall fürs Stanzwerkzeug, 2020. Online verfügbar unter https://www.blechnet.com/standzeit-erhoehen-das-passende-hartmetall-fuers-stanzwerkzeug-a-924762/, zuletzt geprüft am 22.12.2020.

[FISC83] Fischmeister, H. F.: Development and present status of the science and technology of hard materials. In: Viswanadham, R. K.; Gurland, J.; Rowcliffe, D. J. (Hrsg.): Science of Hard Materials. Cham: Springer International Publishing, S. 1–45.

[FLEI20] Fleischer, H.: Handelsgesetzbuch. Mit Einführungsgesetz, Publizitätsgesetz und Handelsregisterverordnung. 65., überarbeitete Auflage, Stand: 21. Februar 2020, Sonderausgabe, München: dtv; C.H. Beck, 2020; Rh. dtv Beck-Texte im dtv, Bd. 5002.

[FUCH14] Fuchs Wisura GmbH: Sicherheitsdatenblatt Wisura FMO 5020. Chlorfreies Feinschneidöl, Bremen, 2014.

[FUCH17] Fuchiwaki, K.; Mure, Y.; Yoshida, K.; Murakawa, M.: Prediction of die-roll in fine blanking by use of profile parameters. In: Procedia Engineering, Vol. 207, 2017, S. 1564–1569.

[FUJI80] Fujiwara, Y.; Ueda, H.; Masatomi, H.; Suzuki, H.: Fatigue of hot isostatic pressed WC-12% Co alloys. In: Journal of the Japan Society of Powder and Powder Metallurgy, Vol. 27, No. 6, 1980, S. 181–184.

[GARC19] García, J.; Collado Ciprés, V.; Blomqvist, A.; Kaplan, B.: Cemented carbide microstructures: a review. In: International Journal of Refractory Metals and Hard Materials, Vol. 80, 2019, S. 40–68.

[GOLO10] Golovchan, V. T.: On the strength of polycrystalline tungsten monocarbide. In: International Journal of Refractory Metals and Hard Materials, Vol. 28, No. 2, 2010, S. 250–253.

[GRAM11] Gram, M. D.; Wagoner, R. H.: Fineblanking of high strength steels. Control of material properties for tool life. In: Journal of Materials Processing Technology, Vol. 211, No. 4, 2011, S. 717–728.

[GROS16] Gross, D.; Seelig, T.: Bruchmechanik, Berlin, Heidelberg: Springer Berlin Heidelberg, 2016.

[HATA03] Hatanaka, N.; Yamaguchi, K.; Takakura, N.: Finite element simulation of the shearing mechanism in the blanking of sheet metal. In: Journal of Materials Processing Technology, Vol. 139, No. 1-3, 2003, S. 64–70.

[HAYA72] Hayashi, K.; Fuke, Y.; Suzuki, H.: Effects of addition carbides on the grain size of WC-Co alloy. In: Journal of the Japan Society of Powder and Powder Metallurgy, Vol. 19, No. 2, 1972, S. 67–71.

[HENK08] Henkelmann, M.: Entwicklung einer innovativen Kalibrierstrecke zur Erhöhung der Profilgenauigkeit bei der Verarbeitung von höher- und höchstfesten Stählen. Dissertation PTU Darmstadt, 2008.

[HENS78] Hensel, A.; Spittel, T.: Kraft- und Arbeitsbedarf bildsamer Formgebungsverfahren, Leipzig: VEB Verlag für Grundstoffindustrie, 1978.

[HERT16] Hertrich, M.: Hintergrund: Zahlen und Fakten zum Leichtbau. Herausgegeben von Landesagentur für Leichtbau Baden-Württemberg Leichtbau BW GmbH, 07.06.2016.

[HOPP03] Hoppe, S.: Experimental and numerical analysis of chip formation in metal cutting. Dissertation RWTH Aachen, 2003.

[HÖRM09] Hörmann, F.; Demmel, P.: Qualitätsbeeinflussende Parameter (beim Scherschneiden). In: Blech Rohre Profile, Vol. 56, No. 11, 2009, 14–17.

[HUAN98] Huang, M.; Jiang, L.; Liaw, P. K.; Brooks, C. R.; Seeley, R.; Klarstrom, D. L.: Using acoustic emission in fatigue and fracture materials research. In: Journal of The Minerals, Metals & Materials (JOM), Vol. 50, No. 11, 1998, S. 1–14.

[HUSS08] Husson, C.; Correia, J.P.M.; Daridon, L.; Ahzi, S.: Finite elements simulations of thin copper sheets blanking. Study of blanking parameters on sheared edge quality. In: Journal of Materials Processing Technology, Vol. 199, No. 1-3, 2008, S. 74–83.

[HÜTT01] Hütte, H.: Untersuchug zum Rückfederungsverhalten hochfester Stahlblechwerkstoffe beim Tiefziehen. Dissertation Universität Hannover, 2001.

[IGME20] IG Metall: ERA-Entgelttabellen 2020, 2020. Online verfügbar unter https://www.igmetall-bayern.de/metall-elektro/, zuletzt geprüft am 20.12.2020.

[JAAF16] Jaafar, H.; Mori, K.; Abe, Y.; Nakanishi, K.: Automatic centring with moving die for cold small clearance punching of die-quenched steel sheets. In: Journal of Materials Processing Technology, Vol. 227, 2016, S. 190–199.

[JEMI98] Jemielniak, K.; Otman, O.: Catastrophic tool failure detection based on acoustic emission signal analysis. In: CIRP Annals, Vol. 47, No. 1, 1998, S. 31–34.

[JIAN05] Jiang, D.; Anné, G.; Vleugels, J.; Vanmeensel, K.; Eeraerts, W.; Liu, W.; Lauwers, B.; Biest, Omer, van der: Residual stresses in hardmetals caused by grinding and EDM machining and their influence on the flexural strength. In: Powder Metallurgical High Performance Materials, Vol. 16, No. 2, 2005, S. 1075–1085.

[JOHA11] Johansson, S.A.E.; Wahnström, G.: A computational study of thin cubic carbide films in WC/Co interfaces. In: Acta Materialia, Vol. 59, No. 1, 2011, S. 171–181.

[JOHA70] Johansson, I.; Persson, G.; Hiltscher, R.: Determination of static and fatigue compressive strength of hard-metals. In: Powder Metallurgy, Vol. 13, No. 26, 1970, S. 449–464.

[JOO01] Joo, B. Y.; Oh, S. I.; Jeon, B. H.: Development of Micro Punching System. In: CIRP Annals, Vol. 50, No. 1, 2001, S. 191–194.

[JUHR04] Juhr, H.; Schulze, H.-P.; Wollenberg, G.; Künanz, K.: Improved cemented carbide properties after wire-EDM by pulse shaping. In: Journal of Materials Processing Technology, Vol. 149, No. 1-3, 2004, S. 178–183.

[KAPO98] Kapoor, R.; Nemat-Nasser, S.: Determination of temperature rise during high strain rate deformation. In: Mechanics of Materials, Vol. 27, No. 1, 1998, S. 1–12.

[KERS03] Kerschner, M.; Erdmann, C.; Hoogen, M.; Gusinde, A.; Golle, R.: Flitterbildung vermeiden beim Zerteilen von Aluminium. In: Blech InForm, No. 4, 2003, S. 26–29.

[KIEN59] Kienzle, O.; Timmerbeil, F. W.; Jordan, T.: Einige Untersuchungen über das Schneiden von Blechen, Wiesbaden: VS Verlag für Sozialwissenschaften, 1959.

[KLAA06] Klaasen, H.; Kübarsepp, J.; Sergejev, F.; Traksmaa, R.: Performance of cemented carbides in cyclic loading conditions. In: Materials Science, Vol. 12, No. 2, 2006, S. 144–146.

[KLAA10] Klaasen, H.; Kübarsepp, J.; Roosaar, T.; Viljus, M.; Traksmaa, R.: Adhesive wear performance of hardmetals and cermets. In: Wear, Vol. 268, No. 9-10, 2010, S. 1122–1128.

[KLOC07] Klocke, F.; König, W.: Fertigungsverfahren 3. Abtragen, Generieren, Lasermaterialbearbeitung, Berlin: Springer, 2007; Rh. VDI-Buch, Bd. 3.

[KLOC16] Klocke, F.; Wirtz, C.; Mueller, S.; Mattfeld, P.: Analysis of the material behavior of cemented carbides (WC-Co) in grinding by single grain cutting tests. In: Procedia CIRP, Vol. 46, 2016, S. 209–213.

[KLOC17] Klocke, F.: Fertigungsverfahren 4, Berlin, Heidelberg: Springer Berlin Heidelberg, 2017.

[KLOC18] Klocke, F.: Fertigungsverfahren 1, Berlin, Heidelberg: Springer Berlin Heidelberg, 2018.

[KLÜN10] Klünsner, T.; Marsoner, S.; Ebner, R.; Pippan, R.; Glätzle, J.; Püschel, A.: Effect of microstructure on fatigue properties of WC-Co hard metals. In: Procedia Engineering, Vol. 2, No. 1, 2010, S. 2001–2010.

[KLÜN16a] Klünsner, T.; Zielbauer, F.; Marsoner, S.; Deller, M.; Morstein, M.; Mitterer, C.: Influence of surface topography on early stages on steel galling of coated WC-Co hard metals. In: International Journal of Refractory Metals and Hard Materials, Vol. 57, 2016, S. 24–30.

[KLÜN16b] Klünsner, T.; Morstein, M.; Marsoner, S.; Deller, M.; Marklein, B.: Fatigue life equality of polished and electrical discharge machined WC-Co hard metal achieved solely by wet blasting. In: International Journal of Refractory Metals and Hard Materials, Vol. 59, 2016, S. 61–66.

[KOLB18] Kolbe, M.; Hellwig, W.: Spanlose Fertigung Stanzen. Grundlagen für die Produktion einfacher und komplexer Präzisions-Stanzteile. 9., aktualisierte Aufl., Wiesbaden: Springer Fachmedien Wiesbaden, 2018; Rh. Studium.

[KÖNI92] König, W.; Herres, W.-U.: Überwachung des Feinschneidprozesses. Werkzeugkräfte und Körperschall liefern auswertbare Informationen. In: VDI-Z, Vol. 134, No. 7/8, 1992, S. 77–82.

[KOTO97] Kotoul, M.: On the shielding effect of a multiligament zone of a crack in WC-Co. In: Acta Materialia, Vol. 45, No. 8, 1997, S. 3363–3376.

[KRÄM69] Krämer, W.: Untersuchungen über das Genauschneiden von Stahl und NE-Metallen, Essen: Verlag W. Giradet, 1969.

[KRAU09] Kraus, J.: Gewichts- und Kostenreduzierung durch hochfeste Stähle im Fahrwerk Maschinenmarkt, 2009. Online verfügbar unter https://www.maschinenmarkt.vogel.de/gewichts-und-kostenreduzierung-durch-hochfeste-staehle-im-fahrwerk-a-169508/, zuletzt geprüft am 09.02.2021.

[KROB18] Krobath, M.; Klünsner, T.; Ecker, W.; Deller, M.; Leitner, N.; Marsoner, S.: Tensile stresses in fine blanking tools and their relevance to tool fracture behavior. In: International Journal of Machine Tools and Manufacture, Vol. 126, 2018, S. 44–50.

[KÜBA07] Kübarsepp, J.; Klaasen, H.; Roosaar, T.; Viljus, M.; Traksmaa, R.: Abrasive wear performance of carbide based composites, 2007.

[KWAK02] Kwak, T.S.; Kim, Y.J.; Bae, W.B.: Finite element analysis on the effect of die clearance on shear planes in fine blanking. In: Journal of Materials Processing Technology, Vol. 130-131, 2002, S. 462–468.

[KWAK03] Kwak, T.S.; Kim, Y.J.; Seo, M.K.; Bae, W.B.: The effect of V-ring indenter on the sheared surface in the fine-blanking process of pawl. In: Journal of Materials Processing Technology, Vol. 143-144, 2003, S. 656–661.

[LANS16] Lansen, J.: Die Kosten der Druckluft im Zaum halten, 2016. Online verfügbar unter https://www.fluid.de/druckluft/die-kosten-der-druckluft-im-zaum-halten-111.html, zuletzt geprüft am 24.05.2021.

[LI03] Li, Y.; Lin, Z.; Jiang, A.; Chen, G.: Use of high strength steel sheet for lightweight and crashworthy car body. In: Materials & Design, Vol. 24, No. 3, 2003, S. 177–182.

[LICA11] Licari, R.; Lo Valvo, E.: Optimal positioning of irregular shapes in stamping die strip. In: The International Journal of Advanced Manufacturing Technology, Vol. 52, No. 5-8, 2011, S. 497–505.

[LIND10] Lind, L.; Peetsalu, P.; Podra, P.; Adoberg, E.; Veinthal, R.; Kulu, P.: Description of punch wear mechanism during fine blanking process. In: 7th International DAAAM Baltic Conference.

[LIU14] Liu, Y. X.; Hua, L.; Mao, H.; Feng, W.: Finite element simulation of effect of part shape on forming quality in fine-blanking process. In: Procedia Engineering, Vol. 81, 2014, S. 1108–1113.

[LUO17] Luo, C.; Chen, Z.; Zhou, K.; Yang, X.; Zhang, X.: A novel method to significantly decrease the die roll during fine-blanking process with verification by simulation and experiments. In: Journal of Materials Processing Technology, Vol. 250, 2017, S. 254–260.

[MAED68] Maeda, T.; Nakagawa, T.: Experimental investigation on fine blanking. In: Journal of the Japan Society of Technology and Plasticity, Vol. 9, No. 1, 1968, S. 92.

[MAKI08] Makich, H.; Carpentier, L.; Monteil, G.; Roizard, X.; Chambert, J.; Picart, P.: Metrology of the burr amount - correlation with blanking operation parameters (blanked material – wear of the punch). In: International Journal of Material Forming, Vol. 1, No. S1, 2008, S. 1243–1246.

[MANO11] Manopulo, N.: An ALE based FE formulation for the 3D simulation of the fineblanking process. Dissertation ETH Zürich, 2011.

[MARI09] Mari, D.; Clausen, B.; Bourke, M.A.M.; Buss, K.: Measurement of residual thermal stress in WC–Co by neutron diffraction. In: International Journal of Refractory Metals and Hard Materials, Vol. 27, No. 2, 2009, S. 282–287.

[MAßM07] Maßmann, T.: Wirkmechanismen additivierter Schmierstoffe in der Kaltumformung. Dissertation RWTH Aachen, 2007.

[MOHR15] Mohr, D.; Marcadet, S. J.: Micromechanically-motivated phenomenological Hosford–Coulomb model for predicting ductile fracture initiation at low stress triaxialities. In: International Journal of Solids and Structures, Vol. 67-68, 2015, S. 40–55.

[MÖSE10] Möser, M.; Kropp, W.: Körperschall. Physikalische Grundlagen und technische Anwendungen. 3., aktualisierte Aufl. Herausgegeben von Lothar Cremer, Berlin, Heidelberg, 2010.

[MÜLL15] Müller, R.: Klassische Mechanik: Vom Weitsprung zum Marsflug. In: Müller, R. (Hrsg.): Klassische Mechanik. Vom Weitsprung zum Marsflug(Rh. De Gruyter Studium). 2. Aufl. Berlin, Boston: De Gruyter.

[MÜNS04] Münstermann, S.: Einflussgrößen auf das Elastizitätsmodul von Stählen für den Fahrzeugbau. Abschlussbericht des Forschungsvorhabens A188. Herausgegeben von Forschungsvereinigung Automobiltechnik, 2004. (FAT-Schrift Nr. 166). Online verfügbar unter https://trid.trb.org/view/967636.

[NEUG04] Neugebauer, R.; Putz, M.; Kräusel, V.; Bräunlich, H.: Schneiden und Lochen – ein entwicklungsorientierter Bereich der Blechbearbeitung. In: Siegert, K. (Hrsg.): Neuere Entwicklungen in der Blechumformung. Vortragstexte zur Veranstaltung in Fellbach am 11. und 12. Mai 2004. Frankfurt (Main), Deutschland: MAT-INFO, Werkstoff-Informationsges, S. 255–276.

[NIEM05] Niemann, G.; Winter, H.; Höhn, B.-R.: Maschinenelemente. Konstruktion und Berechnung von Verbindungen, Lagern, Wellen. 4., bearbeitete Aufl., Berlin, Heidelberg: Springer-Verlag Berlin Heidelberg, 2005.

[NYE00] Nye, T. J.: Stamping strip layout for optimal raw material utilization. In: Journal of Manufacturing Systems, Vol. 19, No. 4, 2000, S. 239–248.

[NYE01] Nye, T. J.: Optimal nesting of irregular convex blanks in strips via an exact algorithm. In: International Journal of Machine Tools and Manufacture, Vol. 41, No. 7, 2001, S. 991–1002.

[OTSU87] Otsuka, A.; Tohgo, K.; Sugawara, H.; Ueda, F.: Tension-compression fatigue of WC-12%Co hardmetal. In: Journal of the Society of Materials Science, Japan, Vol. 36, No. 401, 1987, S. 135–140.

[OTTO05] Ottosen, N. S.; Ristinmaa, M.: The mechanics of constitutive modeling: Elsevier Science Ltd., 2005.

[OVER08] Overmaat, B.; Ratcek, U.: ThyssenKrupp Steel als Entwicklungspartner der Automobilindustrie. In: Stahl und Eisen, Vol. 128, No. 5, 2008, S. 55–58.

[PAVL08] Pavlina, E. J.; van Tyne, C. J.: Correlation of yield strength and tensile strength with hardness for steels. In: Journal of Materials Engineering and Performance, Vol. 17, No. 6, 2008, S. 888–893.

[RAJA07] Raja Hamzah, R. I.; Mba, D.: Acoustic Emission and Specific Film Thickness for Operating Spur Gears. In: Journal of Tribology, Vol. 129, No. 4, 2007, S. 860–867.

[RESH98] Reshetnyak, H.; Kübarsepp, J.: Resistance of hardmetals to fracture. In: Powder Metallurgy, Vol. 41, No. 3, 1998.

[RICH99] Richter, V.; Ruthendorf, M.v.: On hardness and toughness of ultrafine and nanocrystalline hard materials. In: International Journal of Refractory Metals and Hard Materials, Vol. 17, No. 1-3, 1999, S. 141–152.

[ROEB08] Roebuck, B.; Maderud, C. J.; Morrell, R.: Elevated temperature fatigue testing of hardmetals using notched testpieces. In: International Journal of Refractory Metals and Hard Materials, Vol. 26, No. 1, 2008, S. 19–27.

[ROEB88a] Roebuck, B.; Almond, E. A.: Deformation and fracture processes and the physical metallurgy of WC–Co hardmetals. In: International Materials Reviews, Vol. 33, No. 1, 1988, S. 90–112.

[ROEB88b] Roebuck, B.: Notched bend tests on WC-Co hardmetals. In: Journal of Materials Science, Vol. 23, 1988, S. 281–287.

[ROHL01] Rohleder, M.: Simulation rückfederungsbedingter Formabweichungen im Produktentstehungsprozess von Blechformteilen. Dissertation Universität Dortmund, 2001.

[RÖSL16] Rösler, J.; Harders, H.; Bäker, M.: Mechanisches Verhalten der Werkstoffe, Wiesbaden: Springer Fachmedien Wiesbaden, 2016.

[ROTT84] Rotter, F.: Feinschneiden dicker Bleche. Dissertation RWTH Aachen, 1984.

[SAIL01] Sailer, T.; Herr, M.; Sockel, H.-G.; Schulte, R.; Feld, H.; Prakash, L. J.: Microstructure and mechanical properties of ultrafine-grained hardmetals. In: International Journal of Refractory Metals and Hard Materials, Vol. 19, No. 4-6, 2001, S. 553–559.

[SARI14] Sarin, V. K.; Marie, D.; Llanes, L.: Comprehensive hard materials, Oxford, England, Waltham, Massachusetts: Elsevier, 2014.

[SASA14] Sasada, M.; Togashi, T.: Measurement of Rollover in Double-sided Shearing Using Image Processing and Influence of Clearance. In: Procedia Engineering, Vol. 81, 2014, S. 1139–1144.

[SCHL96] Schleinkofer, U.; Sockel, H.-G.; Görting, K.; Heinrich, W.: Microstructural processes during subcritical crack growth in hard metals and cermets under cyclic loads. In: Materials Science and Engineering: A, Vol. 209, No. 1-2, 1996, S. 103–110.

[SCHM02] Schmidt-Jürgensen, R.: Untersuchungen zur Simulation rückfederungsbedingter Formabweichungen beim Tiefziehen. Dissertation Universität Hannover, 2002.

[SCHM07] Schmidt, R.-A.: Umformen und Feinschneiden. Handbuch für Verfahren, Stahlwerkstoffe, Teilgestaltung, München, Wien: Hanser, 2007.

[SCHN20] Schneiders, P.; Initiative Aachen e.V.: Der gewerbliche Immobilienmarkt mit gewerblichen Mietspiegeln und Standortanalyse 2019/2020, 2020.

[SCHR20] Schrottpreise-Info.de: Schrottpreise - Aktuell für Altmetall und Schrott, 2020. Online verfügbar unter http://schrottpreise-info.de/, zuletzt geprüft am 20.12.2020.

[SCHU98] Schuler GmbH: Metal forming handbook. N, Berlin Heidelberg: Springer, 1998.

[SCRU87] Scruby, C. B.: An introduction to acoustic emission. In: Journal of Physics E: Scientific Instruments, Vol. 20, No. 8, 1987, S. 946–953.

[SEVE11] Sever, N. K.; Choi, C.; Yang, X.; Altan, T.: Determining the flow stress curve with yield and ultimate tensile strengths, part II. Using the curve for FE simulation. In: Stamping Journal, No. July/August, 2011, S. 14–15.

[SIEG15] Siegert, K. (Hrsg.): Blechumformung, Berlin, Heidelberg, 2015: Springer.

[SIGL87] Sigl, L. S.; Exner, H. E.: Experimental study of the mechanics of fracture in WC-Co alloys. In: Metallurgical Transactions A, Vol. 18A, No. 7, 1987, S. 1299–1308.

[SPRI20] Springer Materials: Landolt-Bernstein material database, 2020. Online verfügbar unter https://materials.springer.com/.

[STAH19] Stahl, J.; Müller, D.; Tobie, T.; Golle, R.; Volk, W.; Stahl, K.: Residual stresses in parts manufactured by near-net-shape-blanking. In: Production Engineering, Vol. 13, No. 2, 2019, S. 181–188.

[STAH21] Stahl, J.: Residual stresses induced by shear cutting. Targeted for manufacturing functional surfaces with an improved fatigue behavior. Dissertation TU München, 2021.

[SU14] Su, C. J.; Dong, X. H.; Guo, S. M.; Li, L.; Li, T. T.: Research on parameters optimization of bilateral ring gear blank-holder in thick-plate fine blanking. In: Frattura ed Integrità Strutturale, Vol. 30, No. 8, 2014.

[SUZU20] Suzuki, Y.; Yang, M.; Murakawa, M.: Optimum clearance in the microblanking of thin foil of austenitic stainless steel JIS SUS304 studied from shear cut surface and punch load. In: Materials (Basel, Switzerland), Vol. 13, No. 3, 2020.

[SUZU72] Suzuki, H.; Fuke, Y.; Hayashi, K.: Grain size of WC in sintered WC-VC-Co alloys. In: Journal of the Japan Society of Powder and Powder Metallurgy, Vol. 19, No. 3, 1972, 106-112.

[TAKA96] Takahashi, T.; Aoki, I.: Development of analyzing system applicable for large plastic deformation. In: Proceedings of the Fifth International Conference on Technology Plasticity, S. 583–590.

[TANA11] Tanaka, T.; Hagihara, S.; Tadano, Y.; Yoshimura, S.; Inada, T.; Mori, T.; Fuchiwaki, K.: Analysis of Shear Droop on Cut Surface of High-Tensile-Strength Steel in Fine-Blanking Process. In: Materials Transactions, Vol. 52, No. 3, 2011, S. 447–451.

[TEKI06] Tekiner, Z.; Nalbant, M.; Gürün, H.: An experimental study for the effect of different clearances on burr, smooth-sheared and blanking force on aluminium sheet metal. In: Materials & Design, Vol. 27, No. 10, 2006, S. 1134–1138.

[TEKK14] Tekkaya, A. E.; Khalifa, N. B.; Grzancic, G.; Hölker, R.: Forming of Lightweight Metal Components. Need for New Technologies. In: Procedia Engineering, Vol. 81, 2014, S. 28–37.

[THIP07] Thipprakmas, S.; Jin, M.; Murakawa, M.: An investigation of material flow analysis in fineblanking process. In: Journal of Materials Processing Technology, Vol. 192-193, 2007, S. 237–242.

[THIP09] Thipprakmas, S.: Finite-element analysis of V-ring indenter mechanism in fine-blanking process. In: Materials & Design, Vol. 30, No. 3, 2009, S. 526–531.

[TRAN00] Transvalor: Forge rheology database. version 1.3, 2000.

[TRIM21] Tri-Matic AG: Compressed air discharge through an orifice. Herausgegeben von Tri-Matic AG, 2021. Online verfügbar unter https://www.trimatic.ch/fileadmin/dateien/trimatic/dokumente/knowhow/Compressed_Air_Discharge_through_an_Orifice_2_d.pdf, zuletzt geprüft am 24.05.2021.

[TRÖB17a] Tröber, P.; Demmel, P.; Hoffmann, H.; Golle, R.; Volk, W.: On the influence of Seebeck coefficients on adhesive tool wear during sheet metal processing. In: CIRP Annals, Vol. 66, No. 1, 2017, S. 293–296.

[TRÖB17b] Tröber, P.; Weiss, H. A.; Kopp, T.; Golle, R.; Volk, W.: On the correlation between thermoelectricity and adhesive tool wear during blanking of aluminum sheets. In: International Journal of Machine Tools and Manufacture, Vol. 118-119, 2017, S. 91–97.

[VDI94] VDI VDI 2906 (1994): Schnittflächenqualität beim Schneiden, Beschneiden und Lochen von Metall.

[VOIG18] Voigts, H.; Trauth, D.; Feuerhack, A.; Mattfeld, P.; Klocke, F.: Dependencies of the die-roll height during fine blanking of case hardening steel 16MnCr5 without V-ring using a nesting strategy. In: The International Journal of Advanced Manufacturing Technology, Vol. 95, No. 5-8, 2018, S. 3083–3091.

[VOIG21a] Voigts, H.; Hild, R.; Feuerhack, A.; Bergs, T.: Investigation of failure mechanisms of cemented carbide fine blanking punches by means of process forces and acoustic emission. (angenommen). In: The Journal of The Minerals, Metals & Materials Society, Vol. 73, No. 8, 2021.

[VOIG21b] Voigts, H.; Bergs, T.; Feuerhack, A.: Standzeiterhöhung beim Feinschneiden durch den Einsatz von Hartmetallstempeln. In: maschinenbau, Vol. 1, No. 1, 2021, S. 8–13.

[VOIG21c] Voigts, H.: Hartmetallstempel erhöhen Leistungsfähigkeit des Feinschneidens von hochfestem Stahlblech. In: Diamond Business, Vol. 16, No. 75, 2021, S. 52–53.

[VOIT20] Voit Stefan GmbH: Stahlpreisindex - Voit Stefan GmbH Stahlfertiger.de, 2020. Online verfügbar unter https://www.stahlfertiger.de/stahlpreis-index/, zuletzt geprüft am 20.12.2020.

[WELM19] Welm, M.; Tröber, P.; Weiss, H. A.; Golle, R.; Volk, W.: Adhesive wear initiation during blanking of austenitic stainless steel, with regard to thermoelectricity. In: Dry metal forming open access journal, Vol. 5, 2019, S. 50–54.

[WESN14] Wesner, T.; Hora, P.: Investigation of Scar Formation in Fine Blanking Processes and their Prediction in 3D ALE Simulations. In: Key Engineering Materials, Vol. 622-623, 2014, S. 1181–1190.

[WITT19] Wittel, H.; Jannasch, D.; Voßiek, J.; Spura, C.: Roloff/Matek Maschinenelemente. Normung, Berechnung, Gestaltung. 24. Aufl., Berlin: Springer Vieweg, 2019.

[XIAN09] Xiang, H.; Zhuang, X.; Zhao, Z.: Knowledge-based system for strip layout design in fineblanking. In: 2009 IEEE International Conference on Intelligent Computing and Intelligent Systems: IEEE, S. 443–447.

[YIEM10a] Yiemchaiyaphum, S.; Masahiko, J.; Thipprakmas, S.: Application of Back-Up Ring in Fine-Blanking Process. In: Key Engineering Materials, Vol. 443, 2010, S. 140–145.

[YIEM10b] Yiemchaiyaphum, S.; Masahiko, J.; Thipprakmas, S.: Die design in fine-piercing process by chamfering cutting edge. In: Key Engineering Materials, Vol. 443, 2010, S. 219–224.

[ZIMM18] Zimmermann, U.: Zeit, umzudenken: Stanzen und Feinschneiden statt Drehen und Fräsen, 2018. Online verfügbar unter https://www.blechnet.com/zeit-umzudenken-stanzen-und-feinschneiden-statt-drehen-und-fraesen-a-704227/, zuletzt geprüft am 22.12.2020.

11 Anhang

Appendix

11.1 Fließkurvenmodelle

Flow curve models

Tabelle 11.1: Parameter des Swift-Materialmodells für C45E-Stahl [HOPP03]

Constitutive Swift model parameters of C45E steel [HOPP03]

K_1/MPa	B_1/-	n_1/-	η/MPa·s	β_1/-	T_0/°C	T_m/°C
1.390	0	0,21	0,02	1,43	20	1.428

Tabelle 11.2: Parameter des Hensel-Spittel-Materialmodells für 34CrNiMo6, 42CrMo4 und C86D-Stähle [TRAN00]

Constitutive Hensel-Spittel model parameters for 34CrNiMo6, 42CrMo4 and C86D steels [TRAN00]

Werkstoff	A_1/MPa	$m_1/\cdot 10^{-3}$-	$m_2/\cdot 10^{-1}$-	$m_3/\cdot 10^{-2}$-	$m_4/\cdot 10^{-4}$-
34CrNiMo6	1.009,7	-1,1	1,28	1,02	-0,2
42CrMo4	929,8	-0,64	0,89	1,14	-80
C86D	1.257,2	-0,71	1,57	1,00	3,2

11.2 Erodierparameter

Erosion cut parameters

Tabelle 11.3: Verwendete Parameter für die Drahtfunkenerosion in einer Hartmetalltechnologie mit acht Nachschnitten auf der Maschine GFMS CUT 2000 X OILTECH

Wire-EDM parameters for cemented carbide machining with eight trim cuts on the EDM-machine GFMS CUT 2000 X OILTECH

Schnitt	**Offset d/µm**	**Spüldruck $p/\cdot 10^5$ Pa**	**Stromstufe I/-**	**Leistung P/W**
Hauptschnitt	188,9	7	11	43
Nachschnitt 1	141,0	0,3	7	75
Nachschnitt 2	131,0	0,3	6	75
Nachschnitt 3	121,0	0,3	6	75
Nachschnitt 4	116,0	0,3	6	55
Nachschnitt 5	112,7	0,3	4	87
Nachschnitt 6	110,7	0,3	1	87
Nachschnitt 7	103,7	0,3	3	n/a
Nachschnitt 8	102,1	0,3	2	n/a

11.3 Verschleißanalyse im Validierungsversuch

Wear analysis in the validation experiment

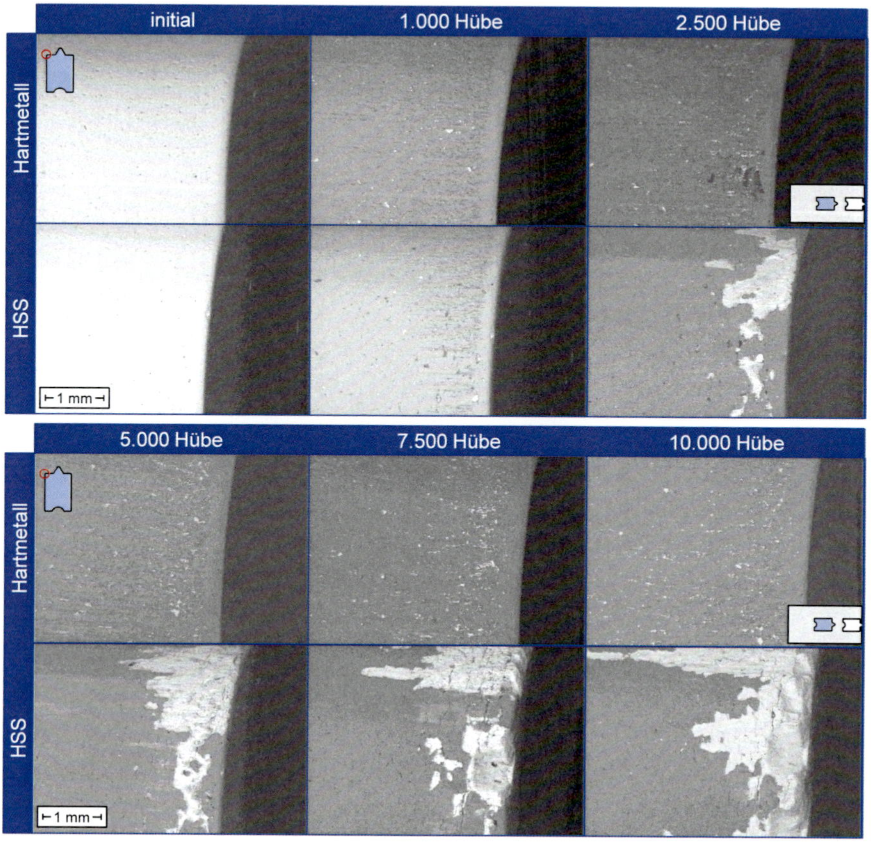

Abbildung 11.1: Verschleißentwicklung des Hartmetall- und PM-HSS-Schneidstempels an Position 5 mittels REM-Analyse mit EBSD-Detektor

Wear evolution in cemented carbide and PM-HSS punch in position 5 using SEM-analysis with EBSD-detector

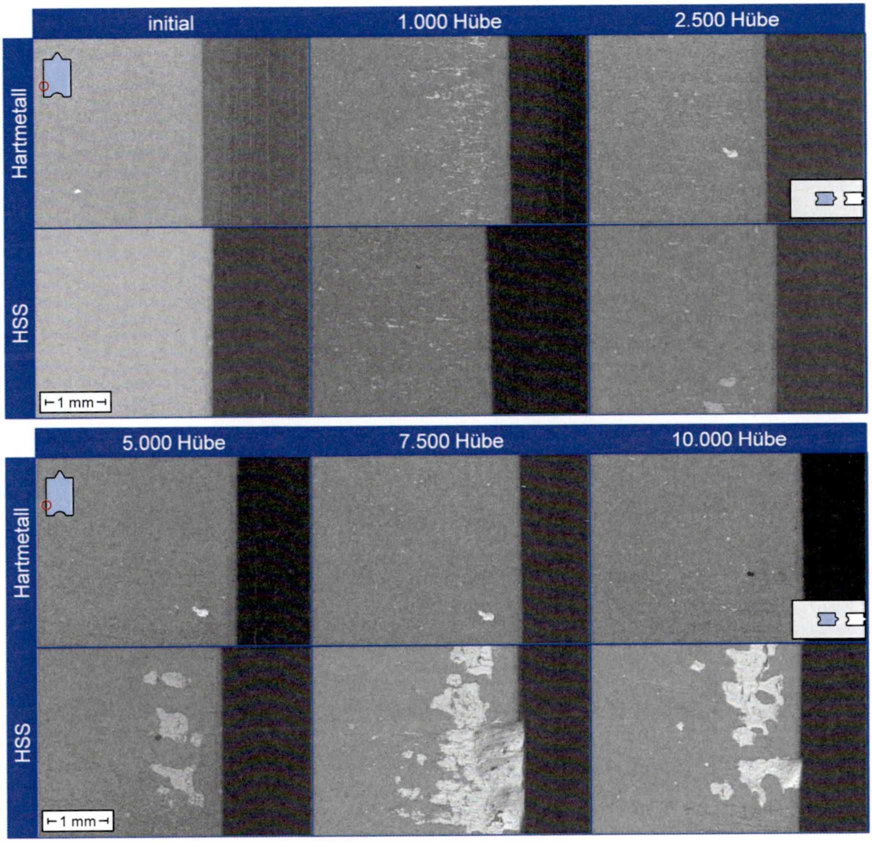

Abbildung 11.2: Verschleißentwicklung des Hartmetall- und PM-HSS-Schneidstempels an Position 6 mittels REM-Analyse mit EBSD-Detektor

Wear evolution in cemented carbide and PM-HSS punch in position 6 using SEM-analysis with EBSD-detector

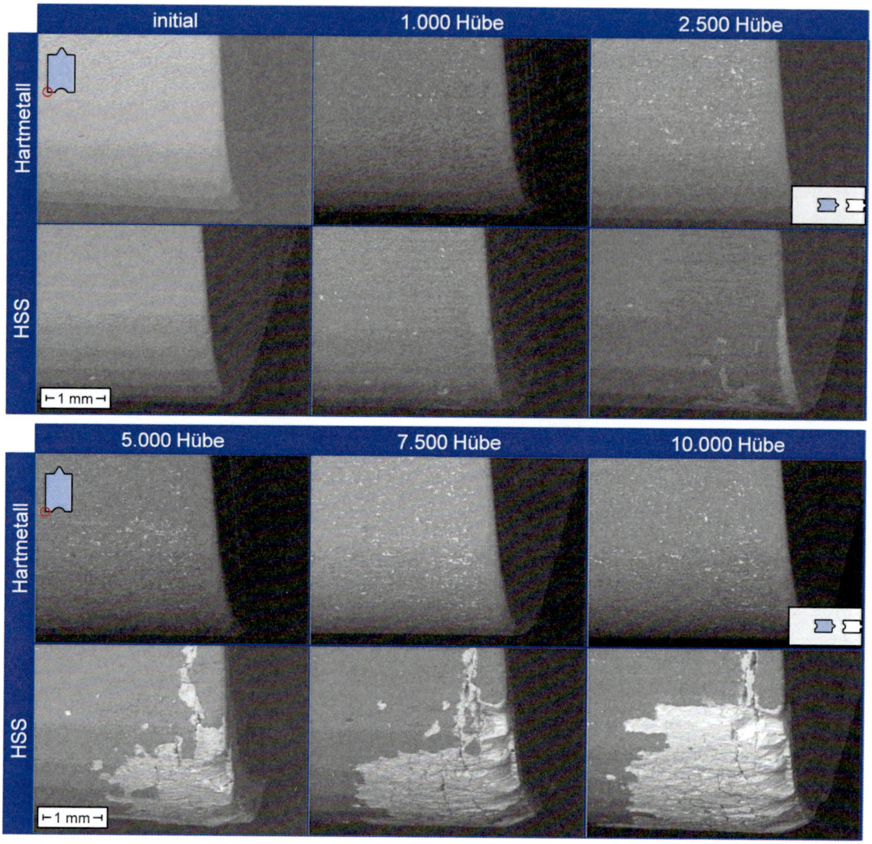

Abbildung 11.3: Verschleißentwicklung des Hartmetall- und PM-HSS-Schneidstempels an Position 7 mittels REM-Analyse mit EBSD-Detektor

Wear evolution in cemented carbide and PM-HSS punch in position 7 using SEM-analysis with EBSD-detector

11.4 Kostenmodell

Cost model

```
class ProductionCost(object):
    def __init__(self,
                 productionprogram = None, # number of parts
                 workdays = None, # workdays per year
                 shifts = None, # shifts per workday
                 hr_shift = None, # hours per shift
                 wage_hr = None, # EUR per hour
                 strokerate = None, # strokes per minute
                 cavities = None, # Bauteile pro Hub
                 time_assembly = None, # hours
                 time_punchservice = None, # hours
                 time_dieservice = None, # hours
```

```
                 n_servicelife_punch = None, # strokes
                 n_servicelife_die = None, # strokes
                 c_punch = None, # EUR
                 c_die = None, # EUR
                 c_tool_invest = None, # EUR
                 c_purchase_press = None, # EUR
                 c_sales_press = None, # EUR
                 yr_usefullife_press = None, # years
                 interest = None, # %
                 c_maintenance_OEM = None, # EUR per hour
                 c_maintenance_self = None, # EUR per hour
                 base_area = None, # m2
                 c_m2_mt = None, # EUR per month
                 power_press = None, # W
                 c_energy_W = None, # EUR/kWh
                 c_coil = None, # EUR per ton
                 c_steel = None, # EUR per ton
                 parts_per_coil = None, # parts per coil
                 material_usage = None, # %
                 operator_ratio = None, # operators per press
                 c_machine_fix = None, # EUR/h for operating supplies
                 single_sale_price = None, # EUR
                 ):

        self.productionprogram = productionprogram
        self.workdays = workdays
        self.shifts = shifts
        self.hr_shift = hr_shift
        self.wage_hr = wage_hr
        self.strokerate = strokerate
        self.cavities = cavities
        self.time_assembly = time_assembly
        self.time_punchservice = time_punchservice
        self.time_dieservice = time_dieservice
        self.n_servicelife_punch = n_servicelife_punch
        self.n_servicelife_die = n_servicelife_die
        self.c_punch = c_punch
        self.c_die = c_die
        self.c_tool_invest = c_tool_invest
        self.c_purchase_press = c_purchase_press
        self.c_sales_press = c_sales_press
        self.yr_usefullife_press = yr_usefullife_press
        self.interest = interest
        self.c_maintenance_OEM = c_maintenance_OEM
        self.c_maintenance_self = c_maintenance_self
        self.base_area = base_area
        self.c_m2_mt = c_m2_mt
        self.power_press = power_press
        self.c_energy_W = c_energy_W
        self.c_coil = c_coil
        self.c_steel = c_steel
        self.parts_per_coil = parts_per_coil
        self.material_usage = material_usage
        self.operator_ratio = operator_ratio
        self.c_machine_fix = c_machine_fix
        self.single_sale_price = single_sale_price

    def time_machining(self):
        result = 1 / (60 * self.strokerate * self.cavities)
        return result # h/workpiece
    def machine_capacity_yr(self):
        result = self.workdays * self.shifts * self.hr_shift
        return result
```

```
    def n_punch_replacements(self):
        result = np.floor(self.productionprogram \
                / self.n_servicelife_punch)
        return result
    def n_die_replacements(self):
        result = np.floor(self.productionprogram / self.n_servicelife_die)
        return result
    def time_setup(self):
        result = (self.time_assembly + self.time_punchservice) \
            * self.n_punch_replacements() + (self.time_assembly \
            + self.time_dieservice) * self.n_die_replacements()
        return result
    def c_setup(self):
        c_setup_machine = self.time_setup() \
            / self.machine_capacity_yr() * self.c_machine()
        c_setup_personnel = (self.time_assembly \
            * (self.n_punch_replacements() + self.n_die_replacements()) \
            + self.time_punchservice * self.n_punch_replacements() \
            + self.time_dieservice * self.n_die_replacements()) \
            * self.wage_hr
        c_opportunity = self.time_setup() * self.single_sale_price \
            / self.time_machining()
        result = (c_setup_machine + c_setup_personnel + c_opportunity) \
            / self.productionprogram
        return result # €/part
    def c_opportunity(self):
        result = (self.time_setup() * self.single_sale_price \
            / self.time_machining()) / self.productionprogram
        return result # €/part
    def c_part(self):
        c_tool = self.c_tool() # €/part
        c_machine = self.c_machine() # €/part
        c_setup = self.c_setup() # €/part
        c_personnel = self.c_personnel() # €/part
        c_material = self.c_material() # €/part
        result = c_tool + c_machine + c_setup + c_personnel + c_material
        return result # €/part
    def c_tool(self):
        stempel = self.c_punch * self.cavities * (1 \
            + np.floor(self.productionprogram/self.n_servicelife_punch))
        matrize = self.c_die * (1 \
            + np.floor(self.productionprogram/self.n_servicelife_die))
        result = (stempel + matrize + self.c_tool_invest) \
            / self.productionprogram
        return result # €/part
    def c_machine(self):
        calc_amortization = (self.c_purchase_press - self.c_sales_press) \
            / self.yr_usefullife_press
        calc_interest = (self.c_purchase_press + self.c_sales_press) \
            / 2 * self.interest
        c_operating = (self.c_maintenance_OEM + self.c_maintenance_self \
            * self.wage_hr + self.c_machine_fix) \
            * self.machine_capacity_yr()
        c_facility = self.base_area * self.c_m2_mt * 12
        c_energy = self.power_press * self.c_energy_W \
            * self.machine_capacity_yr()
        result = (calc_amortization + calc_interest + c_operating \
            + c_facility + c_energy) * self.time_machining() \
            / self.machine_capacity_yr()
        return result # €/part
    def c_personnel(self):
        result = self.time_machining() * self.wage_hr * self.operator_ratio
        return result
```

```
    def c_material(self):
        result = (self.c_coil - self.c_steel * (1 - self.material_usage) \
            / self.parts_per_coil
        return result # €/part
    def time_production(self):
        result = self.time_setup() + self.productionprogram \
            * self.time_machining()
        return result

if __name__ == "__main__":
    import numpy as np
    import pandas as pd

    import matplotlib.pyplot as plt
    import matplotlib as mpl

fineblanking_hm = ProductionCost(
        productionprogram = 999999,
        workdays = 250,
        shifts = 3,
        hr_shift = 8,
        wage_hr = 19.75,
        strokerate = 50,
        cavities = 2,
        time_assembly = 2,
        time_punchservice = 2,
        time_dieservice = 3,
        n_servicelife_punch = 200000,
        n_servicelife_die = 100000,
        c_punch = 1200,
        c_die = 1500,
        c_tool_invest = 10000,
        c_purchase_press = 1500000,
        c_sales_press = 0,
        yr_usefullife_press = 15,
        interest = 0.02,
        c_maintenance_OEM = 0.4750,
        c_maintenance_self = 0.05810,
        base_area = 84,
        c_m2_mt = 12,
        power_press = 180,
        c_energy_W = 0.1504,
        c_coil = 800,
        c_steel = 150,
        parts_per_coil = 4700*2,
        material_usage = 0.49,
        operator_ratio = 1,
        c_machine_fix = 50,
        single_sale_price = 0.02947,
        )

fineblanking_PM-HSS = ProductionCost(
        productionprogram = 999999,
        workdays = 250,
        shifts = 3,
        hr_shift = 8,
        wage_hr = 19.75,
        strokerate = 50,
        cavities = 2,
        time_assembly = 2,
        time_punchservice = 2,
        time_dieservice = 3,
        n_servicelife_punch = 10000,
```

```
        n_servicelife_die = 40000,
        c_punch = 700,
        c_die = 1500,
        c_tool_invest = 10000,
        c_purchase_press = 1500000,
        c_sales_press = 0,
        yr_usefullife_press = 15,
        interest = 0.02,
        c_maintenance_OEM = 0.4750,
        c_maintenance_self = 0.05810,
        base_area = 84,
        c_m2_mt = 12,
        power_press = 180,
        c_energy_W = 0.1504,
        c_coil = 800,
        c_steel = 150,
        parts_per_coil = 4700*2,
        material_usage = 0.49,
        operator_ratio = 1,
        c_machine_fix = 50,
        single_sale_price = 0.02947,
        )

calc_costs = [], []
calc_costs_composition = [], [], [], [], [], [], [], [], [], []
productionprogram = 999999
PP = np.arange(1, productionprogram, 10)
x = np.arange(1, productionprogram, 10)
for aPP in PP:
    fineblanking_hm.PP = aPP
    fineblanking_PM-HSS.PP = aPP
    calc_costs[0].append(fineblanking_hm.c_part())
    calc_costs[1].append(fineblanking_PM-HSS.c_part())
    calc_costs_composition[0].append(fineblanking_hm.c_setup())
    calc_costs_composition[1].append(fineblanking_hm.c_tool())
    calc_costs_composition[2].append(fineblanking_hm.c_machine())
    calc_costs_composition[3].append(fineblanking_hm.c_personnel())
    calc_costs_composition[4].append(fineblanking_PM-HSS.c_setup())
    calc_costs_composition[5].append(fineblanking_PM-HSS.c_tool())
    calc_costs_composition[6].append(fineblanking_PM-HSS.c_machine())
    calc_costs_composition[7].append(fineblanking_PM-HSS.c_personnel())
    fineblanking_hm.x = aPP

print('Stückkosten: ' + str(np.round(fineblanking_hm.c_part(),4)) \
    + ' (HM); ' + str(np.round(fineblanking_PM-HSS.c_part(),4)) \
    + ' (PM-HSS)')
print('Maschinenkosten: ' + str(np.round(fineblanking_hm.c_machine(),4)) \
    + ' (HM); ' + str(np.round(fineblanking_PM-HSS.c_machine(),4)) \
    + ' (PM-HSS)')
print('Personalkosten: ' + str(np.round(fineblanking_hm.c_personnel(),4)) \
    + ' (HM); ' + str(np.round(fineblanking_PM-HSS.c_personnel(),4)) \
    + ' (PM-HSS)')
print('Rüstkosten: ' + str(np.round(fineblanking_hm.c_setup(),4)) \
    + ' (HM); ' + str(np.round(fineblanking_PM-HSS.c_setup(),4)) \
    + ' (PM-HSS)')
print('Werkzeugkosten: ' + str(np.round(fineblanking_hm.c_tool(),4)) \
    + ' (HM); ' + str(np.round(fineblanking_PM-HSS.c_tool(),4)) \
    + ' (PM-HSS)')
print('Werkstoffkosten: ' + str(np.round(fineblanking_hm.c_material(),4)) \
    + ' (HM); ' + str(np.round(fineblanking_PM-HSS.c_material(),4)) \
    + ' (PM-HSS)')
```

```
print('Opportunitätskosten: ' \
    + str(np.round(fineblanking_hm.c_opportunity(),4)) + ' (HM); ' \
    + str(np.round(fineblanking_PM-HSS.c_opportunity(),4)) + ' (PM-HSS)')
hm = fineblanking_hm.c_part()
PM-HSS = fineblanking_PM-HSS.c_part()
print('Kostenvorteil HM ggü PM-HSS: ' \
    + str(np.round(-(PM-HSS-hm)/PM-HSS,4)))

print('Produktionsdauer: ' \
    + str(np.round(fineblanking_hm.time_production(),1)) + ' (HM); ' \
    + str(np.round(fineblanking_PM-HSS.time_production(),1)) + ' (PM-HSS)')
print('Rüstdauer: ' + str(np.round(fineblanking_hm.time_setup(),1)) \
    + ' (HM); ' + str(np.round(fineblanking_PM-HSS.time_setup(),1)) \
    + ' (PM-HSS)')

plt.plot(x, calc_costs[0], x, calc_costs[1])
plt.legend(['HM','PM-HSS'])
axes = plt.axes()
axes.set_ylim([0., 1.5])

plt.show()

np.savetxt('kostenmodell-pp' + str(productionprogram) \
    + '.csv', np.transpose(calc_costs), delimiter='\t')
```

In der Reihe **Ergebnisse aus der Produktionstechnik** zuletzt erschienen:

Ochel, Tim:
Prognostik zur Resilienzsteigerung im Werkzeugbau
ISBN: 978-3-98555-161-3
Erscheinungsdatum: 22.05.2023

Greipel, Jonathan:
Grouping of Inspection Characteristics to Reduce Costs of Adaptive Inspection Planning in Variant Production
ISBN: 978-3-98555-157-6
Erscheinungsdatum: 03.05.2023

Troß, Nico:
Mehrskalenmodellierung der thermo-mechanischen Werkzeugbelastung beim Trockenwälzfräsen
ISBN: 978-3-98555-158-3
Erscheinungsdatum: 19.04.2023

Nicksch, Christoph:
Konfiguration verteilter Large-Scale Metrology Systeme in rekonfigurierbaren Montageumgebungen
ISBN: 978-3-98555-152-1
Erscheinungsdatum: 20.03.2023

Ahmad, Mubarik:
Anregungsgerechte Auslegung und Tolerierung schnelllaufender Getriebe unter Berücksichtigung kurz- und langwelliger Verzahnungsabweichungen
ISBN: 978-3-98555-130-9
Erscheinungsdatum: 06.03.2023

Schneidermann, Dennis:
Orchestration von Vertrauen in interorganisationalen Wissensnetzwerken der Fabrikplanung
ISBN: 978-3-98555-153-8
Erscheinungsdatum: 15.05.2023

Welsing, Martin:
Bewertung der ökologischen Nachhaltigkeit von Produktions-netzwerkkonfigurationen
ISBN: 978-3-98555-155-2
Erscheinungsdatum: 19.04.2023

Beckers, Alexander:
Auslegung wirtschaftlich-technologisch optimierter Fertigungsprozessfolgen mittels prozessübergreifender Modellierung
ISBN: 978-3-98555-154-5
Erscheinungsdatum: 18.04.2023

Gipperich, Marius:
Untersuchung eines Zweistrahlprozesses als Ansatz zur Prozessstabilitätserhöhung des drahtbasierten Laserauftragschweißens
ISBN: 978-3-98555-151-4
Erscheinungsdatum: 15.03.2023

Motschke, Tobias:
Analyse und Modellierung der Dämpfungseigenschaften von Spindellagern
ISBN: 978-3-98555-148-4
Erscheinungsdatum: 06.03.2023

Edition Wissenschaft
Apprimus

Priwisch, Martin:

Kontaktfreie Bahnlaufregelung zur Herstellung funktionaler Mehrlagensysteme in einem kontinuierlichen Laminierprozess

ISBN: 978-3-98555-139-2

Erscheinungsdatum: 27.02.2023

Cremer, Sven:

Controlling der Migration in Produktionsnetzwerken

ISBN: 978-3-98555-145-3

Erscheinungsdatum: 09.02.2023

Ohlert, Marius:

Contact between Abrasive Media and Workpiece in Robot-guided Centrifugal Finishing

ISBN: 978-3-98555- 144-6

Erscheinungsdatum: 07.02.2023

Graberg, Tim:

Operationalisierung von digitalen Schatten im Werkzeugbau

ISBN: 978-3-98555-141-5

Erscheinungsdatum: 06.02.2023

Müller, Tobias:

Modellbildung mittels Symbolischer Regression zur Messunsicherheitsbestimmung komplexer Messprozesse

ISBN: 978-3-98555-146-0

Erscheinungsdatum: 30.01.2023

Behrens, Jan:

Selbstkalibrierung von 5-Achs-Bearbeitungszentren mit Dreh-/Schwenktisch

ISBN: 978-3-98555-124-8

Erscheinungsdatum: 24.01.2023

Frye, Maik:

Recommending Data Preprocessing Pipelines for Machine Learning Applications in Production

ISBN: 978-3-98555-147-7

Erscheinungsdatum: 15.02.2023

Schmidhuber, Matthias:

Sozio-technische Problemlösungsfähigkeit von PPS-Systemen

ISBN: 978-3-98555- 143-9

Erscheinungsdatum: 07.02.2023

Schwarberg, Thomas:

Bestimmung der Logik von Innovationsideen für technische Systeme

ISBN: 978-3-98555- 142-2

Erscheinungsdatum: 07.02.2023

Nienheysen, Philipp:

Werkstattgerechte Schadensanalyse in CFK-Strukturbauteilen mit optisch georteter Ultraschallmesstechnik

ISBN: 978-3-98555-136-1

Erscheinungsdatum: 30.01.2023

Kreß, Julian Maximilian:

Erbringung hybrider Leistungsangebote in Wertschöpfungsnetzwerken

ISBN: 978-3-98555-128-6

Erscheinungsdatum: 24.01.2023

Bickendorf, Philipp:

Tribologische und geometrische Auslegung von additiv hergestellten Werkzeug-einsätzen zur Feinblech-umformung

ISBN: 978-3-98555-133-0

Erscheinungsdatum: 24.01.2023

Edition Wissenschaft
Apprimus

FSC
www.fsc.org
MIX
Papier | Fördert
gute Waldnutzung
FSC® C083411

Zeitfracht Medien GmbH
Ferdinand-Jühlke-Straße 7
99095 Erfurt, Deutschland
produktsicherheit@kolibri360.de